U0931039

机电工人速查系列

电工速查表

韩攀峰　主编

上海科学技术出版社

图书在版编目(CIP)数据

电工速查表／韩攀峰主编．—上海：上海科学技术出版社，2012.1
(机电工人速查系列)
ISBN 978－7－5478－0995－2

Ⅰ.①电… Ⅱ.①韩… Ⅲ.①电工技术—基本知识 Ⅳ.①TM

中国版本图书馆 CIP 数据核字（2011）第 193831 号

上海世纪出版股份有限公司
上海科学技术出版社 出版、发行
(上海钦州南路 71 号 邮政编码 200235)
新华书店上海发行所经销
常熟市兴达印刷有限公司印刷
开本 850×1168 1/64 印张：8.375
字数：320 千字
印数：1 — 4 250
2012 年 1 月第 1 版 2012 年 1 月第 1 次印刷
ISBN 978－7－5478－0995－2/TM・22
定价：25.00 元

内 容 提 要

本书以表格的形式介绍了电工基础知识及常用测量仪表;低压配电线路的选择与安装;常用照明灯具的选择和安装;变压器、电动机、低压电器、高压电器的基础知识;家庭防雷保护知识以及常用电气设备的控制电路系统。全书共10章。

本书严格按照最新标准、规程、规范、导则进行编写,可供城乡电工、工矿企事业单位电工以及电气工程技术人员使用。

前　言

随着科学技术的发展，电力工业也在发生着日新月异的变化，电气新技术不断涌现。为了响应电力职工和工程技术人员及其他行业对新技术的需求，特编写这本《电工速查表》，奉献给广大读者。

本书在编写过程中，收集了国内外的电工新技术、计算方法，并对其进行了整理、归纳和分类，以表格的形式加以体现，内容新颖、简明实用。读者使用本手册，可以方便地查找到自己所需的知识，还可结合列举的实例，大大提高工作效率。

本书在编写过程中参阅了一些专家提供的资料，在这里表示衷心的感谢。

由于编者水平有限，书中的不妥之处在所难免，真诚地希望专家和读者批评指正。

编　者

目　录

第一章 电工基础知识

第一节　常用物理量名称、符号及单位

常用国际单位制中的量和单位

常用国际单位制中的量和单位见表1－1。

表1－1　常用物理量及其单位

量的名称		量符号	单位名称	单位符号
时间和空间	平面角	α、β、γ、θ、φ	弧度	rad
	立体角	Ω	球面度	sr
	长度	l、L	米	m
	宽度	b	米	m
	高度	h	米	m
	厚度	d、δ	米	m
	半径	r、R	米	m
	直径	d、D	米	m
	距离	d、r	米	m

（续表）

量的名称		量符号	单位名称	单位符号
时间和空间	曲率半径	ρ	米	m
	面积	A	平方米	m^2
	体积	V	立方米	m^3
	时间	t	秒	s
	角速度	ω	弧度每秒	rad/s
	角加速度	α	弧度每二次方秒	rad/s^2
	速度	v、u	米每秒	m/s
	加速度	a	米每二次方秒	m/s^2
	重力加速度	g	米每二次方秒	m/s^2
周期	周期	T	秒	s
	时间常数	τ	秒	s
	频率	f	赫兹	Hz
	旋转频率	n	转每分	r/min
	角频率	ω	弧度每秒	rad/s
	波长	λ	米	m
力学	质量	m	千克	kg
	密度	ρ	千克每立方米	kg/m^3
	相对密度	d	—	—

（续表）

量的名称		量符号	单位名称	单位符号
力学	转动惯量	J	千克二次方米	$kg \cdot m^2$
	动量	p	千克米每秒	$kg \cdot m/s$
	力	F	牛[顿]	N
	动量矩	L	千克二次方米每秒	$kg \cdot m^2/s$
	力矩	M	牛[顿]米	$N \cdot m$
	力偶矩	M	牛[顿]米	$N \cdot m$
	压力、压强	p	帕[斯卡]	Pa
	弹性模量	E	帕[斯卡]	Pa
	能[量]	E	焦[耳]	J
	功	W	焦[耳]	J
	动能	E_k	焦[耳]	J
	势能、位能	E_p	焦[耳]	J
	功率	P	瓦[特]	W
	效率	η	—	—
热学	热力学温度	T	开[尔文]	K
	摄氏温度	t、θ	摄氏度	℃
	线膨胀系数	a_l	每开[尔文]	K^{-1}
	热、热量	Q	焦[耳]	J

（续表）

	量的名称	量符号	单位名称	单位符号
热学	热流量	Φ	瓦[特]	W
	热导率(导热系数)	λ	瓦[特]每米开[尔文]	W/(m·K)
	传热系数	K	瓦[特]每平方米开[尔文]	W/(m^2·K)
	表面传热系数	h	瓦[特]每平方米开[尔文]	W/(m^2·K)
	热阻	R	开[尔文]每瓦[特]	K/W
	热导	G	瓦[特]每开[尔文]	W/K
	热容	C	焦[耳]每开[尔文]	J/K
	比热容	c	焦[耳]每千克开[尔文]	J/(kg·K)
	熵	S	焦[耳]每开[尔文]	J/K
	比熵	s	焦[耳]每千克开[尔文]	J/(kg·K)
	热力学能	U	焦[耳]	J
	焓	H	焦[耳]	J
	比热力学能	u	焦[耳]每千克	J/kg
	比焓	h	焦[耳]每千克	J/kg

（续表）

量的名称		量符号	单位名称	单位符号
电学和磁学	电流	I	安[培]	A
	电荷[量]	Q	库[仑]	C
	电荷体密度	ρ	库[仑]每立方米	C/m^3
	电荷面密度	σ	库[仑]每平方米	C/m^2
	电场强度	E	伏[特]每米	V/m
	电位	V	伏[特]	V
	电位差、电压	$U(V)$	伏[特]	V
	电动势	E	伏[特]	V
	电通[量]密度	D	库[仑]每平方米	C/m^2
	电通量	Ψ	库[仑]	C
	电容	C	法[拉]	F
	介电常数	ε	法[拉]每米	F/m
	真空介电常数	ε_0	法[拉]每米	F/m
	相对介电常数	ε_r	—	—
	电极化强度	P	库[仑]每平方米	C/m^2
	电偶极矩	p	库[仑]米	C·m
	电流密度	J	安[培]每平方米	A/m^2
	电流线密度	A	安[培]每米	A/m

（续表）

	量的名称	量符号	单位名称	单位符号
电学和磁学	磁场强度	H	安[培]每米	A/m
	磁位差	U_m	安[培]	A
	磁通势	F	安[培]	A
	磁感应强度	B	特[斯拉]	T
	磁通量	Φ	韦[伯]	Wb
	磁矢位	A	韦[伯]每米	Wb/m
	自感	L	亨[利]	H
	互感	M	亨[利]	H
	磁导率	μ	亨[利]每米	H/m
	真空磁导率	μ_0	亨[利]每米	H/m
	相对磁导率	μ_r	—	—
	磁矩	m	安[培]平方米	A·m^2
	磁化强度	M	安[培]每米	A/m
	磁极化强度	J	特[斯拉]	T
	电阻	R	欧[姆]	Ω
	电导	G	西[门子]	S
	电阻率	ρ	欧[姆]米	Ω·m
	电导率	γ	西[门子]每米	S/m

（续表）

量的名称		量符号	单位名称	单位符号
电学和磁学	磁阻	R_m	每亨[利]	H^{-1}
	磁导	Λ	亨[利]	H
	绕组的匝数	N	—	—
	相位差	φ	弧度	rad
	阻抗	Z	欧[姆]	Ω
	电抗	X	欧[姆]	Ω
	导纳	Y	西[门子]	S
	电纳	B	西[门子]	S
	品质因数	Q	—	—
	有功功率	P	瓦[特]	W
	视在功率	S	伏安	V・A
	无功功率	Q	伏安	V・A
	功率因数	λ		
	有功电能量	W	焦[耳]或千瓦时	J 或 Kw・h
光	发光强度	I	坎[德拉]	cd
	光通量	ϕ	流[明]	lm
	光量	Q	流[明]秒	lm・s
	光亮度	L	坎[德拉]每平方米	cd/m^2

（续表）

量的名称		量符号	单位名称	单位符号
光	光出射度	M	流[明]每平方米	lm/m^2
	光照度	E	勒[克斯]	lx
	曝光量	H	勒[克斯]秒	lx · s
	光视效能	K	流[明]每瓦[特]	lm/W
	折射率	n	—	—
声学	波长	λ	米	m
	声速	c	米每秒	m/s
	声功率	W	瓦[特]	W
	声强度	I	瓦[特]每平方米	W/m^2
	声阻抗	Z_a	帕[斯卡]秒每立方米	$Pa \cdot s/m^3$
	声质量	M_a	千克每四次方米	kg/m^4
	声压级	L_p	分贝	dB
	声强级	L_I	贝尔，分贝	B, dB
	声功率级	L_W	贝尔，分贝	B, dB
	隔声量	R	贝尔，分贝	B, dB
	吸声量	A	平方米	m^2

第二节 电工学基本定律

电工学常用基本定律见表 1－2。

表 1-2　电工学常用基本定律

名称	定　义	图　示	公　式	注　释
欧姆定律	部分电路欧姆定律：当导体的温度不变时，通过部分电路的电流与支路两端的电压成正比，与电路中的电阻成反比	R I U	$I=\frac{U}{R}$ $U=IR$ $R=\frac{U}{I}$	I——支路电流(A)； U——支路两端电压(V)； R——导体两点间的电阻(Ω)
	全电路欧姆定律：通过闭合回路的电流和回路的电动势（E）成正比，与全部电路中的电阻总和（$r+R$）成反比	R I U E	$I=\frac{E}{r+R}$	E——电源的电动势(V)； I——电路中的电流(A)； r——电源的内阻(Ω)； R——电路中的电阻(Ω)

（续表）

名称		定　义	图　示	公　式	注　释
焦耳-楞次定律（电流的热效应）		电流通过导体时所产生的热量与电流强度的平方并与这一段电路的电阻以及通过电流的时间成正比 利用电流的热效应可制作各种电热设备；同时也决定了电气设备的额定值		$Q = 0.24I^2Rt$ 根据欧姆定律，上式可变为 $Q = 0.24IUt$ $= 0.24\dfrac{U^2}{R}t$	Q——热量(J)； I——电流(A)； R——电阻(Ω)； U——电压(V)； t——时间(s)
基尔霍夫定律	第一定律	对于任何节点而言，所有流进节点的电流之和等于流出该节点的电流之和，即 $\sum I_{in} = \sum I_{out}$ 对于任何节点，流出（或流入）该节点的电流代数和恒等于零，即 $\sum I = 0$	I_1 I_2 I_3 I_4 I_5	对节点 a 有关系式： $\sum I = -I_1 + I_2 - I_3 - I_4 + I_5 = 0$	以流出节点 a 的电流方向为正故，I_2，I_5 取正，I_1，I_3，I_4 取负则，$\sum I = I_2 + I_5 - I_1 - I_3 - I_4 = 0$

（续表）

名称		定义	图示	公式	注释
基尔霍夫定律	第二定律	在任何一个闭合回路中，各段电阻上电压降的代数和等于电动势的代数和，即 $\sum IR=\sum E$ 从一点出发绕回路一周回到该点时，各段电压的代数和恒等于零，即 $\sum U=0$	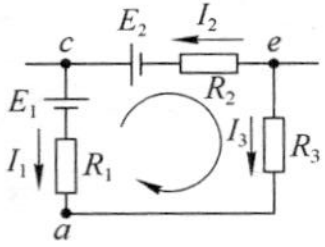	对回路有关系式： $\sum U=U_{ac}+U_{ce}+U_{ea}=-I_1R_1-I_2R_2+I_3R_3+E_1-E_2=0$	如图，取顺时针为参考方向 则 $U_{ac}=-I_1R_1+E_1$ $U_{ce}=-I_2R_2-E_2$ $U_{ea}=I_3R_3$ 根据基尔霍夫电压定律 $\sum U=-I_1R_1+E_1-I_2R_2-E_2+I_3R_3=0$
楞次定律		闭合回路中的感应电流具有确定的方向，总是企图使感应电流本身所产生的通过回路面积的磁通量，去补偿或者说反抗引起感应电流的磁通量的改变			

（续表）

名称	定　义	图　示	公　式	注　释
电磁感应定律	当回路中的磁通量发生变化时，回路中的感应电动势等于该磁通量对时间的变化率的负值		$E=\frac{-d\phi}{dt}$	B——磁感应强度(T)； L——导线的长度(m)
	在工程应用上，为方便起见，用另一种方式描述：即一根导线在磁场中作切割磁力线运动时，其感应电动势为：$E=Blv$		$E=Blv$	v——导体运动速度(m/s)； 产生的感应电动势方向可由右手定则来判定。 E——感应电动势(V)

（续表）

名称	定　　义	图　　示	公式	注释
右手定则	当导线垂直切割磁力线时，导线中就产生感应电动势，并在闭合回路中引起感应电流。磁场方向、导线运动方向和感应电动势方向，这三者之间的关系用右手来判别。即伸平右手，拇指与其他四指垂直，让磁力线从手心穿过，并使拇指指向导线运动的方向，则四指所指的方向，就是感应电动势的方向	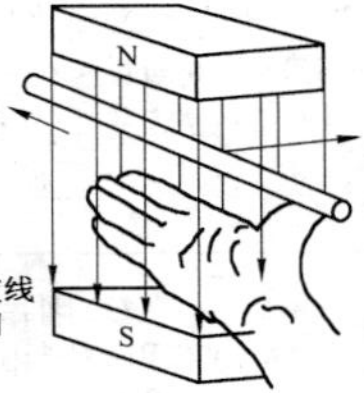 N S 感应电势方向 导线切割磁感应线的方向 磁感应线方向		
左手定则	导线在磁场中受到的作用力叫做电磁力或安培力。电磁力的方向与磁场、电流的方向互相垂直，这三者之间的关系用左手来判别。即伸平左手，拇指和四指垂直，让磁力线从手心穿过，四指顺着电流方向，拇指所指的方向，就是电磁力的方向	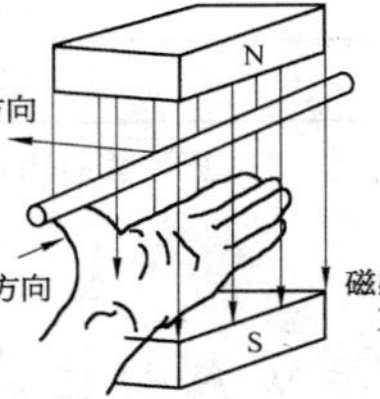 N S 电磁力方向 电流方向 磁感应线方向		

第三节　电工常用计算公式

电工常用计算公式及应用见表 1 - 3。

表 1 - 3　电工常用计算公式

名称	图　例	计 算 公 式	应　用
欧姆定律		直流 $I=\dfrac{U}{R}$ I——电路电流(A)； U——电路端电压(V)； R——电阻(Ω)	已知一灯泡的电阻是 220 Ω，电源电压为 220 V 流过灯泡的电流是多少？ 解：根据欧姆定律 $I=\dfrac{U}{R}=\dfrac{220\ \text{V}}{220\ \Omega}=1\ \text{A}$
电阻		$R=\rho\dfrac{l}{S}$ $R_t=R_{20}[1+\alpha(t-20)]$ R_{20}——20 ℃时的电阻(Ω)； ρ——电阻率(Ω · mm^2/m)； l——导体的长度(m)； S——导体的截面积(mm^2)； R_t——t ℃时的电阻(Ω)； α——20 ℃时导体的温度系数(1/℃)	已知一长为 1 m 直径为 10 mm 的硬铜线的电阻是多少？（20 ℃时硬铜线电阻率为 17 900 Ω · mm^2/m） 解：根据 $R=\rho\dfrac{l}{S}=$ $17\,900\times\dfrac{1}{\frac{1}{4}\pi\cdot10^2}=$ 228 Ω

（续表）

名称	图 例	计 算 公 式	应 用
电阻串联	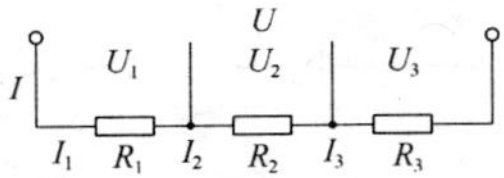	总电阻 $R = R_1 + R_2 + R_3$ 总电压 $U = U_1 + U_2 + U_3$ 总电流 $I = I_1 = I_2 = I_3$	
电阻并联	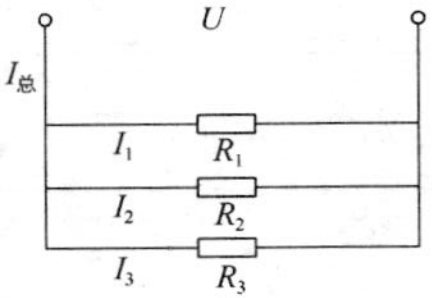	$\frac{1}{R_总} = \frac{1}{R_1} + \frac{1}{R_2} + \frac{1}{R_3}$ $U_总 = U_1 = U_2 = U_3$ $I_总 = I_1 + I_2 + I_3$	
电阻混联	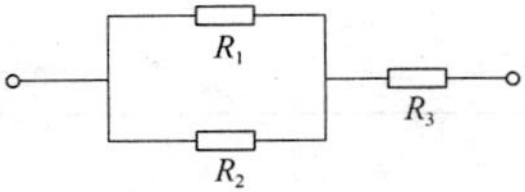	$R_总 = \frac{R_1 R_2}{R_1 + R_2} + R_3$	

（续表）

名称	图例	计算公式	应用
电容串联	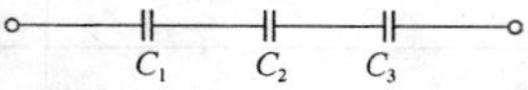 C_1 C_2 C_3	$\frac{1}{C_{总}} = \frac{1}{C_1} + \frac{1}{C_2} + \frac{1}{C_3}$ 若 n 个电容量相等的电容 C_0 串联时，则 $C_{总} = \frac{C_0}{n}$	
电容并联	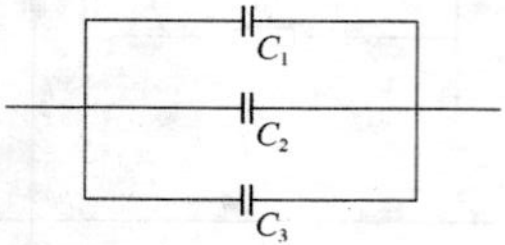 C_1 C_2 C_3	$C_{总} = C_1 + C_2 + C_3$ 若 n 个电容量相等的电容 C_0 并联时，则 $C_{总} = nC_0$	
电阻、电容串联	 R C	$Z = \sqrt{R^2 + X_C^2}$	X_C——容抗
电阻、电感串联	 R L	$Z = \sqrt{R^2 + X_L^2}$	X_L——感抗

（续表）

名称	图例	计算公式	应用
电阻、电感电容串联		$Z=\sqrt{R^2+(X_L-X_C)^2}$	X_L——感抗 X_C——容抗
电阻电感并联	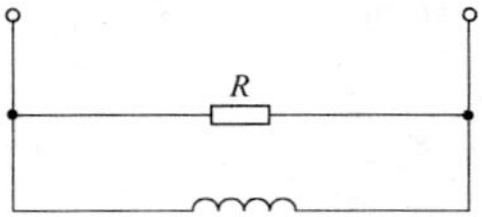	$\frac{1}{Z}=\sqrt{\left(\frac{1}{R}\right)^2+\left(\frac{1}{X_L}\right)^2}$	X_L——感抗
电阻电容并联	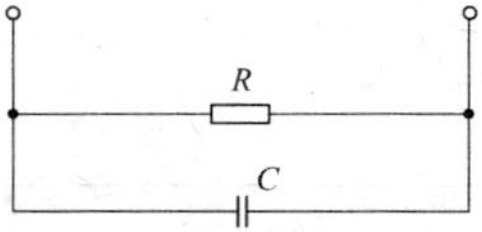	$\frac{1}{Z}=\sqrt{\left(\frac{1}{R}\right)^2+\left(\frac{1}{X_C}\right)^2}$	X_C——容抗

（续表）

名称	图例	计算公式	应用
电流的热效应		$Q=I^2Rt$	Q——产生的热量(J)； I——通过电阻的电流(A)； R——电阻(Ω)； t——时间(s)
电功率		直流 $P=UI=I^2R=\frac{U^2}{R}$	家用电器上标注的 40 W、100 W 等都是电功率的数值 P——有功功率(W)； Q——无功功率(Var)； S——视在功率(V·A)； φ——电流与电压间的相位角； U——电压(V)； I——电流(A)； R——电阻(Ω)
		单相交流 $P=UI\cos\varphi$ $Q=UI\sin\varphi$ $S=UI=\sqrt{P^2+Q^2}$	
		三相交流 $P=\sqrt{3}UI\cos\varphi$ $Q=\sqrt{3}UI\sin\varphi$ $S=\sqrt{3}UI=\sqrt{P^2+Q^2}$	

（续表）

名称		图例	计算公式	应用
三相交流电负载的连接	星形连接（Y）	L1 I_1 I_{Ph} Z_1 U_1 Z_3 Z_2 L2 L3 N U_{Ph}	$U_1=\sqrt{3}U_{ph}$ $I_1=I_{ph}$	U_1——线电压； U_{ph}——相电压； I_1——线电流； I_{ph}——相电流
	三角形连接（△）	L1 I_1 Z_1 Z_3 U_1 I_{Ph} L2 Z_2 L3	$U_1=U_{ph}$ $I_1=\sqrt{3}I_{ph}$	
直流电磁铁吸引力			$F=39.2B^2S$	F——吸引力（N）； B——磁通密度（T）； S——磁路的截面积（cm^2）

(续表)

名称	图例	计算公式	应用
平行导线电流间的作用力	I_1 I_2 D	$F = F_1 = F_2 = \frac{\mu I_1 I_2}{2\pi D}$	F_1、F_2——1 导线和 2 导线所受的力(N)； I_1、I_2——流过 1 导线与 2 导线的电流(A)； D——两导线间距(m)； μ——导线外介质的磁导率(H/m)
同轴圆形导线电流间的作用力	1 2 r D I_1 I_2	$F = \frac{\mu r}{D} I_1 \cdot I_2$	F——两圆形导线所受力(N)； r——圆形线圈的半径(m)； I_1——1 线圈流过的电流(A)； I_2——2 线圈流过的电流(A)； D——线圈间的距离(m)； μ——导体外介质的磁导率(H/m)

第四节 常用电气图形及文字符号

电气图是电气技术领域中绘制的各种图的总称，是电气工作人员进行技术交流和生产活动的“语言”。电气图有图和表格两种表达形式；电气图有单线、多线、集中、半集中和分开五种表达方法。

① 单线表示法是指在简图上两根或两根以上的导线只用一条线表示的方法。

② 多线表示法是指在简图上每根导线都分别用一条线表示的方法。

③ 集中表示法是指在简图上将设备或成套装置中一个项目各组成部分的图形符号都绘制在一起的表示方法。

④ 半集中表示法是指在简图上将一个项目中某些部分的图形符号分开布置，并用机械连接符号表示出它们之间的关系，从而使设备和装置的电路布局清晰，易于识别的表示方法。

⑤ 分开表示法是指在简图上将一个项目中某些部分的图形符号分开布置，并仅用项目代号表示出它们之间关系的表示方法。

一、电气图的图形符号

图形符号是指通常用于图样或其他文件以表达一个设备或概念的图形、标记或字符。电气图的图形符号有符号要素、限定符号、一般符号、方框符号和组合符号。

表1-4中,"新符号"系摘自GB/T 4728.1～4728.13—1996～2005《电气简图用图形符号》和DL 5028—1993《电气工程制图标准》,"旧符号"摘自GB 312～314—1964《电气系统图图形符号》(称"旧标准")及约定俗成的符号。说明:"旧符号"栏中,"="表示旧符号与新符号相同,空白表示旧标准中无规定。

表1-4　图形符号

(一)符号要素、限定符号和常用的其他符号

新符号		旧符号	
名称	图形符号	名称	图形符号
直流		直流电	
交流		交流电	=
具有交流分量的整流电流		脉动电流	=
中性(中性线)	N	中性线	=
接地一般符号		接地一般符号	=
抗干扰接地 无噪声接地		无噪声接地 (抗干扰接地)	=
保护接地		屏蔽接地	

（续表）

新符号		旧符号	
名称	图形符号	名称	图形符号
接机壳或接底板	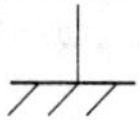	接机壳	
理想电流源	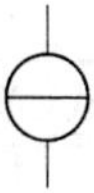		
理想电压源			
故障		绝缘击穿一般符号	
闪络、击穿			
导线间绝缘击穿		导线绝缘击穿	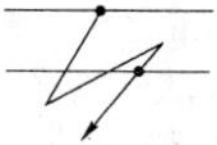
导线对机壳绝缘击穿	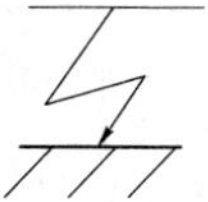	导线对机壳绝缘击穿	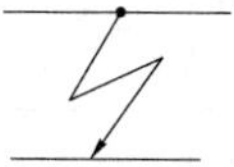
导线对地绝缘击穿	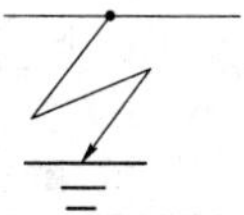	导线对地绝缘击穿	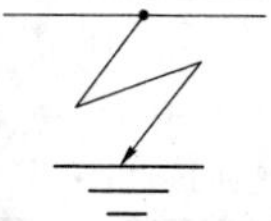

（二）导线和连接器件图形符号

新符号		旧符号	
名称	图形符号	名称	图形符号
连接、连接点	●	电气连接一般符号	●或○
端子	○	端子	∅或○
导线T形连接		导线的单分支	
导线的双重连接	形式1 形式2	导线的双分支	或
导线的不连接（跨越）	单线表示 多线表示	不连接的跨越导线	
接通的连接片	形式1 形式2	连接片	
断开的连接片		换接片	
电缆密封终端表示带有一根三芯电缆		电缆终端头	

（三）电能的发生与转换设备图形符号

新符号		旧符号	
名称	图形符号	名称	图形符号
V形(60°)连接的三相绕组	V	三相V形连接的两个绕组	

（续表）

新符号		旧符号	
名称	图形符号	名称	图形符号
三角形连接的三相绕组	△	三角形连接的三相绕组	=
开口三角形连接的三相绕组		开口三角形连接的三相绕组	=
星形连接的三相绕组	Y	星形连接的三相绕组	=
中性点引出的星形连接的三相绕组		有中性点引出线的星形连接的三相绕组	=
曲折形成互联星形的三相绕组		曲折形连接的三相绕组	=
换向绕组		电机换向绕组	=
补偿绕组		电机补偿绕组	=
串励绕组		电机串励绕组	=
并励或他励绕组		交流电机定子绕组或直流电机并励绕组	=
电机的一般符号 符号内的星号用下列字母之一代替： C——旋转交流机 G——发电机 GS——同步发电机 MG——能作为发电机或电动机使用的电机 M——电动机 MS——同步电动机	⊛	旋转电机的一般符号在圆圈内允许加注表示电流种类的符号 如～（交流） 3～（三相交流） —直流 在圆圈内允许加注电机用途的文字符号如F、D分别表示发电机、电动机	

（续表）

新符号		旧符号	
名称	图形符号	名称	图形符号
直流发电机	G =	直流发电机	G =
直流电动机	M =	直流电动机	M =
交流发电机	G ~	交流发电机	E ~
交流电动机	M ~	交流电动机	G ~
手摇发电机	G		
三相永磁同步发电机	GS 3~	永磁三相同步电机	或
三相永磁同步电动机	MS 3~	永磁三相同步电机	
直流串励电动机	M =	串励直流电动机	D 或 D 或 D

（续表）

新符号		旧符号	
名称	图形符号	名称	图形符号
直流并励电动机	M	并励直流电动机	D
直流他励电动机	M	他励式直流电动机	D
短分路复励直流发电机 注：示出换向绕组、补偿绕组、接线端子和电刷时	G G	复励式直流发电机 注：示出换向绕组和补偿绕组时	F F
电刷（集电环或换向器上的）		滑环上的电刷	
		换向器上的电刷	
铁心		铁心	
带间隙的铁心		带空气隙的铁心	
双绕组变压器	形式1　形式2	双绕组变压器	单线表示　多线表示

（续表）

新符号		旧符号	
名称	图形符号	名称	图形符号
三绕组变压器	形式 1 形式 2	三绕组变压器	单线表示 多线表示
自耦变压器	形式 1 形式 2	自耦变压器	单线表示 多线表示
电抗器、扼流圈	形式 1 形式 2	电抗器	
电流互感器、脉冲变压器	形式 1 形式 2	单次级绕组电流互感器	单线表示 多线表示
电压互感器	（用变压器的有关符号）	电压互感器	（用变压器的有关符号）
直流变换器			
整流器		整流器	
桥式全波整流器		桥式全波整流器	

（续表）

新符号		旧符号	
名称	图形符号	名称	图形符号
逆变器			
整流器/逆变器			
原电池或蓄电池		原电池或蓄电池 注：允许不注极性符号 蓄电池组或原电池组	 形式 1 形式 2

（四）无源原件图形符号

新符号		旧符号	
名称	图形符号	名称	图形符号
电阻器的一般符号		电阻的一般符号	
可变电阻器、可调电阻器		变阻器	或
带滑动触点的电位器		电位器的一般符号	
带滑动触点的电阻器		可断开电路的变阻器	
电容器的一般符号		电容器的一般符号	

（续表）

新符号		旧符号	
名称	图形符号	名称	图形符号
极性电容器，如电解电容		有极性的电解电容器	
可调电容器		可变电容器	或
电感器、线圈、绕组、扼流圈		电感线圈、变压器绕组	
带磁心的电感器		有铁心的电感线圈	
磁心有间隙的电感器		铁心有空气隙的电感线圈	

（五）半导体管和电子管图形符号

新符号		旧符号	
名称	图形符号	名称	图形符号
半导体二极管一般符号		半导体二极管 半导体整流管	
单向击穿二极管 电压调整二极管 齐纳二极管		雪崩二极管	

（续表）

新符号		旧符号	
名　称	图形符号	名　称	图形符号
无指定形式的三极晶体闸流管 注：当没有规定控制极的类型时这个符号用于表示反向阻断三极晶体闸流管			
PNP 型半导体管		P－N－P 型半导体管	
集电极接管壳 NPN 型半导体管		N－P－N 型半导体管	
结型场效应半导体管 注：栅极与源极的引线会绘在一直线上	N 型沟道 P 型沟道		

二、电气图的文字符号

在电气技术文件中，常用文字符号标注在电气设备、装置和元器件近旁，用以表示电气设备、装置和元器件的名称、功能、状态和特征。

文字符号的字母采用拉丁字母大写正体字，分为基本文字符号（单字母或双字母）和辅助文字符号。

1. 基本文字符号

基本文字符号分为单字母符号和双字母符号。

单字母符号是按拉丁字母将电气设备、装置和元器件划分为23大类，每大类用一个专用单字母符号表示，如“S”表示开关器件类等。

双字母符号是由一个表示种类的单字母符号与另一字母组成，其组成形式是以单字母符号在前、另一字母在后的次序列出。只有当用单字母符号不能满足要求，需要将大的类别进一步划分时，才采用双字母符号，以便较详细和更具体地表述电气设备、装置和元器件。如“G”为电源类的单字母符号，而“GB”表示蓄电池。

电气设备常用的基本文字符号，见表1-5。

表1-5 电气设备常用基本文字符号

设备和元器件种类	名 称	基本文字符号	
		单字母	多字母
组件部分	无线放大器	A	AA
	电桥		AB
	频道放大器		AC
	晶体管放大器		AD
	控制屏(台)		AC
	应急配电箱		AE
	高压开关柜		AH
	电容器屏		AC
	前端设备		AH
	刀开关箱		AK

（续表）

设备和元器件种类	名　　称	基本文字符号	
		单字母	多字母
组件部分	低压配电屏 照明配电箱 线路放大器 自动重合闸装置 支架、配线架 仪表柜 模拟信号板 信号箱 稳压器 调压器 同步装置 载波机 接线箱 插座箱 抽屉柜 动力配电箱 区域报警器	A	AL AL AL AR AR AS AS AS AS AV AS AC AW AX AT — AR
非电量到电量变换器或反之	扬声器、送话器 光电池、扩音机 自整角机 测速发电机	B	— — BS BR
电容器	电容器 放电电容器 电力电容器	C	— CD CP

（续表）

设备和元器件种类	名　　称	基本文字符号	
		单字母	多字母
其他元件	本表其他未规定的器件	E	—
	电炉		EF
	发热器件		EH
	电焊机		EW
	静电除尘器		EP
	照明灯		EL
	空气调节器		EV
保护器件	避雷器、放电间隙具有瞬时动作的限流保护器件	F	FA
	具有延时动作的限流保护器件		FR
	具有延时和瞬时动作的限流保护器件		FS
	跌落式熔断器		FD
	避雷针		FL
	快速熔断器		FQ
	熔断器		FU
	限压保护器件		FV
	报警熔断器		FW
发电机及电源	发电机	G	—
	蓄电池		GB
	柴油发电机		GD
	稳压装置		GV
	同步发电机		GS
	异步发电机		GA
	不间断电源设备		GU
	旋转式或固定式变频机		GF

（续表）

设备和元器件种类	名　　称	基本文字符号	
		单字母	多字母
信号器件	声响指示器	H	HA
	蓝色指示灯		HB
	电铃		HE
	绿色指示灯		HG
	电喇叭		HH
	光指示器		HL
	指示器		HL
	红色指示灯		HR
	光字牌		HP
	电笛		HS
	透明灯		HT
	白色指示灯		HW
	黄色指示灯		HY
	蜂鸣器		HX
继电器 接触器	继电器	K	—
	瞬时动作继电器		KA
	电流继电器		KA
	差动继电器		KD
	接地故障继电器		KE
	位置继电器		KQ
	气体继电器		KG
	热继电器		KH
	冲击继电器		KL
	中间继电器		KM
	接触器		KM
	干簧继电器		KM
	信号继电器		KS

（续表）

设备和元器件种类	名　　称	基本文字符号	
		单字母	多字母
继电器 接触器	时间、温度继电器 阻抗继电器 电压继电器 零序电流继电器 保护出口中间继电器 极化、压力继电器	K	KT KZ KV KZ KOM KP
感应器、电抗器	电感线圈 电抗器 扼流线圈 励磁线圈 启动电抗器 消弧线圈	L	— — LG LE LS LP
电动机	电动机 异步电动机 直流电动机 同步电动机 伺服电机 绕线转子异步电动机	M	— MA MD MS MV MM
测量设备、试验设备	电流表 功率因数表 频率表 电能表 最大需量电能表 最大需量指示器	P	PA P PF PJ PM PM

（续表）

设备和元器件种类	名　　称	基本文字符号	
		单字母	多字母
测量设备、试验设备	无功电能表 温度计 电钟 电压表 功率表 同步指示器	P	PR PH PT PV PW PY
电阻器	电阻器、变阻器 频敏变阻器 光敏电阻(器) 电位器 分流器 热敏电阻 压敏电阻(电压)	R	— RF RL RP RS RT RV
电力线路的开关器件	断路器 刀开关 熔断器式刀开关 负荷开关 限流熔断器 漏电保护器 隔离开关 接地开关 启动器 转换(组合)开关	Q	QF QK QKF QL QL QR QS QG QT QT

（续表）

设备和元器件种类	名　　称	基本文字符号	
		单字母	多字母
控制、记忆信号电器的开关器件选择器	控制开关	S	SA
	选择开关		SA
	按钮开关		SB
	急停按钮		SE
	（启动）正转按钮		SF
	浮子开关		SF
	火警按钮		SF
	液体标高传感器		SL
	主令开关		SM
	微动开关		SN
	压力传感器		SP
	位置传感器		SQ
	限位（行程）开关		SQ
	反转按钮		SR
	旋转（钮）开关		SR
	停止按钮		SS
	烟感探测器		SS
	温度传感器		ST
	转数传感器		SR
	温感探测器		ST
	电压表转换开关		SV
变压器	变压器	T	—
	电流互感器		TA
	自耦变压器		TA
	控制电路电源用变压器		TC

（续表）

设备和元器件种类	名称	基本文字符号	
		单字母	多字母
变压器	电炉变压器 局部明用变压器 隔离变压器 电力变压器 电压互感器	T	TF TL TS TM TV
调制变换器	整流器 解调器 频率变换器 逆变器 调制器 混频器	U	— UD UF UV UM UM
晶体管	二极管 控制电路用电源整流器 发光二极管 光电（控制）二极管、光敏三极管 晶闸管（可控硅） 晶体（三极管）	V	— VC VL VP VR VT
传输通道、波导、天线	导线、电缆 天线 辅助母线 母线 控制母线 控制电缆	W	— WA WA WB WC WC

（续表）

设备和元器件种类	名　　称	基本文字符号	
		单字母	多字母
传输通道、波导、天线	合闸母线 电力电缆 电信电缆 光纤 事故信号母线 闪光信号母线 灯母线 抛物天线 预报信号母线 掉牌未复归母线 信号母线 滑触线 电压母线	W	WC WP WT WX WE WF WH WP WP WR WS WT WV
端子、插头、插座	电缆封端和接头线柱、连接插头和插座、焊接端子板 分支器 测插孔 插头 插座 连接片 端子板 输出口 串接单元	X	— XC XJ XP XS XB XT XA XU

（续表）

设备和元器件种类	名称	基本文字符号	
		单字母	多字母
电气操作的机械器件	气阀 电磁铁 电磁制动器 电磁吸盘 电磁离合器 合闸电磁铁（线圈） 防火阀 电磁锁 电动阀 排烟阀 电动执行器 跳闸电磁铁（线圈） 电磁磁阀	Y	— YA YB YH YC YC YF YL YM YS YS YT YV
终端设备、滤波器、均衡器、限幅器	网络 衰减器 定向耦合器 滤波器 终端负载 均衡器 分配器	Z	— ZA ZD ZF ZL ZQ ZS

2. 辅助文字符号

辅助文字符号用以表示电气设备、装置和元器件以及线路的功能、状态和特征。如“STP”表示停止，“LA”表示闭锁等。

辅助文字符号也可放在表示种类的单字母符号后边组成双字母,如“SP”表示压力传感器。为简化文字符号,若辅助文字符号由两个以上字母组成的,允许只采用其第一位字母进行组合。如“MS”表示同步组成时,允许只采用第一位字母进行组合,如“MS”表示同步电动机。辅助文字符号还可以单独使用,如“ON”表示接通、“M”表示中间线、“PE”表示保护接地等。辅助文字符号一般不能超过三个字母,常用辅助文字符号见表 1-6。

表 1-6　常用辅助文字符号

文字符号	代表的功能、状态和特征	文字符号	代表的功能、状态和特征
A	电流	C	控制
A	模拟	CW	顺时针
AC	交流	CCW	逆时针
A	自动	D	延时(延迟)
AUT	自动	D	差动
ACC	加速	D	数字
ADD	附加	D	降
ADJ	可调	DC	直流
AUX	辅助	DEC	减
ARC	弧光	E	接地
ASY	异步	EL	电发光
B	制动	EM	紧急
BRK	制动	F	快速
BK	黑	FB	反馈
BL	蓝	FL	荧光
BW	向后	FW	正、向前

（续表）

文字符号	代表的功能、状态和特征
GN	绿
H	高
IN	输入
IN	白炽
INC	增
IND	感应
IR	红外线
L	左
L	限制
L	低
LA	闭锁
M	监视或测量
M	主
M	中
M	中间线
M	手动
MAN	手动
N	中性线
OFF	断开
ON	闭合
OUT	输出
P	压力
P	保护
PE	保护接地
PEN	保护接地与中性线共用
PU	不接地保护
R	记录
R	右
R	反
RD	红
R	复位
RST	复位
RES	备用
RUN	运转
S	信号
ST	启动
S	置位、定位
SAT	饱和
STE	步进
STP	停止
SYN	同步
T	温度
T	时间
TE	无噪声（防干扰）接地

（续表）

文字符号	代表的功能、状态和特征	文字符号	代表的功能、状态和特征
UV	紫外线	WH	白
V V V	真空 速度 电压	YE	黄

第五节 电工安全用电基本知识

一、电工安装、维修、操作规程

表 1－7 电工安装、维修操作规程

分类	具体内容
一般安全操作规程	工作前必须写出工作单，经主管同意后，穿戴好和准备好有关防护用品
	进入现场之前，应仔细检查所有工具是否符合安全用电标准，了解现场环境情况。事先要查明电气设备是否带电，一般不允许带电作业
	在线路、设备上安装、维修时，要先切断电源，并挂上警告牌，验明无电时，方能进行工作

（续表）

分类	具 体 内 容
一般安全操作规程	装接电灯时，开关必须控制相线。接临时线路时，应先接地线。拆除临时接线时，应先拆相线，再拆其他线端。工作中所拆除的电线，要及时处理好。带电的线头，须用绝缘材料包扎好并标明带电标志
	高空作业时，应系好安全带，梯子应有防滑措施。高空作业所使用的工具以及其他东西，不准随便往下乱扔乱抛，须装入工具袋内吊送。地面工作人员应戴好安全帽，并应离开施工区域。在雷雨和大风天，不准在架空线路上工作
	低压架空带电工作时，应使用有绝缘柄的工具，并应站在干燥的绝缘物上，同时要穿上绝缘鞋，戴好手套和安全帽。工作时，还要有人监护
	低压架空带电工作时，人体不得同时接触两根线头，并不得穿过未经采取绝缘措施的导线之间
	在带电的低压开关柜上进行安装或修理时，应采取防止相间短路及接地等安全措施
	在发生触电事故时，应立即切断电源，戴上绝缘手套或用干燥衣物、木棒将触电者与电源分开，严重者，应立即进行人工呼吸抢救
	线路、机电设备安装或修理之后，在正式送电之前，必须仔细检查绝缘电阻、接地装置和传动部分防护装置，当达到安全标准后，通知有关部门，方能送电

（续表）

分类	具体内容
一般安全操作规程	当电气设备发生火灾时，应立即切断电源，未切断之前，应用四氯化碳或二氧化碳灭火器灭火，严禁用水或酸碱泡沫灭火器灭火
带电工作的操作规程	带电工作人员必须经过考试，合格后方能担任，并在工作时，应有人监护。监护人不能离开工作现场
	带电工作时，不准使用金属物，所有工具均应有绝缘手柄
	带电工作人员所穿上衣应为紧袖口的服装，严禁穿汗背心和短裤工作
	带电工作之前，应检查工作现场情况，如有接近的导电物体或接地物体，可将它们用绝缘物隔开或遮盖，处理好后才能进行工作
	在仪表的二次回路上进行带电工作时，不准将变流器的二次侧开路。如要断开变流器的二次回路，必须将变流器接线端子上的专用短路连片短路
	在同一杆上不准两人同时在不同相上带电工作，穿越线档。不准相互接触或传递工具
	当工作位置狭窄、潮湿，影响人身安全时，一般应在停电后进行工作。如必须带电工作，应采取戴橡胶绝缘手套，穿绝缘鞋及用橡胶绝缘布遮盖等安全措施
	正确使用有关电气安全用具。这些工具应定期进行检验，保持良好性能，所有安全用具应放在指定地点，并应由专人负责保管

二、电气火灾及预防

1. 家庭电气火灾的原因

一般的火灾是由热源和易燃物导致的，而电气火灾则是由电热源和易燃物导致的。由于所有物质都有电阻，当电流通过时会发热，因而所有的家用电器、插座和导线都是电热源，特别是电饭锅、电暖器、电熨斗和电烤箱等电热类家用电器，由于温度高，酿成电气火灾的危险性更大，电气火灾的常见原因见表1－8。

表1－8　电气火灾的常见原因

电气火灾原因	具体情况
电气设备严重过载	插座、闸刀开关或熔断器等电气设备的规格选择太小，容量小于实际负载的容量很多
	用电量增加很多，而导线的规格过小，长期过载运行，会使导线的绝缘层加速老化甚至使绝缘层脱落，引起短路，造成火灾
	乱拉电线，在某段电线上过多地接入并联负载，或在一个插座上并联过多的用电设备
	严重漏电引起布线过负载
电气设备及导线的连接点接触不良	闸刀、开关、熔断器或插座等电气设备的接线桩头连接松动，螺钉未旋紧或锈蚀，使连接点接触不良，增大接触电阻，造成连接处或刀片过热甚至熔化而引起火灾
	接线桩头或连接导线有杂质、氧化层等连接后接触电阻很大，致使发热而引起火灾

（续表）

电气火灾原因	具体情况
电气设备或导线的绝缘损坏	导线经常处在屈曲、扭曲、拉伸等作用下，造成绝缘层老化
	导线绝缘层被重物压轧或工具损伤，或被老鼠咬坏
	电气设备长期处在煤气、水或油等有害物质包围之中而受到腐蚀老化
	电气设备或导线使用寿命已到，自然老化
	由于长期过载或短路，使电气设备温度升高，造成绝缘层龟裂、硬化及脆化等

2. 家庭电气火灾的预防

表1 9 家庭电气火灾的预防

家庭电气火灾的预防	具体方面	
家庭装修电气安装时的防火	导线的敷设	导线截面选择要考虑今后家庭用电量的增大
		应使用铜芯绝缘导线
		导线暗敷设时，应穿铜管或穿硬、半硬塑料管敷设
		暗敷导线应避免接头，如有接头应设在接线盒内

（续表）

<table>
<tr><th>家庭电气火灾的预防</th><th colspan="2">具体方面</th></tr>
<tr><td rowspan="4">家庭装修电气安装时的防火</td><td>导线的敷设</td><td>敷设导线时，必须注意不得损坏导线的绝缘层，放线时不可硬拉；不可让导线的绝缘层被水泥板、砖墙等硬物划破</td></tr>
<tr><td rowspan="3">灯具的安装</td><td>安装灯具时，不可堵塞其散热孔</td></tr>
<tr><td>灯具内灯泡的功率应与灯具的容量匹配</td></tr>
<tr><td>灯具的电源线应敷设在绝热、消音材料上方 20 cm 以上的地方，使导线发出的热量能顺畅地散发到空间</td></tr>
<tr><td rowspan="3">电气设备和家用电器过载引起的火灾的预防</td><td colspan="2">开关、插座等电气设备的容量要与家用电器的容量相适应</td></tr>
<tr><td colspan="2">经常注意电气设备和家用电器的工作情况，如嗅到有焦臭味、看到绝缘变色或发现严重过载时，应及时停电检修</td></tr>
<tr><td colspan="2">防止电气设备过载，否则会加速电气设备和导线绝缘的老化引起火灾</td></tr>
<tr><td rowspan="3">接触电阻过大引起的火灾的预防</td><td colspan="2">导线与导线、导线与接线端子的连接必须牢固可靠和接触良好</td></tr>
<tr><td colspan="2">开关、插座和插头的触头必须接触良好，如有松动等异常情况，应及时拆开修理</td></tr>
<tr><td colspan="2">开关、插座必须安装牢固，导线与接线桩头连接要牢固</td></tr>
</table>

（续表）

家庭电气火灾的预防	具体方面
接触电阻过大引起的火灾的预防	闸刀开关和熔断器的插脚应接触良好，以免接触电阻过大发热而引起火灾
电热器具引起的火灾的预防	不要将电熨斗或电烙铁等电热器具放在桌面、可燃物上长时间通电或者是用完后未关电源而离开，以免造成桌面和可燃物起火
	电水壶、电饭锅等电热器必须有专人看管，不可长时间离开，以免被加热的液体沸腾外溢，损坏炉盘或流到插座处，引起短路
	电炉等电热器具如距可燃物太近，易将其烤着起火
	供电热器具的导线，其安全载流量必须满足电热器具的容量要求，电源引线应使用橡皮绝缘护套软线，不可用花线，因为花线易被机械损伤或烫伤，造成短路等事故
	平时注意检查家用电器的引线、插头及插座、开关等电气设备的绝缘是否损坏，胶木是否烧焦，连接部件是否松动，如有其中之一情况发生就应及时修复，以免发生触电和火灾事故

三、人身触电及预防

1. 电流对人体的危害(表 1 - 10)

表 1 - 10　电流对人体的危害

三种情况	每种情况定义	具 体 数 值
感觉电流	使人体有感觉的最小电流	50 Hz 的交流电，成年男性的感觉电流约为 1.1 mA，成年女性约为 0.7 mA
摆脱电流	人体触电后能自主摆脱电源的最大电流	50 Hz 的交流电，成年男性的摆脱电流约为 16 mA 以下，成年女性约为 10 mA 以下
致命电流	在较短时间内，危及生命的最小电流	一般情况下，通过人体的 50 Hz 交流电超过 50 mA 时，心脏就会停止跳动，发生昏迷，并出现致命的电灼伤，交流 50 Hz，100 mA 的电流通过人体时，很快会使人死亡

2. 触电的危险因素

触电的伤害程度与通过人体电流的大小、种类、时间和途径有关。

(1) 触电伤害程度与电流大小和种类的关系

电流经手——躯干——手的途径，对人体的作用见表 1 - 11。

表 1-11　电流的大小和种类对人体的作用

电流(mA)	电流作用后的特征	
	交流(50～60 Hz)	直　流
0.6～1.5	开始有感觉——手轻微颤抖	没有感觉
2～3	手指强烈颤抖	没有感觉
5～7	手部痉挛	感觉痒和热
8～10	手已难以摆脱带电体，但还能摆脱；手指尖部到手腕剧痛	热感觉增加
20～25	手迅速麻痹，不能摆脱带电体；剧痛，呼吸困难	热感觉大大加强，手部肌肉收缩
50～80	呼吸麻痹，心室开始颤动	强烈的热感觉，手部肌肉收缩，痉挛，呼吸困难
90～100	呼吸麻痹，延续 3 s 或更长时间，则心脏麻痹，心室颤动	呼吸麻痹

从上表可以看出，50～60 Hz 交流电对人体来说最危险，人体能够摆脱握在手中的带电体的最大电流值又称安全电流，约为 10 mA、1 000 Hz 以上的交流电，伤害程度明显减小，而对直流电触电来说，其最小感觉电流男性约为 5.2 mA，女性约为 3.5 mA；平均摆脱电流男性约为 76 mA，女性约为 51 mA。

(2) 触电伤害程度与触电时间的关系

通过人体电流的持续时间与伤害程度有密切的关系。触电时间短，对人体的影响小；触电时间长，对人体的损伤就大。同时由于人体的电阻是随电流作用时间的长短而变化的，时间越长，人体皮肤角质层破坏越厉害，人体电阻下降越低，通过人体的电流也就相应增大，因而进一步加剧了危险程度。另外，在人体心脏搏动周期中约有 0.1 s 的间歇，这 0.1 s 对电流最为敏感，如果电流在这瞬间通过心脏，便会引起心室震颤或麻痹，所以在解救触电者的时候必须争取时间。

（3）触电伤害程度与电流通过人体途径的关系

人体触电受伤害的程度还与通过人体心脏、肺及中枢神经的电流大小有关。在大多数情况下，触电危险程度取决于通过心脏的电流大小。

电流在通过人体的各种途径下，流经心脏的百分数见表 1－12。

表 1－12　电流通过人体途径与心脏电流的比例

电流通过人体的途径	通过心脏的电流占通过人体总电流（%）
从一只手到另一只手	3.3
从左手到脚	6.4
从右手到脚	3.7
从一只脚到另一只脚	0.4

由上表，说明电流从左手到脚危害最严重，其次是电流从一只手到另一只手和从右手到脚。只要人体任何部位触电，都可能形成肌肉收缩、神经中枢的剧烈失调，从而造成伤亡事故。

3. 几种触电形式

常见的触电形式见表1-13。

表1-13 常见的触电形式

触电形式	触电情况及危险程度	图示
单相触电（变压器低压侧中性点直接接地）	电流从一根相线经过电气设备、人体再经大地流回到中性点。这时加在人体的电压是相电压，其危险程度取决于人体与地面的接触电阻	 L1 L2 L3
单相触电（变压器低压侧中性点不接地）	① 在1 000 V以下，人碰到任何一相后，电流经电气设备，通过人体到另外两根相线对地绝缘电阻和分布电容而形成回路，如果绝缘良好，一般不会发生触电危险；如果绝缘很差，或者绝缘被破坏，就有触电危险 ② 在6～10 kV，由于电压高，所以触电电流大，几乎是致命的，加上电弧灼伤，情况更严重	 L1 L2 L3

（续表）

触电形式	触电情况及危险程度	图　示
两相触电	电流从一根相线经过人体流至另一根相线，在电流回路中只有人体电阻，在这种情况下，触电者即使穿上绝缘鞋或站在绝缘台上也起不了保护作用。所以两相触电是很危险的	
跨步电压触电	如输电线断路，则电流经过接地体向大地作半环形流散，并在接地点周围地面产生一个相当大的电场，电场强度随离断线点距离的增大而减小 距断线点 1 m 范围内，约有 60％的电压降；距断线点 2～10 m 范围内，约有 24％的电压降；距断线点 11～20 m 范围内，约有 8％的电压降	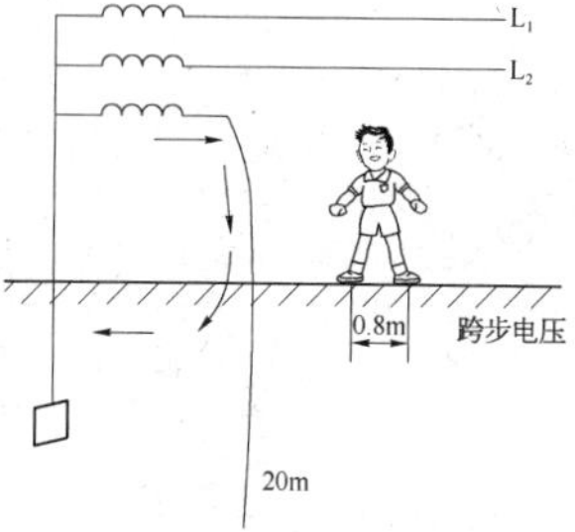

4. 家庭发生触电事故的原因

表 1-14 家庭发生触电事故的原因

家庭发生触电事故的原因	具体情况
家用电器质量不合格或开关、插座等电气设备损坏造成触电	家用电器绝缘性能差，不符合规定
	家用电器内部接线松脱碰壳
	开关、插座、灯座或熔断器等电气设备损坏
	导线绝缘破损
家用电器或开关、插座等电气设备安装不当造成触电	家用电器没有保护接地或保护接地不良，当相线（火线）碰壳，而又没有采取其他防护措施时，人体触及外壳而触电
	插座保护接地线接错，使家用电器外壳带电而触电
	插座、开关安装过低，小孩拆开玩耍或用铁丝插入而引起触电
	使用床头开关，小孩拆开玩耍而引起触电
	开关接在中性线上，当开关断开，灯座或电气设备上仍有电让人误以为电已关断，检修时就会触电
	螺口灯座的相线接错在连接螺壳的接线桩头上，而没接在与中心铜片相连的接线桩头上，通电时，人手触及螺口灯泡的金属螺壳而触电

（续表）

家庭发生触电事故的原因	具 体 情 况
家用电器、导线或电气设备漏电造成触电事故	家用电器产品质量差，绝缘达不到要求或内部接线装配不牢固，导致相线碰壳漏电而触电
	导线绝缘机械损伤或被老鼠咬破而造成触电事故
	绝缘破损或长期过载使绝缘加速老化，造成触电事故

5. 触电的预防

触电的预防，见表 1－15。

表 1－15　触电的预防

触电预防工作	具 体 项 目
安装线路及照明灯座时做好触电的预防工作	使用合格的导线及电气元件
	采用保护接地和保护接零
	使用漏电保护器
	插座和插头的相线、工作零线和保护接零线不能接错，否则会造成触电事故
用电过程中应做好触电的预防工作	在用电前，应经常检查电源线绝缘是否破损，开关、插座和插头的外壳有无裂缝或缺损，保护接零线是否断开等

（续表）

触电预防工作	具体项目
用电过程中应做好触电的预防工作	替换灯泡、灯管或熔丝时，应断开电源开关后才能进行
	擦洗用电器应使用干布并应在断开电源开关后才能擦洗
	熔丝熔断后，应将熔断器内熔丝清除干净，若有炭灰附着在盒内，应用干布将其擦掉，紧固螺钉损坏应更换然后换上相同规格的熔丝，严禁用铜丝代替熔丝使用
	不准用湿手去插插头、拔插头或合断平开关

四、电气接地装置

1. 电气接地技术

(1) 常用电气接地技术术语

接地与接零的常用术语见表1-16。

表1-16　接地与接零的常用术语

术语	说　明
接地体	埋入地中并直接与大地接触的金属导体，称为接地体。接地体分为水平接地体和垂直接地体
自然接地体	可利用作为接地用的直接与大地接触的各种金属构件、金属钢管、钢筋混凝土建筑的基础、金属管道和设备等

（续表）

术语	说　明
接地线	电气设备、杆塔的接地螺栓与接地体或零线连接用的在正常情况下不载流的金属导体
接地装置	接地体和接地线的总和
接地	电气设备、杆塔或过压保护装置用接地线与接地体连接
接地电阻	接地体或自然接地体的对地电阻和接地线电阻的总和，称为接地装置的接地电阻。接地电阻的数值等于接地装置对地电压与通过接地体流入地中电流的比值
工频接地电阻	通过接地体流入地中工频电流求得的电阻
冲击接地电阻	防雷、过电压保护接地电阻，称为冲击接地电阻，是按冲击强电流求得的接地电阻
零线	与变压器或发电机直接接地的中性点连接的中性线或直流回路中的接地中性线
接零	中性点直接接地的低压电力网中，电气设备外壳与零线连接
集中接地装置	在避雷针附近装设的垂直接地体

（2）保护接地与保护接零的范围

保护接地与保护接零的范围见表 1－17。

表 1－17　保护接地与保护接零的范围

序号	对地电压	房屋特征			
		无高度危险	有高度危险	特别危险包括有着火危险及室外装置	有爆炸危险
	1	2	3	4	5
Ⅰ	65 V 以下	不需要接地或接零(在固定式 36 V 或 12 V 低压装置中,常将线路的一相接地作为变压器绝缘击穿和一次电压窜入二次绕组的保护装置)			防止静电荷引起火花,1 区、2 区* 房屋中,应将保存易燃体的金属容器或含有这些液体的器械、运送这些液体的管子、过滤器及液体流过时与金属包皮磨擦的部分,予以接地
Ⅱ	65～150 V	不需要接地或接零	手柄、飞轮及与机床有金属连接的电机外壳	在正常情况下,与带电部分绝缘的器械、电动机及配电屏的金属外壳及构架、电缆接头盒、中间接线盒的金属外壳电缆的金属包皮及金属保护管等	同序号 1～5 及 Ⅱ 1～4 中的元件

（续表）

序号	对地电压	房屋特征			
		无高度危险	有高度危险	特别危险包括有着火危险及室外装置	有爆炸危险
	1	2	3	4	5
Ⅲ	150～1 000 V	同序号Ⅱ-4中的元件	同序号Ⅱ-4中的元件	同序号Ⅱ-4中的元件	
Ⅳ	1 000 V以上	在正常条件下，与带电部分绝缘的金属部分、电气设备的支架和围栅结构的所有金属部分及房架、平台和可能带电且人能接触的结构部分			同序号Ⅰ-5、Ⅱ-3及Ⅱ-4中的元件

注：＊1区——正常情况下能达到爆炸浓度的场所；

2区——事故或检修时才能达到爆炸浓度的场所。

(3) 接地电阻值的规定

各种电气设备的接地电阻值要求见表1-18。

表1-18 电气设备接地装置的接地电阻最大允许值

序号	接地装置名称	接地电阻(Ω)
1	100 kV·A以上变压器(发电机)	4
2	100 kV·A以上变压器(发电机)供电线路的重复接地	10
3	100 kV·A以下变压器(发电机)	10
4	100 kV·A以下变压器(发电机)供电线路的重复接地(至少三处)	30
5	高低压电气设备的联合接地	4
6	3~10 kV线路在居民区的钢筋混凝土杆的接地	30
7	电流、电压互感器二次线圈	10
8	架空引入线瓷瓶脚接地	20
9	电子设备接地	4
10	电子计算机安全接地	4
11	医疗用电气设备接地	10

五、触电急救

触电急救要动作迅速,方法正确。当通过人体的电流很小时，仅产生麻的感觉，对机体影响不大。当通过人体的电流增大，但小于摆脱电流时，虽可能受到强烈的打击，但尚能自己摆脱电源，伤害可能不严重。当通过人体的电流进一步增大，接近或达到致命电流时，触电者就会产生神经麻痹、呼吸中断、心脏停止跳动等症状，外表上呈昏迷不醒状态，这时不应该认为人已死亡，应看作是诊断性死亡，应立即并持久地进行抢救。

触电急救方法见表1-19。

表1-19　触电的急救方法

急救方法	实施方法	图示
使触电者迅速脱离电源	① 出事附近有电源开关或插座时，应立即拉闸或拔掉电源插头 ② 如一时无法找到并断开电源的开关时，应迅速用绝缘工具、干燥的竹杆、木棒等将电线移掉，必要时可用绝缘工具切断电线，以断开电源	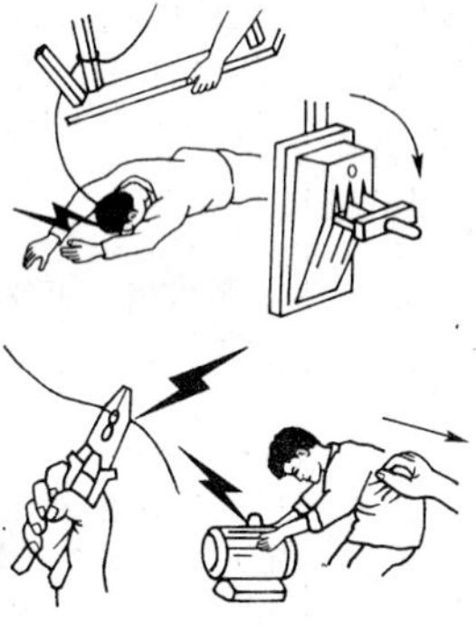

（续表）

急救方法	实施方法	图示
对“有呼吸而心脏停跳”的触电者，应采用“胸外心脏挤压法”进行急救	将触电者仰卧在硬板上或地上，颈部枕垫软物使头部稍后仰，松开衣服和裤带，急救者跪跨在触电者腰部	
	急救者将右手掌根部按于触电者胸骨下二分之一处，中指指尖对准其颈部凹陷的下缘，当胸一手掌，左手掌复压在右手背上	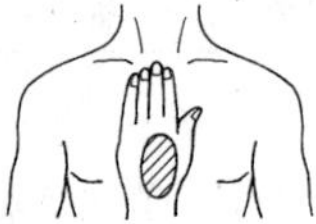
	掌根用力下压 3～4 cm	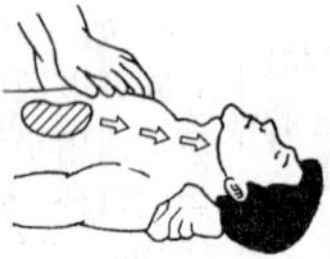
	突然放松，挤压与放松的动作要有节奏，每秒钟进行一次，必须坚持连续进行，不可中断，直到触电者苏醒为止	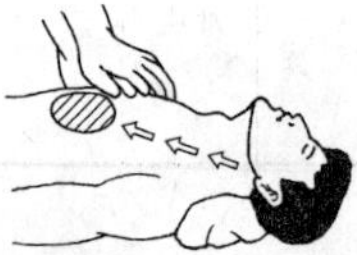

（续表）

急救方法	实施方法	图示
对“呼吸和心跳都已停止”的触电者，应同时采用“口对口人工呼吸法”和“胸外心脏挤压法”进行急救	一人急救：两种方法应交替进行，即吹气2～3次，再挤压心脏10～15次，且速度都应快些	
	两人急救：每5 s吹气一次，每秒钟挤压一次，两人同时进行	
对“有心跳而呼吸停止”的触电者，应采用“口对口人工呼吸法”进行急救	抢救者在病人的一边，使触电者的鼻孔朝天头后仰	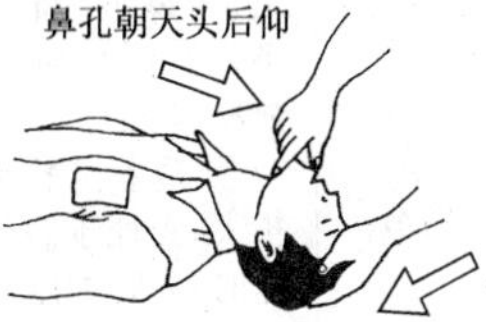 鼻孔朝天头后仰
	然后用一只手捏紧触电者的鼻子，另一只手托在触电者颈后，将颈部上抬，深深吸一口气，用嘴紧贴触电者的嘴，大口吹气	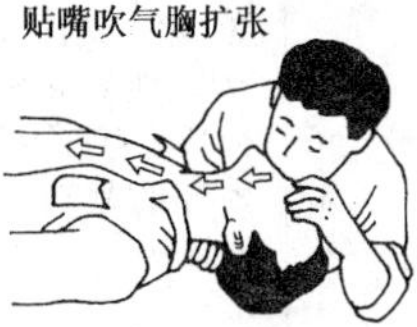 贴嘴吹气胸扩张

(续表)

急救方法	实施方法	图示
对“有心跳而呼吸停止”的触电者,应采用“口对口人工呼吸法”进行急救	然后放松捏鼻子的手,让气体从触电者肺部排出,如此反复进行,每5 s吹气一次,坚持连续进行,不可间断,直到触电者苏醒为止	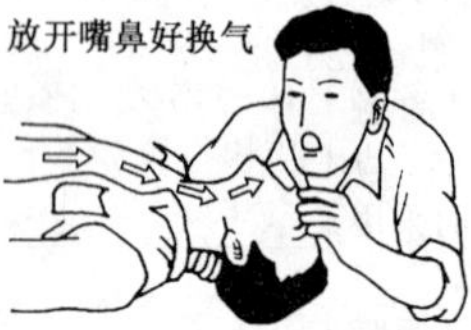 放开嘴鼻好换气
简单诊断	① 将脱离电源的触电者迅速移至通风、干燥处,将其仰卧,将上衣和裤带放松 ② 观察瞳孔是否扩大,当处于假死状态时,大脑细胞严重缺氧,处于死亡边缘,瞳孔就自行扩大 ③ 观察触电者有否呼吸存在,摸一摸颈部的颈动脉有无搏动	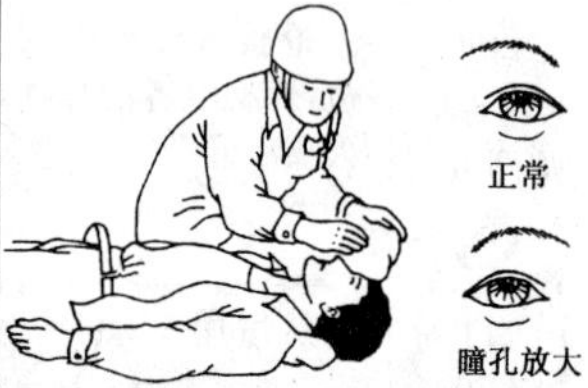 正常 瞳孔放大

（续表）

急救方法	实 施 方 法	图　　示
对“有心跳而呼吸停止”的触电者，应采用“口对口人工呼吸法”进行急救	将触电者仰卧，解开衣领和裤带，然后将触电者头偏向一侧，张开其嘴，用手指清除口腔中的假牙、血块等异物，使呼吸道畅通	清理口腔阻塞

触电急救用药应注意以下两点：

① 任何药物都不能代替人工呼吸和胸外心脏挤压法进行抢救。人工呼吸和胸外心脏挤压法是最基本的急救方法，也是第一位的急救方法。

② 抢救触电者时，应慎重使用肾上腺素，只有触电者经人工呼吸和胸外心脏挤压法进行急救后，用心电图仪鉴定心脏确已停止跳动时，在备有心脏除颤装置的条件下，才可考虑注射肾上腺素。

第二章

电工常用测量仪表

第一节　测量仪表的分类

一、分类

测量仪表种类繁多，其分类也不一样，一般按仪表的精度、仪表外形尺寸、使用方式和工作原理等分类。下面介绍按工作原理分类的各类仪表，见表 2－1。

表 2－1　按工作原理分类的测量仪表

性能 分类名称	标志符号	符号	工作电流	测量范围			制成仪表类型
				电流(A)	电压(V)	频率(Hz)	
磁电系		C	直流	10^{-11} ~10^{2}	10^{-3} ~10^{3}		电流表、电压表、欧姆表、兆欧表、检流计、钳形表
电磁系		T	交直流	10^{-3} ~10^{2}	1~ 10^{3}	一般用于工频，可扩到 5×10^{3}	电流表、电压表、频率表、功率因数表、同步表、钳形表

（续表）

性能 分类名称	标志符号	符号	工作电流	测量范围			制成仪表类型
				电流（A）	电压（V）	频率（Hz）	
电动系	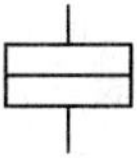	D	交直流	10^{-3} ～10^{2}	1～ 10^{3}	一般用于工频，有的可达 10×10^{3}	电流表、电压表、功率表、功率因数表、同步表
铁磁电动系	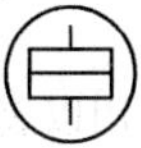	D	交直流	10^{-7} ～10^{2}	10^{-1} ～10^{3}	一般用于工频	电流表、电压表、功率表、频率表、功率因数表
静电系		Q	交直流		10～5 $\times10^{3}$	可达10^{8}	电压表、象限计
感应式		G	交流	10^{-1} ～10^{2}	10～ 10^{3}	用于工频	主要作为电能表
热电系		E	交流	10^{-3} ～10	10～ 10^{3}	小于10^{3}	电流表、电压表、功率表
整流系	有效值 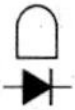	L	交流	10^{-5} ～10	10^{-3} ～10^{3}	一般用于工频，有的可达 5×10^{3}	万用表、电流表、电压表、欧姆表、功率因数表、频率表

（续表）

性能/分类名称	标志符号	符号	工作电流	测量范围			制成仪表类型
				电流（A）	电压（V）	频率（Hz）	
电子系	平均值	Z	交直流		$5\times10^{-8}\sim5\times10^{2}$	一般为$10^{6}\sim10^{8}$	电压表、阻抗表

二、测量仪表的表面符号

电工测量仪表的面板上标示的各种符号，用以表明仪表的基本技术特性。常用的仪表表面符号见表 2－2。

表 2－2　常用的仪表表面符号

符号	名　称	符号	名　称
测量单位的符号		测量单位的符号	
A	安培	kvar	千乏
mA	毫安	var	乏尔
μA	微安	kHz	千赫
kV	千伏	Hz	赫兹
V	伏特	MΩ	兆欧
mV	毫伏	kΩ	千欧
kW	千瓦	Ω	欧姆
W	瓦特	cosφ	功率因数

（续表）

符号	名　称
测量单位的符号	
sinφ	无功功率因数
mWb	毫韦伯
μF	微法
pF	微微法（皮法）
mH	毫亨
μH	微亨
℃	摄氏温度
电表和附件工作原理的符号	
	磁电系仪表
	磁电系比率表
	电磁系仪表
	电磁系比率表

符号	名　称
电表和附件工作原理的符号	
	电动系仪表
	电动系比率表
	铁磁电动系仪表
	铁磁电动系比率表
	感应系仪表
	静电系仪表
	振簧系仪表

（续表）

符号	名　称
电表和附件工作原理的符号	
	热电系仪表（带接触式热变换器和磁电系测量机构）
	整流系仪表（带半导体整流器和磁电系测量机构）
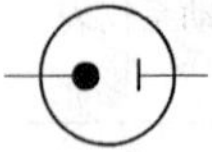	电子管变换器
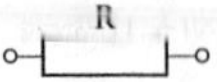 R	附加电阻器
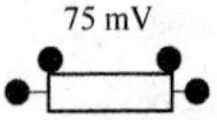 75 mV	外附定值分流器 75 mV
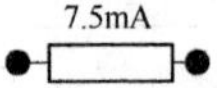 7.5mA	外附定值附加电阻器 7.5 mA
电流种类及不同额定值标注的符号	
	直流
	交流（单相）

符号	名　称
电流种类及不同额定值标注的符号	
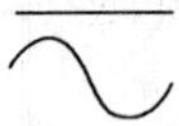	直流和交流
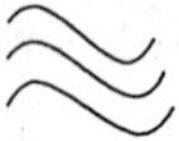	三相交流
$U_{max}=1.5U_H$	最大容许电压为额定值的 1.5 倍
$I_{max}=2I_H$	最大容许电流为额定值的 2 倍
R_d	定值导线
$\frac{I_1}{I_2}=\frac{500}{5}$	接电流互感器 500∶5A
$\frac{U_1}{U_2}=\frac{3\,000}{100}$	接电压互感器 3 000∶100 V
准确度等级的符号	
1.5	以标度尺量限百分数表示的准确度等级，例如 1.5 级
 1.5	以标度尺长度百分数表示的准确度等级，例如 1.5 级

（续表）

符号	名　称
准确度等级的符号	
1.5	以指示值的百分数表示的准确度等级，例如1.5级
工作位置的符号	
	标度尺位置为垂直的
	标度尺位置为水平的
60°	标度尺位置与水平面倾斜成一角度，例如60°
绝缘强度的符号	
0	不进行绝缘强度试验
	绝缘强度试验电压为500 V
2	绝缘强度试验电压为2 kV

符号	名　称
端钮、转换开关、调零器和止动器的符号	
	正端钮
	负端钮
	公共端钮（多量限仪表和复用电表）
	交流端钮
	接地用端钮（螺钉或螺杆）
	调零器
止	止动器
	止动方向
电表按外界条件分组的符号	
	Ⅰ级防外磁场（例如磁电系）

（续表）

符号	名　称	符号	名　称
电表按外界条件分组的符号		电表按外界条件分组的符号	
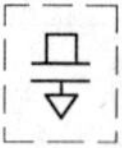	Ⅰ级防外电场（例如静电系）	不标注	A组仪表（工作环境温度为 0～+40 ℃）
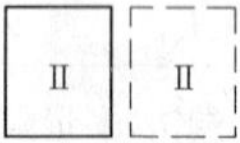 Ⅱ　Ⅱ	Ⅱ级防外磁场及电场	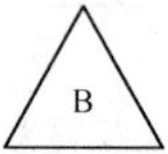 B	B组仪表（工作环境温度为－20～+50 ℃）
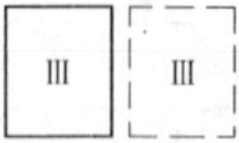 Ⅲ　Ⅲ	Ⅲ级防外磁场及电场	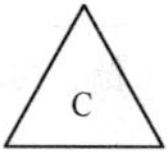 C	C组仪表（工作环境温度为－40～+60 ℃）
 Ⅳ　Ⅳ	Ⅳ级防外磁场及电场		

第二节　电工测量仪表的技术指标

一、准确度

仪表在规定条件下工作时，在它的标度尺工作部分的全部分度线上可能出现的基本误差，称为仪表的准确度。各准确度等级的基本误差不应超过表 2－3 内的规定。

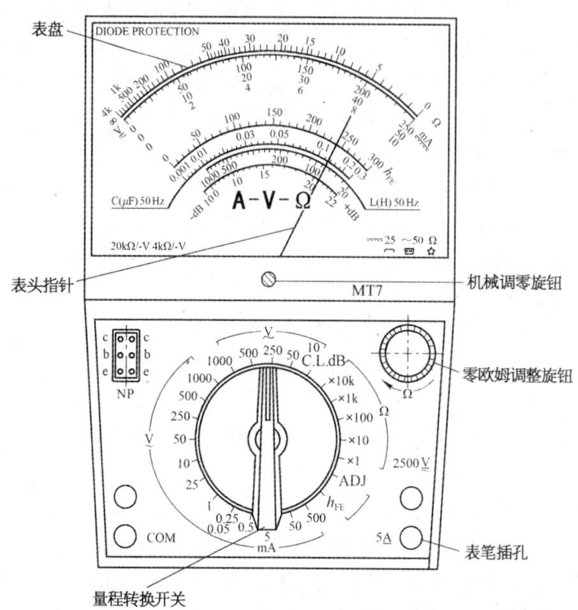

图 2-1 MF47 型指针式万用表面板

挡单独测量 2 500 V 直流高电压的插孔在面板右下角，测量直流高电压时只要将红表笔直接插入该插孔即可。直流电流的量程为 0～500 mA，分成 5 挡；电阻的量程从 X1～X10 K 分成 5 挡。转换开关左上角是测 PNP 和 NPN 型三极管 h_{FE} 的插孔，右上角是零欧姆调整旋钮，当电阻挡红、黑表笔短接指针未显示电阻零值时，旋转此钮可调准 0 Ω 位。转换开关左下角标有“+”和“$\overline{\text{COM}}$”的插孔分别为红、黑表笔插孔。右下角除测2 500 V 直流高电压的专用插孔外还有一个测 5 A 直流大电流的专用插孔，测量时只要将红表笔插入该插孔即可。

（2）表头与表盘

表头相当于一只高灵敏度的磁电式直流电流表，万用表的主要性能指标取决于表头灵敏度。表盘除了有与各种测量项目对应的 6 条标度尺外，还有各种符号。正确识读刻度标尺和理解表盘符号、字母和数字的含义，是使用万用表的基础。

MF47 型万用表表盘有 6 条标度尺：最上面的是电阻刻度标度尺，用“Ω”表示；从上到下依次为第二条是直流电压、交流电压及直流电流共享刻度标尺，用“$\underset{\sim}{\underline{V}}$”和“$\underline{\text{mA}}$”表示；第三条是晶体管共发射极直流电流放大系数刻度标尺，用“h_{FE}”表示；第四条是测电容容量刻度标尺，用“C(μF)50 Hz”表示；第五条是测电感量刻度标尺，用“L(H)50 Hz”表示；最后一条是测音频电平刻度标尺，用“dB”表示。刻度标尺上装有反光镜，测量时调整视觉位置使指针与反光镜中影子重合，可消除视觉误差。

MF47 型万用表表盘的形状如图 2－2 所示。

MF47 型万用表表盘中符号、字母和数字的含义见表 2－5。

表 2－5　MF47 型万用表表盘符号、字母和数字的含义

符号、字母、数字	意　义
MF47	M——仪表，F——多用式，47——型号
— - - - 2.5～5.0	测量直流电压、直流电流时精确度是标尺满刻度偏转的 2.5% 测量交流电压时精确度是标尺满刻度偏转的 5%
⊓	水平放置
（磁电系整流式仪表符号）	磁电系整流式仪表
☆6	绝缘强度试压 6 kV
苏 01000121－1	江苏省仪表生产批准文号
20 kΩ/V	测量直流电压时输入电阻为每伏 20 kΩ，相应灵敏度为 1 V/20 kΩ=50 μA
4 kΩ/～V	测量交流电压时输入电阻为每伏 4 kΩ，相应灵敏度为 1 V/4 kΩ=250 μA

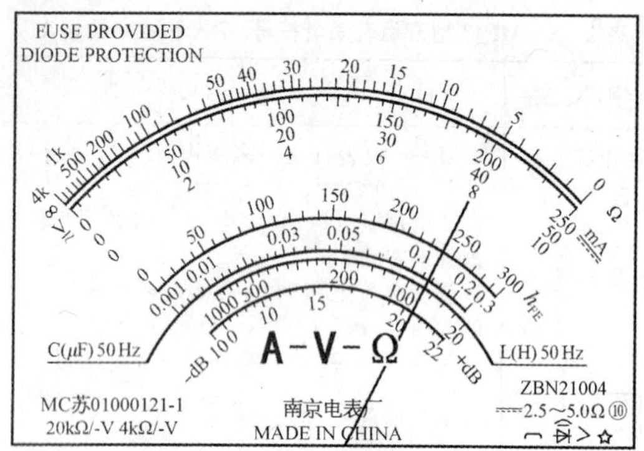

图 2-2 MF47 型万用表表盘

2. MF47 型万用表的使用及测量注意事项

(1) 测量前的准备

万用表测量前的准备工作如图 2-3 所示。

图 2-3(a)所示为打开万用表背面电池盖板，将一节 1.5 V 二号电池和一节 9 V 叠层电池装入电池夹内。

图 2-3(b)所示为准备步骤：

① 熟悉表盘上各符号的意义及各个旋钮和选择开头的作用。

② 把万用表水平放置好，看表针是否指在零刻度处，如不指零，则应旋动机械调零螺丝，将指针校准至零点。

③ 选择好表笔插孔位置，除测直流高电压与大电流外，其他测量都应将红表笔插入左下方的“+”插孔内，黑表笔插入“COM”插孔内。

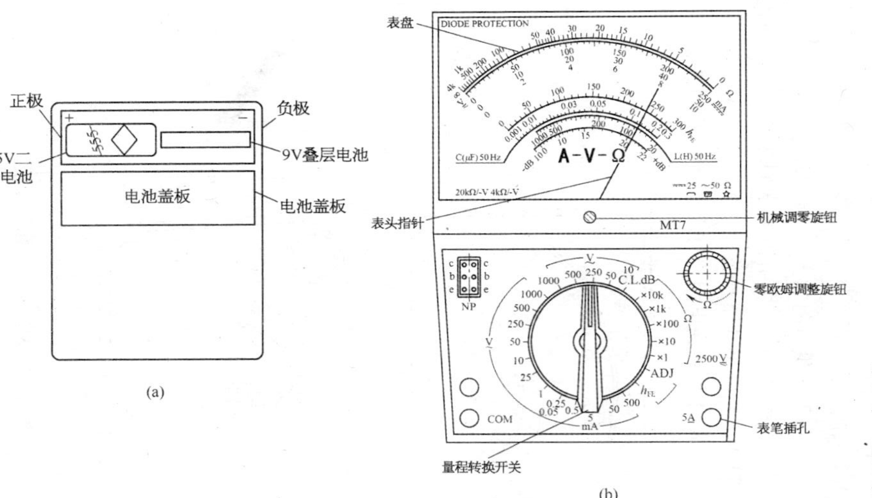

图 2-3　MF47 型万用表测量前的准备

（a）背面；（b）前面

(2) 测量电阻

图 2-4 所示为测量电阻的方法,具体步骤如下:

① 电阻若在线测量,应切断被测电路的电源和迂回支路,使该电阻所在支路呈开路状态。

② 先把转换开关旋到电阻挡“Ω”范围内,再选择适当的

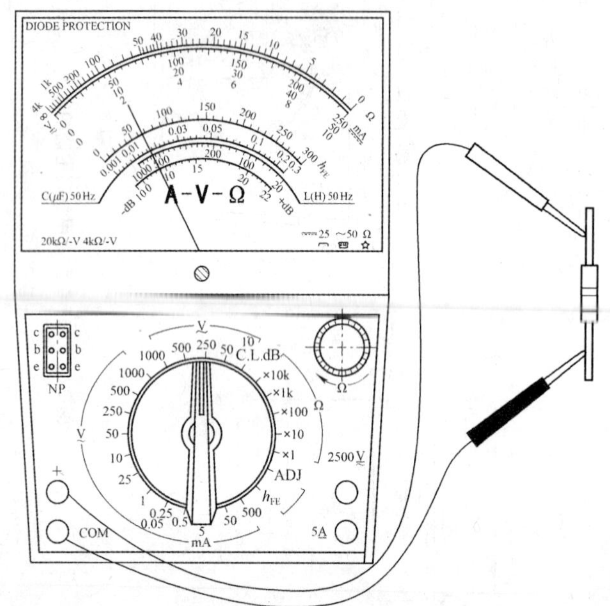

图 2-4　MF47 型万用表测电阻

电阻倍率挡。

③ 测量前应先调整欧姆零点，将两表笔短接，看表针是否指在 Ω 零刻度上，若不指零，转动 Ω 调零钮校准至指针指零。

④ 将表笔分别和被测电阻两端相连，此时指针将偏转，若指针未停留在刻度尺的 1/3～2/3 范围内，应变换倍率挡，使指针指在该范围内。需注意的是，每次变换倍率后，都须重新校准 Ω 零位。

⑤ 按指针停留位置读取读数，电阻值=指针读数×倍率。

(3) 测量直流电压

图 2-5 为测量直流电压的方法，具体步骤如下：

① 将旋转开关先拨到直流电压"V̲"范围内，然后选择适当的量程，若不知道被测电压的大约值，应先用最高挡测出大约值后再选择合适的量程来测量，以免表针偏转过度而损坏表头。

② 测量时应将万用表并联在被测电路中进行，正负极必须正确，即红表笔接被测电路高电位端，黑表笔接低电位端。

③ 适当的电压量程是指指针应指示在表盘的 1/2～2/3 处。

④ 按指针停留位置读取读数，电压值=V(mV)/格×格数。

(4) 测量直流电流

图 2-6 为测量直流电流的方法，具体步骤如下：

① 将旋转开关先拨到直流电流 mA̲ 范围内，然后选择适当的量程，若不知道被测电流的大约值，应先用最高挡测出大约值后再选择合适的量程来测量。

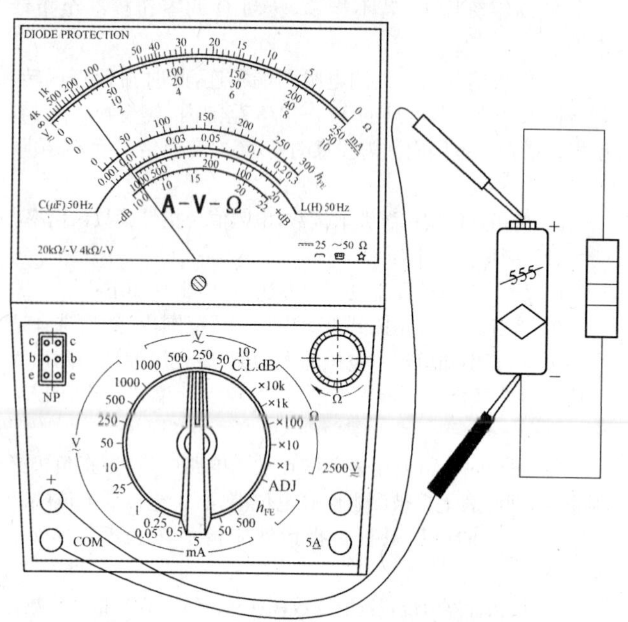

图 2－5　MF47 型万用表测量直流电压

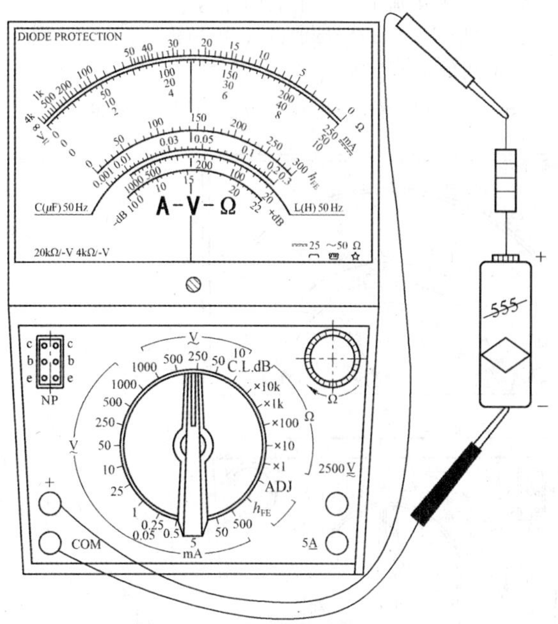

图 2-6　MF47 型万用表测量直流电流

② 测量时应将万用表串联在被测电路中进行，正负极必须正确，红表笔接电流流入端，黑表笔接流出端。

③ 适当的电流量程是指指针应指示在表盘的 1/2～1/3 处。

④ 按指针停留位置读取读数，电流值＝mA/格×格数。

(5) 测量交流电压

图 2－7 为测量交流电压的方法，具体步骤如下：

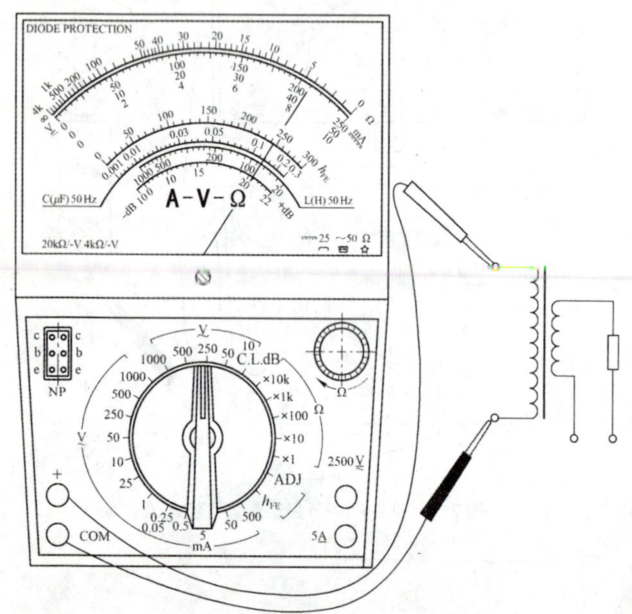

图 2－7　MF47 型万用表测量交流电压

① 将旋转开关先拨到交流电压“$\underset{\sim}{V}$”范围内，然后选择适当的量程，若不知道被测电压的大约值，同样应先用最高挡测出大约值后再选择合适的量程来测量，最终应使指针指在表盘的 1/2～2/3 处。

② 将两表笔分别并联到被测电路的两端，与测直流电压不同的是，红黑表笔不分正负，可任意接。

③ 接指针停留位置读取读数：交流电压＝$\underset{\sim}{V}$/格×格数

(6) MF47 型万用表使用的注意事项

① 万用表不用时，不要旋在电阻挡，因为表内有电池，如不小心使两根表棒相碰短路（相当于被测电阻为 0 Ω），不仅会使表内电池很快耗完，严重时甚至会损坏表头。应将转换开关调到交流电压最大挡位或空挡上。

② 电阻挡若无法调至 Ω 零位，说明表内电池电压已不足，应更换新电池，其中×1～×1 k 应更换 1.5 V 电池，×10 k 应更换 9 V 叠层电池。

③ 不能带电测量电阻。因为测电阻时，由万用表内部电池供电，如果带电测量相当于接入一个额外电源，可能损坏表头。

④ 测电阻时，不要用手触及元件裸露两端（或两支表笔的金属部分），以免人体电阻与被测电阻并联，使测量结果不准确。

⑤ 在测量电流、电压时，不能带电更换量程，也不能旋错挡位，如误用电阻挡或电流挡去测电压，就极易烧坏电表。

⑥ 测量直流电压和直流电流时，注意“＋”“－”极性，不要接错，如发现指针反偏，应立即调换表笔，以免损坏指针及表头。

二、DT－890B$^+$型数字万用表

1. 测量范围

DT－890B$^+$型数字万用表是性能稳定、可靠性高且具有高度防振的多功能、多量程测量仪表。它可用于测量交直流电压、交直流电流、电阻、电容、二极管、三极管、音频信号频率等，其面板结构如图 2－8 所示。

2. 使用前的检查与注意事项

① 将电源开关置于“ON”状态，显示器应有数字或符号显示。若显示器出现低电压符号[－ ＋]，应立即更换内置的 9 V 电池。

② 表笔插孔旁的⚠符号，表示测量时输入电流、电压不得超过量程规定值，否则将损坏内部测量线路。

③ 测量前旋转开关应置于所需量程。测量交、直流电压、电流时，若不知道被测数值的高低，可先将转换开关置于最大量程挡，在测量中按需要逐步下调。

④ 显示器只显示“1”，表示被测量超出所选量程范围，应选择更高的量程。

⑤ 在高压线路上测量电流、电压时，应注意人身安全。当转换开关置于“OHM”、“⊣▷⊢”范围时，不得引入电压。

3. 基本使用方法

（1）测量直流电压

图 2－9 为 DT－890B$^+$型数字式万用表测量直流电压的方法，具体步骤如下：

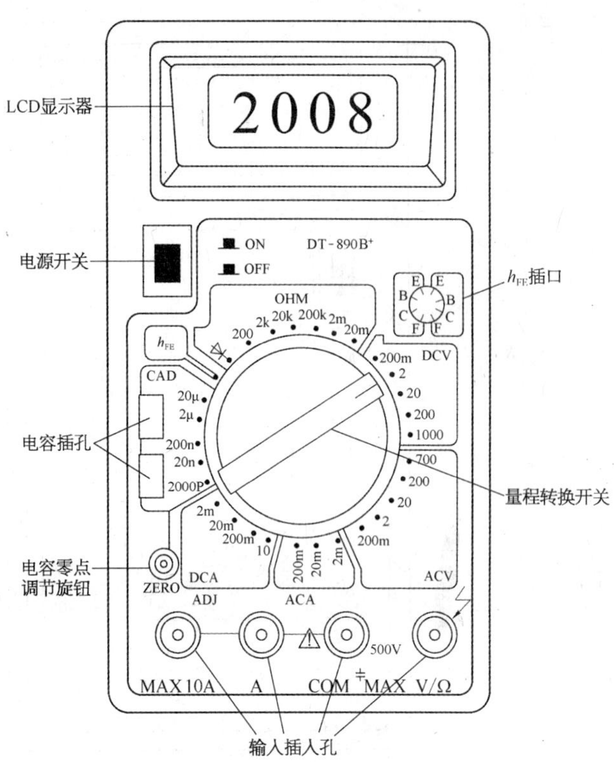

图 2－8 DT－890B⁺型数字万用表面板

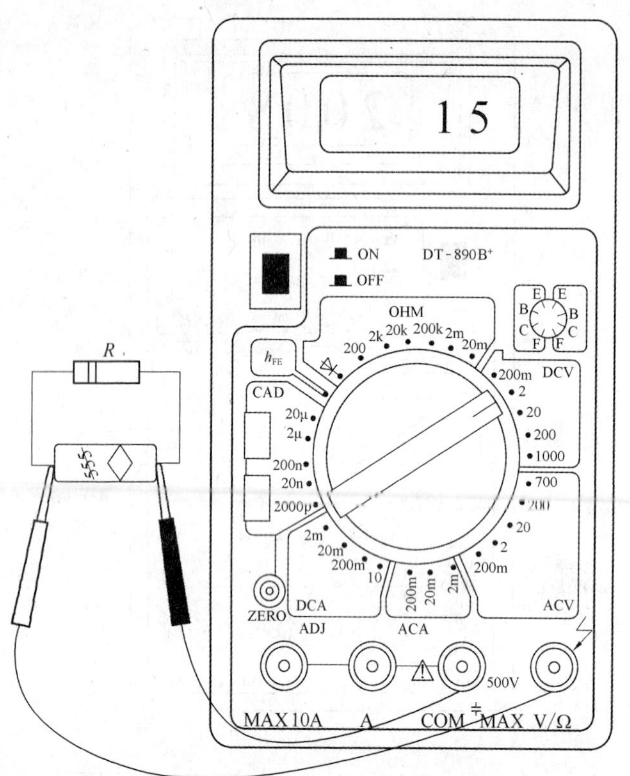

图 2-9　DT-890B+ 数字万用表测量直流电压

① 将黑表笔插入“COM”(公共)插孔,红表笔插入“V/Ω”插孔。

② 将功能转换开关置于“DCV”范围内的适当量程。其中“DC”表示直流,“V”表示电压。

③ 表笔与被测电路关联,红表笔接被测电路高电位端,黑表笔接低电位端。

④ 直流电压量程为 20 mV～1 000 V,共分五挡。

(2) 测量交流电压

图 2-10 为 DT-890B$^+$ 型数字万用表测量交流电压的方法,具体步骤如下:

① 表笔插法同“测量直流电压”。

② 将功能转换开关置于“ACV”范围内的适当量程。其中“AC”表示交流。

③ 表笔与被测电路并联,黑、红表笔可任意接不需考虑极性。

④ 交流电压量程为 200 mV～700 V,共分五挡。

(3) 测量直流电流

图 2-11 为 DT-890B$^+$ 型数字万用表测量直流电流方法,具体步骤如下:

① 将黑表笔插入“COM”插孔,测量最大值不超过 200 mA 电流时,红表笔插入“A”插孔;测量 200 mA～10 A 范围电流时,红表笔应插在“MAX10A”插孔。

② 将功能转换开关置于“DCA”范围内的适当量程,其中“A”表示电流挡。

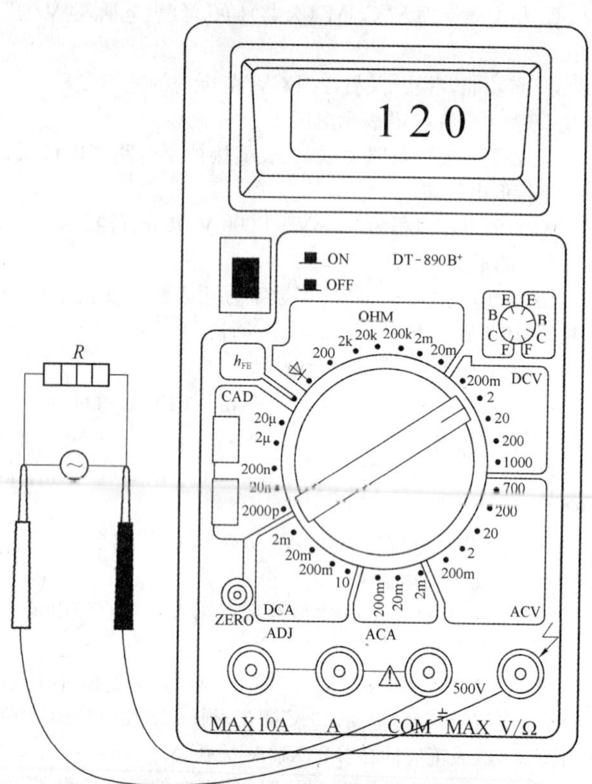

图 2-10　DT-890B⁺型数字万用表测量交流电压

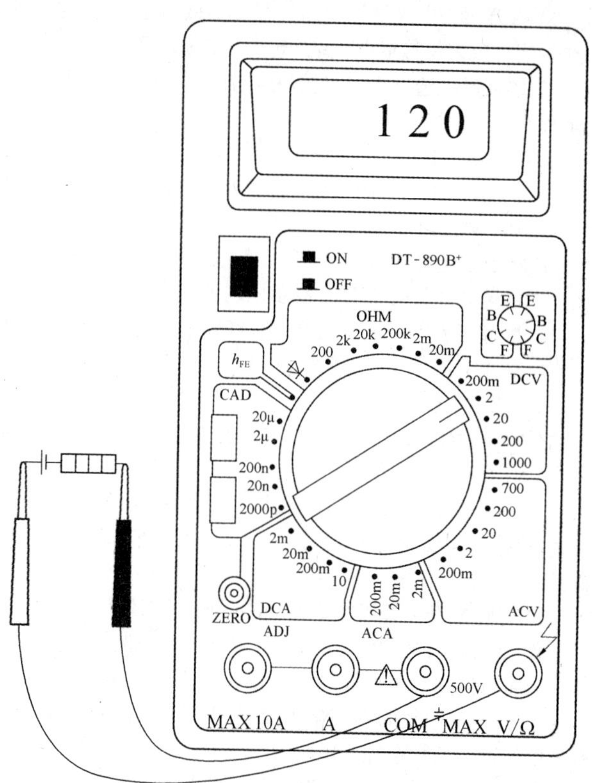

图 2-11　DT-890B⁺型数字万用表测量直流电流

③ 将万用表串入被测线路且红表笔接高电位端(电流流入红表笔),黑表笔接低电位端(电流流出黑表笔)。

④ 如果量程选择不对,过量程电流会烧坏熔丝。直流电流量程为 2 mA～10 A,共分四挡。

(4) 测量交流电流

图 2-12 为 DT-890B$^+$ 型数字万用表测量交流电流的方法,具体步骤如下:

① 将黑表笔插入"COM"插孔,红表笔插入"A"插孔。

② 将转换开关置于"ACA"范围内的适当量程。

③ 将万用表串入被测线路,黑、红表笔不分极性。

④ 交流电流量程为 2～200 mA,共分三挡。

(5) 测量电阻

图 2-13 为 DT-890B$^+$ 型数字万用表测量电阻的方法,具体步骤如下:

① 将黑表笔插入"COM"插孔,红表笔插入"V/Ω"插孔,注意与模拟万用表不同的是数字万用表电阻挡红表笔是"+"而不是"-"。

② 将转换开关置于"OHM"范围内的适当量程。

③ 万用表与被测电阻并联,注意必须事先断开被测电阻的一端或与被测电阻相并联的所有电路、切断电源。

④ 数字万用表的各挡量程没有倍率关系,所以按所选量程及单位读取的数字即为电阻值。

⑤ 表笔开路状态显示为"1",并非故障,所测电阻大于 1 MΩ 时,显示读数要几秒后方可稳定。

⑥ 电阻挡量程为 200 Ω～20 MΩ 共分六挡。

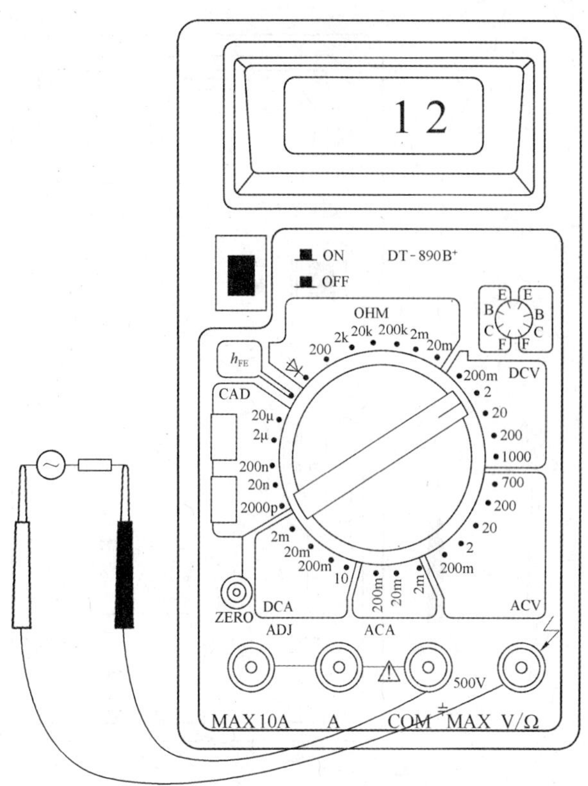

图 2-12　DT-890B$^+$型数字万用表测量交流电流

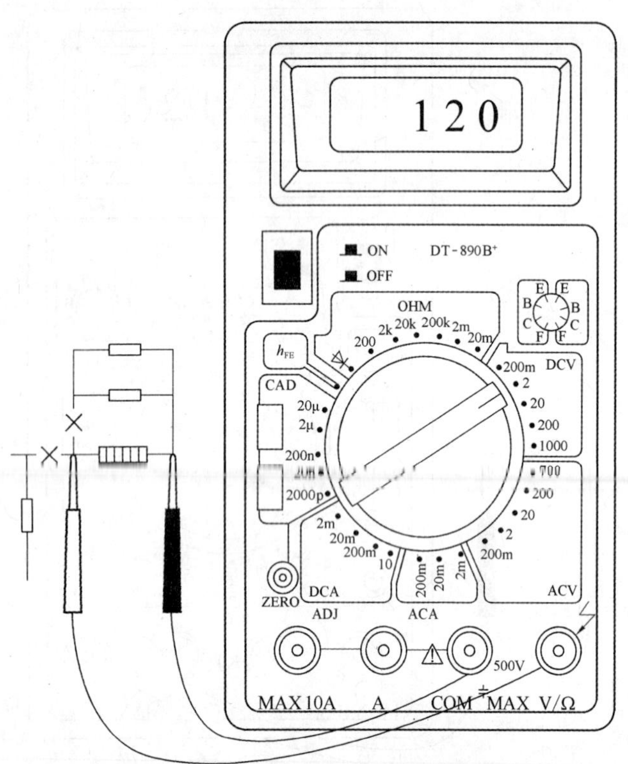

图 2-13　DT-890B⁺型数字万用表测量电阻

（6）测量电容

图 2－14 为 DT－890B$^+$ 型数字万用表测量电容器容量的方法，具体步骤如下：

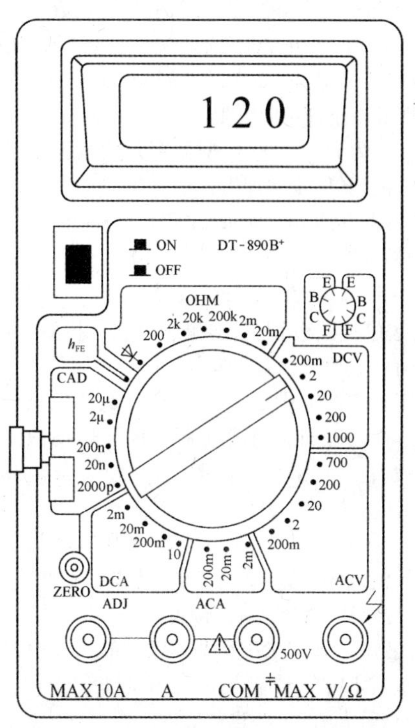

图 2－14　DT－890B$^+$ 型数字万用表测量电容

① 将转换开关置于“F”范围内的适当量程，注意每次转换量程时需要时间，才能稳定漂移数字。

② 待稳定后调节“ZERO”电容调零旋钮使显示为零。

③ 将待测电容两脚插入电容插孔即可读数，插入电容时不需考虑极性，测大容量电容时，需要一定的时间方能使读数稳定。

④ 电容挡量程为 2 000 pF～20 μF，共分五挡。

(7) 测量二极管正向电阻

图 2-15 为 DT-890B⁺ 型数字万用表测量二极管正向电阻值的方法，具体步骤如下：

① 将黑表笔插入“COM”插孔，红表笔插入“V/Ω”插孔(红表笔极性为“+”)。

② 将转换开关置于“⊣▷|”位置。

③ 红表笔接二极管正极，黑表笔接二极管负极，此时显示窗显示值即为该二极管正向导通时的电阻值。注意二极管的正向电阻与它的工作电流有关，而在具体电路中二极管的工作电流一般与万用表测试电流都不会相同，故万用表显示的仅为近似值。

(8) 测量三极管 h_{FE}

图 2-16 为 DT-890B⁺ 型数字万用表测量三极管共发射极直流电流放大系数 h_{FE} 的方法，具体步骤如下：

① 将转换开关置于“h_{FE}”位置。

② 将已知 PNP 或 NPN 型三极管的三只引出脚分别插入仪表面板右上方的对应插孔，显示窗显示值即为 h_{FE} 的近似值，注意三极管 h_{FE} 的大小也与它的工作点有一定关联。故万用表给出的也是近似值。

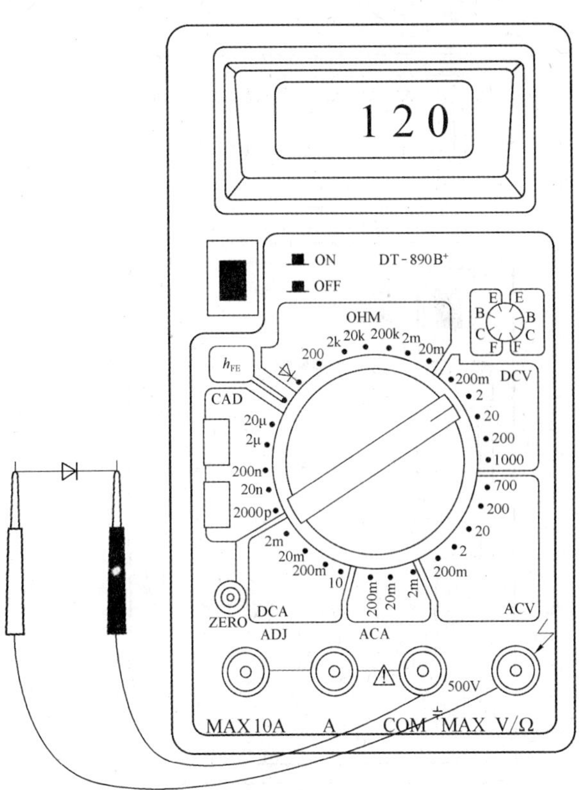

图 2-15　DT-890B⁺型数字万用表测量二极管正向电阻

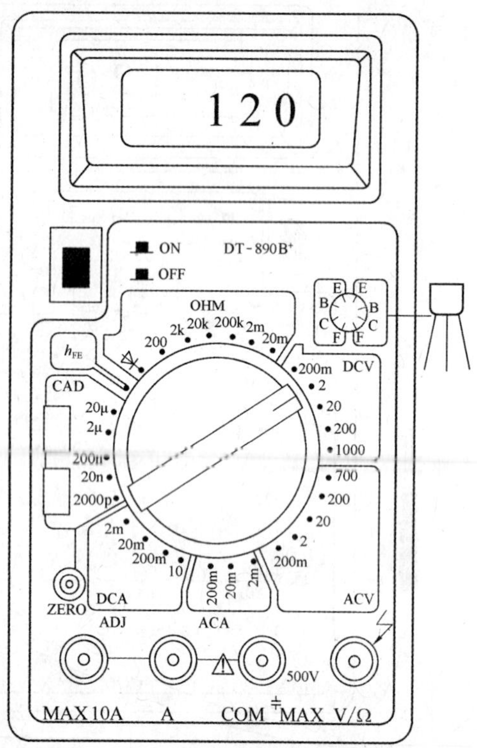

图 2-16　DT-890B^{+}型数字万用表测量三极管 h_{FE}

第四节　电流表与电压表

一、电流表和电压表的工作原理及其结构

电流表和电压表都是用来测量电流和电压的常用仪表。电流表和电压表由于其工作原理和结构不同又分为:磁电系、电磁系和电动系三种类型不管哪种类型的电压表和电流表，在一个电路中,所测得的数值均一样。三种类型电流表和电压表的原理结构见表 2-6。

表 2-6　电流表和电压表的原理结构

类型	工作原理	结构图
磁电系	当被测电流通过可动线圈时,线圈产生的磁场与永久磁铁的磁场相互作用,产生转动力矩,带动仪表指针偏转。当偏转力矩与游丝反作用力矩平衡时,指针停止转动,指示出被测值	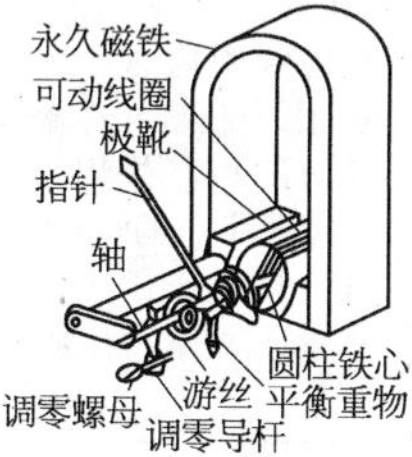 永久磁铁 可动线圈 极靴 指针 轴 圆柱铁心 平衡重物 游丝 调零螺母 调零导杆

（续表）

类型	工作原理	结构图
电磁系	在线圈内有一块固定铁片和一块装在转轴上的动铁片，当线圈中有被测电流通过时，两铁片同时被磁化并呈现同一极性，根据同性相斥的原理，动铁片便带动转轴一起偏转。在与游丝的反作用力矩平衡时，便获得读数	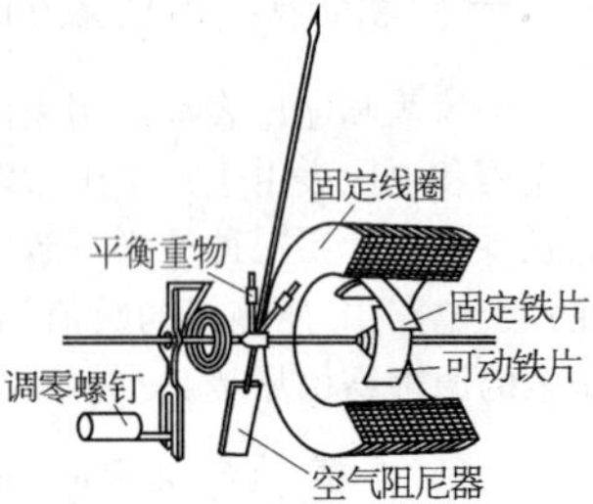
电动系	仪表由可动线圈和固定线圈所组成，当两线圈通有电流后，由于载流导体磁场间的相互作用而使可动线圈偏转，当与游丝反作用力矩平衡时，便获得读数	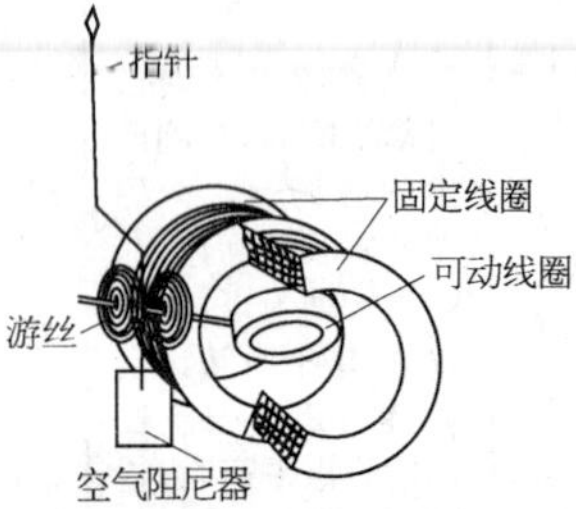

二、电流表和电压表的连接方法

电流表和电压表的测量机构原理基本相同，只是接入测量线路时，其连接方式根本不同。电压表测量电压时，要并联在被测电路上；电流表测量电流时，要串联在被测电路上。具体接法见表 2－7。

表 2－7　电流表和电压表的连接方法

测量内容	接　线　图
直流电流	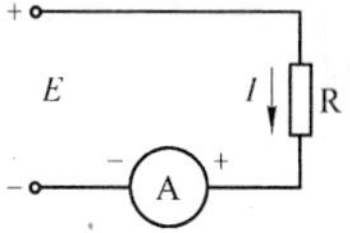 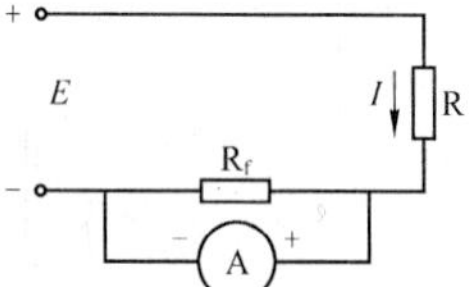 直接接入　　带分流器接入
交流电流	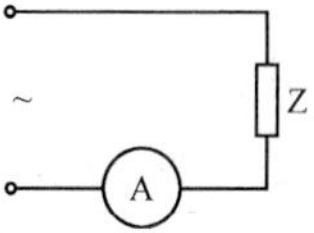 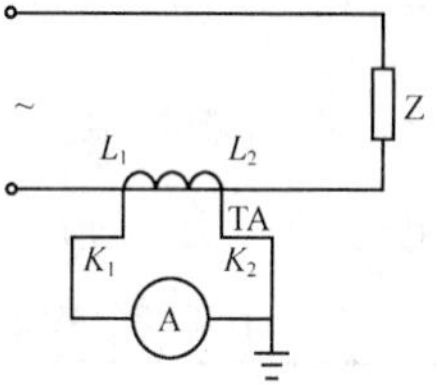 直接接入　　带电流互感器接入
直流电压	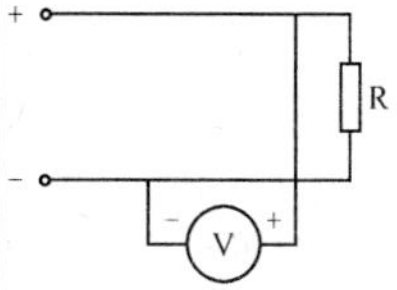 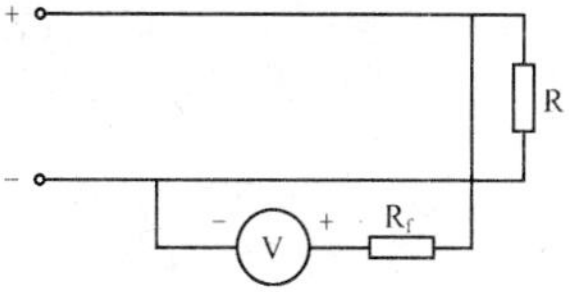 直接接入　　带附加电阻接入

（续表）

测量内容	接线图
交流电压	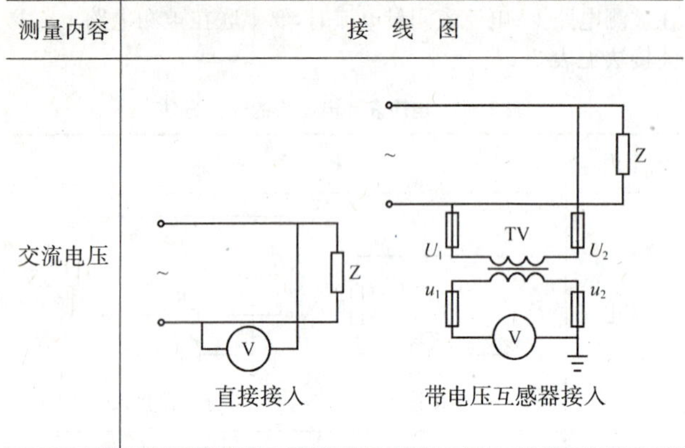

直接接入　　带电压互感器接入

三、电流表和电压表的使用注意事项

电流表和电压表使用时的注意事项见表 2－8。

表 2－8　电流表电压表使用注意事项

序号	电流表电压表使用注意事项
1	搬运、安装或拆卸仪表时，都应小心，轻拿轻放，不准带电安装或拆卸仪表，以免发生事故
2	安装电表之前，应检查电路上电压或电流大小，然后选用电表的量程，此量程一般以被测量的 1.5～2 倍为宜

（续表）

序号	电流表电压表使用注意事项
3	电表的引线必须适当，要能负担测量时的负荷而不致过热并且也不能产生很大的压降而影响电表的读数
4	电表的指针应定期作零位调整
5	电表应定期用干布擦拭，保持清洁
6	测量电流时，电流表应与被测电路串联 测量电压时，电压表应与被测电路并联 测量直流电流或直流电压时，应特别注意电表的“＋”极接线端钮与电源“＋”极相连接，电表的“－”极接线端钮与电源“－”极相连接

第五节　电能表

电能表是用来测量电能的电工仪表。电能表分为单相电能表和三相电能表两种。在三相电能表中又有二元件和三元件两种，前者用于三相三线制系统，后者用于三相四线制系统。

一、电能表的工作原理及其结构

电能表采用感应系测量结构，其结构原理见表 2 - 9。

表 2－9　电能表的工作原理及其结构

结构组成	结构原理图	工作原理
电压线圈 电流线圈 铝转盘 制动磁铁 计数结构	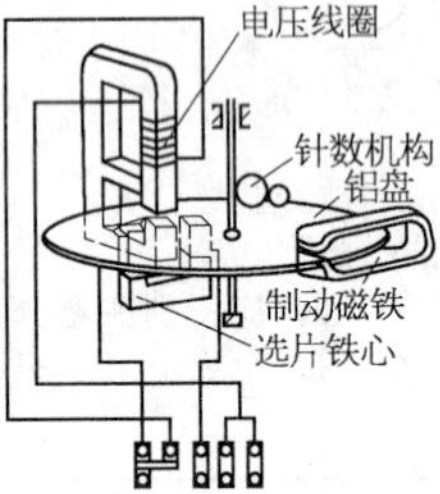 电压线圈 针数机构 铝盘 制动磁铁 选片铁心	当交流电流流过电压线圈和电流线圈时，在铝转盘上便感应产生涡流。该涡流与交变磁通相互作用，产生制动力。当转动力矩和制动力矩平衡时，铝转盘以稳定的速度转动。铝转盘的转数与被测电能大小成正比，电厂发出的电能或用户消耗的电能越大，其转数越快。因此，感应系仪表能测量电能

二、电能表的接线方法

电能表测量电能时，由于电源相数不同，其接线方法也不同，有单相、三相三线制、三相四线制等不同接线方式。其具体接线方式见表 2－10。

表 2-10 电能表接线方式

<table>
<tr><th>测量内容</th><th>接线图</th></tr>
<tr><td>单相电能表</td><td>① 跳入式接线
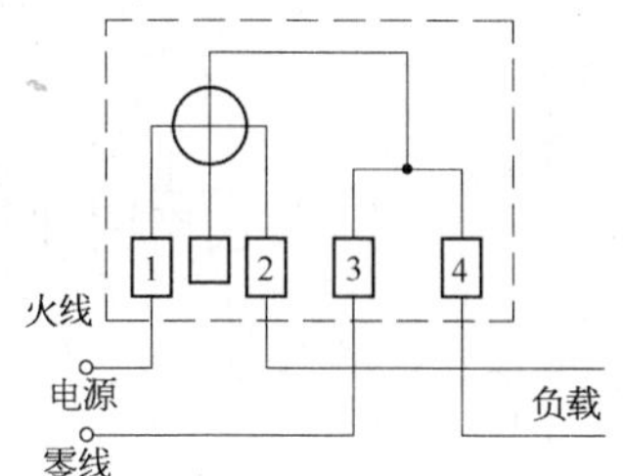

② 顺序式接线
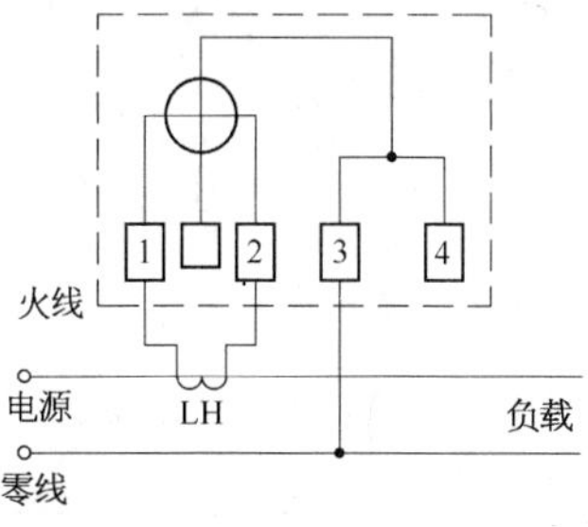
</td></tr>
</table>

（续表）

测量内容	接 线 图
单相电能表	③ 带有电流互感器的接线 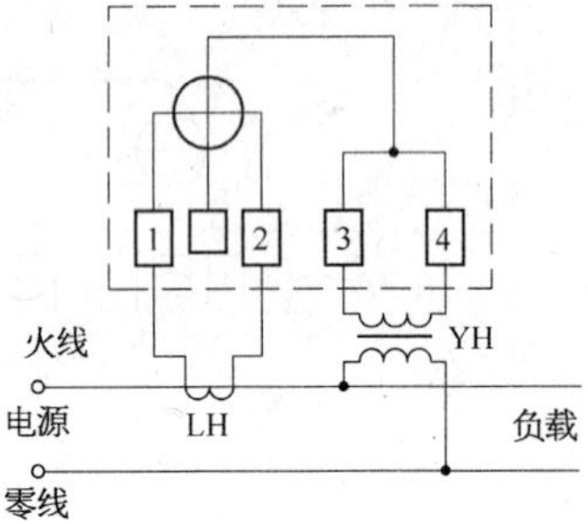
三相三线电能表	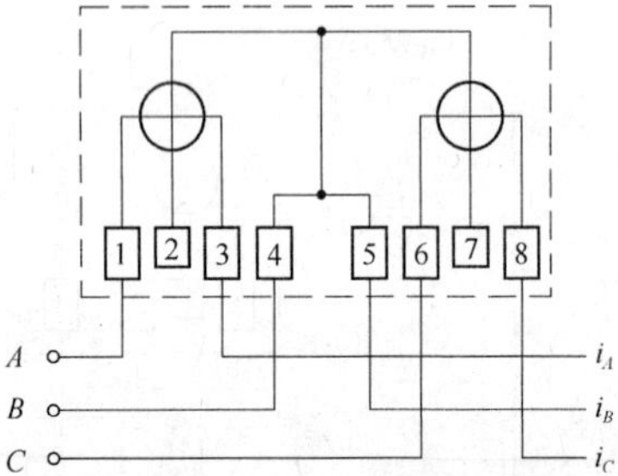

（续表）

测量内容	接　线　图
三相四线电能表	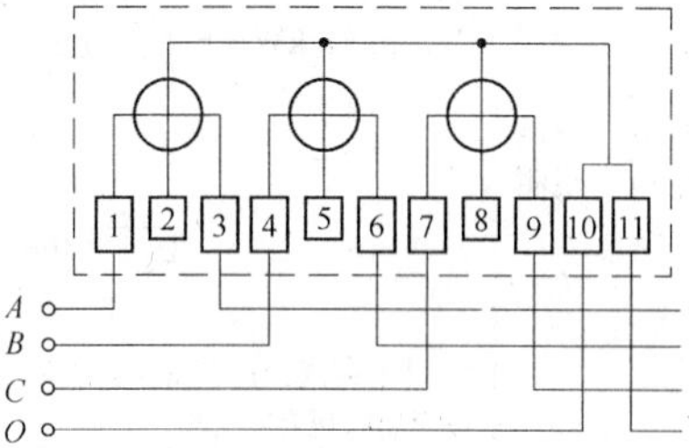 1　2　3　4　5　6　7　8　9　10　11 A　B　C　O

三、电能表的使用注意事项

电能表在使用过程中，有如下表2-11所示注意事项。

表2-11　电能表的使用注意事项

<table>
<tr><td>1.</td><td colspan="2">电能表在使用时，不容许电路经常短路或负载超过额定值的125%</td></tr>
<tr><td>2. 电能表的简易校验</td><td>计算公式</td><td>$$S=\frac{n}{WK}\times 36\times 10^4$$
式中　S——电能表铝盘每旋转 n 转时，所需要的时间(s)；
W——白炽灯灯泡的瓦数(W)；
K——电能表的常数（表盘上有标注）(r/kW·h)；
n——电能表铝盘的转数</td></tr>
</table>

（续表）

<table>
<tr><td rowspan="2">2. 电能表的简易校验</td><td>举例说明</td><td>预测一只 2.5 A 单相电能表，先用一只 25 W 白炽灯泡接在电路中，用秒表测铝转盘转动 50 r 所需的时间为 300 s，再从电能表盘上查得 K 值为2 400 r/kW・h。代入上式
$$S=\frac{n}{WK}\times 36\times 10^4=\frac{50}{25\times 2\,400}\times 36\times 10^4=300\text{ s}$$
计算结果与实际测量结果相符，证明这只电能表准确，可用</td></tr>
</table>

3.	选用电能表时，应根据负载大小而定
4.	当电路中没有负载时，铝转盘应静止不动，否则应检查线路，找出原因

四、常用单相电能表的技术数据

常用单相电能表的技术数据，见表 2-12。

表 2-12 常用单相电能表的技术数据

型号	准确度等级	额定电流 (A)	额定电压 (V)	线圈消耗功率 (W)	接入方式
DD1	2.5	1, 2.5, 5, 10 5, 10 5, 10	220 127 110	电压线圈≤1 电流线圈≤0.6	直接接入
		次级:5 次级:5	220, 127, 110 次级:100		经互感器接入

（续表）

型号	准确度等级	额定电流（A）	额定电压（V）	线圈消耗功率（W）	接入方式
DD5	2.0	3，5，10	220	电压线圈≤1.5	直接接入
DD10	2.0	2.5，5，10 20，30	220	—	直接接入
DD15	2.5	3，5，10	220	—	直接接入
DD16		1	220	—	直接接入
DD17	2.0	1，2，5，10，30，60	220	电压线圈≤1.5 电流线圈≤2	直接或经电流互感器接入
DD18-2	2.0	1，3，5	220	电压线圈≤1.5	直接接入
DD20	2.0	2，5，10	220	—	直接接入
DD28	2.0	1，2，5，10 20，40	220	电压线圈≤1.1 电流线圈≤0.6	直接接入

第六节 功率表

一、功率表的工作原理及其结构

功率表一般都采用电动系测量结构，它与电动系电流表和电压表的区别在于定圈和动圈不是串联起来使用，而是将定圈与负载电路串联，动圈和附加电阻串联后，再和负载电路并联。由于仪表指针偏转角度与负载电压和电流的乘积成正比，故它能测量负载的功率。

二、功率表测量功率的接线方法

功率表测量功率的接线方法见表 2－13。

表 2－13　功率表接线方法

测量内容	接线图
直流电路功率	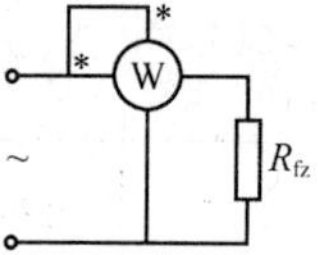 * * W ~ R_{fz}
单相交流电路功率	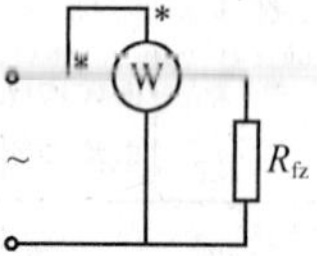 * * W ~ R_{fz}　　* W ~ R_{fz}
三相交流电路功率	用单相功率表测量： 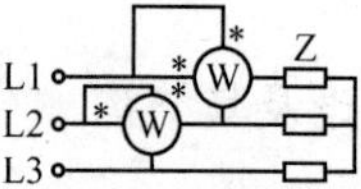 L1 L2 L3 W W * * * * Z 二功率表法 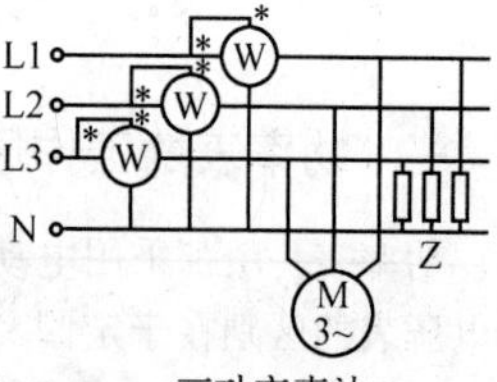 L1 L2 L3 N W W W * * * * * * Z M 3~ 三功率表法

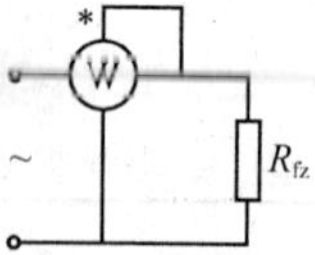

（续表）

测量内容	接　线　图
三相交流电路功率	用三相功率表测量：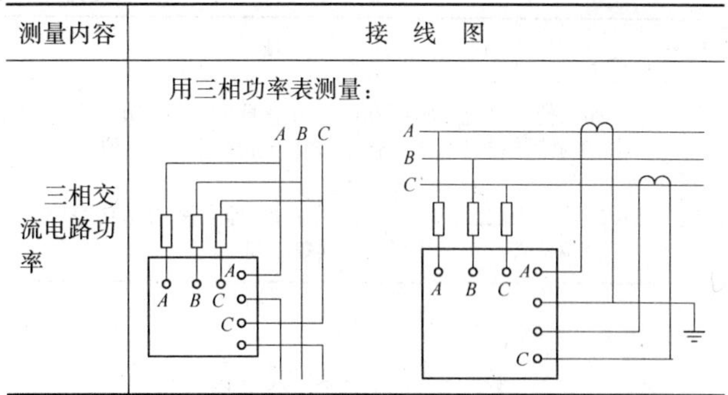

三、功率表使用注意事项

功率表使用过程中的事项见表 2 - 14。

表 2 - 14　功率表使用注意事项

序号	注　意　事　项
1	使用功率表时，应注意其电流和电压量限能容许所通过的负载电流和电压
2	功率表的接线应遵守“发电机端”规则，否则不仅无法读数还会损坏仪表
3	一般功率表只标注分格数，而不标注瓦特数，不同量限的表，每一分格都代表不同的瓦特数，称为功率表的分格常数，用 C(W/格)表示。在测量时读得的偏转格数 a，乘以相应的分格常数 C，就等于被测功率的数值，其公式如下：$P = Ca$(W)

（续表）

序号	注 意 事 项
4	如果使用电流互感器和电压互感器时，实际功率应为功率表的读数乘以电流互感器和电压互感器的变化值
5	二功率表法和三功率表法的读数，即电路的总功率应为二只功率表或三只功率表的读数之和

第七节　兆欧表

一、兆欧表的工作原理

兆欧表也称摇表、高阻计、绝缘电阻测定仪、麦格表等。兆欧表是测量高值电阻和电气设备绝缘电阻的仪表。常用的兆欧表是由一台手摇发电机和磁电系比率表组成，其工作原理见图 2－17。由图中可见，被测电阻 R_x 一端接在兆欧表 L（“线”）端，另一端接在 E（“地”）端。同时与附加电阻 R_c 和动线圈 1 串联。流过动线圈 1 的电流 I_1 与 R_x 大小有关，R_x 与 I_1 变化成反比，R_x 越小，I_1 就越大，由 I_1 产生的力矩 M_1 也越大，根据比率计的原理，力矩 M_1 的大小与仪表指针偏转角有关，指针的偏转可指示出被测电阻 R_x 的数值。可动线圈 2 的电流与被测电阻无关，它与磁场相互作用而产生的力矩 M_2 与 M_1 相反，相当于游丝的反作用力矩。

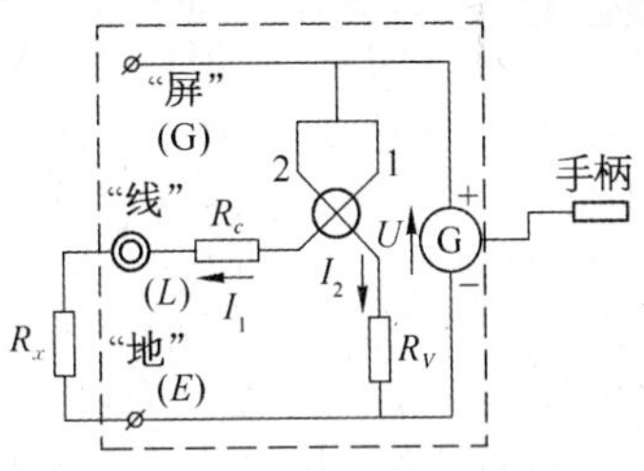

图 2-17　兆欧表工作原理

二、兆欧表的使用注意事项

① 电压等级及测量范围的选择，见表 2-15。

表 2-15　兆欧表的选择举例

被测对象	被测设备额定电压(V)	兆欧表额定电压(V)
线圈的绝缘电阻	500 以下	500
线圈的绝缘电阻	500 以上	1 000
发电机线圈的绝缘电阻	380 以下	1 000
电力变压器、发电机、电动机线圈的绝缘电阻	500 以上	1 000～2 500
电气设备绝缘电阻	500 以下	500～1 000
电气设备绝缘电阻	500 以上	2 500
瓷瓶母线刀闸绝缘电阻		2 500～5 000

选用兆欧表时还要注意，有些兆欧表的标尺不是从零开始，而是从1 MΩ或2 MΩ开始。这类兆欧表不宜用来测量低压电气设备的绝缘电阻，因为，这种电气设备的绝缘电阻值是小的，有可能小于1 MΩ，因此，在兆欧表上得不到读数，易误认为其绝缘电阻值为零而得出错误结果。

② 使用兆欧表测量之前，必须将被测设备的电源切断，并进行短路放电，以确保人身和设备的安全。

③ 兆欧表与被测设备连接的导线，应用单根线分开连接，不能用双股绝缘线或绞线。用来测量的导线不可与被测设备或地面接触，以避免导线绝缘不良而引起误差。

④ 测量前应先将兆欧表进行开路和短路试验。若开路时，摇动发电机手柄后，此时，兆欧表的指针应指在"∞"的位置；若短路时，兆欧表的指针应指在"0"的位置。说明兆欧表完好，可以进行测量。

⑤ 测量时，兆欧表应放置在平稳的地方，被测物体表面应干燥、清洁。摇动发电机时，应保持在每分钟120转左右为宜，待兆欧表指针稳定后，再进行读数，这样较为准确。

⑥ 测量大电容的电气设备绝缘电阻（电缆、电容器等）时，在测定绝缘电阻后，应先将L"线路"连线断开，再降速松开手柄，以免被测设备向兆欧表倒充电而损坏兆欧表。

⑦ 测量之后，被测物体应充分放电。

三、兆欧表常见故障、可能原因及处理方法

兆欧表常见故障、可能原因及处理方法见表2-16。

表 2-16 兆欧表常见故障及处理方法

常见故障	可能原因	排除方法
发电机发不出电或电压很低	① 绕组断线或其中一个绕组断线 ② 线路接头断线 ③ 碳刷接触不好，没有接触或碳刷磨损	① 重新绕线圈 ② 检查线路，把断头重新焊牢 ③ 调换碳刷，或调整碳刷与整流环的接触面
发电机电压低，摇动摇柄很重	① 发电机整流环片间有污物、有磨损碳粒或铜屑形成短路 ② 整流环击穿短路 ③ 转子线圈短路 ④ 发电机并联电容击穿 ⑤ 内部线路短路	① 把转子拆下，用竹片清除片间污物和用汽油清洗 ② 修理或更换整流环 ③ 重绕转子线圈 ④ 调换电容 ⑤ 清除线路短路处
指针不能转动或转动时有卡住现象（或有轻微卡住现象）	① 仪表可动线圈框架内部铁心松动，造成铁心与线圈相碰 ② 线圈内部的铁心与极掌之间有铁屑、灰尘等杂物 ③ 由于导丝变形，在线圈转动时，导丝与某些固定部分相碰 ④ 线圈本身变形，或上下轴尖位置有变动，造成线圈与铁心、极掌相碰	① 固定铁心螺钉 ② 拆下表头内部，进行清洗，消除铁屑等杂物 ③ 整形或配换导丝 ④ 重整线圈和线框

（续表）

常见故障	可能原因	排除方法
指针不能转动或转动时有卡住现象(或有轻微卡住现象)	⑤ 支撑线圈的上、下轴尖松动或脱落 ⑥ 表盘有细毛和指针相碰,线圈和铁心极掌间有细毛	⑤ 调整上、下轴尖,固紧好宝石螺钉 ⑥ 拆下表头,消除掉铁心间和表盘上的细毛
指针指不到"∞"位置	① 导丝变质、变形、残余力矩变大 ② 发电机电压不足 ③ 电压回路的电阻变质、数值增高 ④ 电压线圈间短路或断线	① 修理或配换导丝 ② 修理发电机 ③ 调换回路电阻 ④ 重绕电压线圈
指针超过"∞"位置	① 有无穷大平衡线圈的摇表可能该线圈短路或断路 ② 电压回路电阻变小 ③ 导丝变形,残余力矩比原来减小	① 重绕无穷大平衡线圈 ② 调换电压回路电阻 ③ 修理或更换导丝
指针不指零位	① 电流回路电阻变化,即电阻增大后,指针不到零位,阻值减小,指针超过零位 ② 电压回路电阻变化,即阻值大,指针超过零位,阻值小,指针不到零位 ③ 导丝变质或变形 ④ 电流线圈或零点平衡线圈有短路或断路	① 调换电流回路电阻 ② 调整电压回路电阻 ③ 修理或配换导丝 ④ 重绕电流线圈或零点平衡线圈

第八节　钳形表

钳形表是一种在不拆断电路的情况下，可以随时测量电路中电流的携带式电工仪表。有的钳形电表还带有测电杆，可用来测量电压。

一、钳形表的工作原理及结构

钳形表的原理结构如图 2－18 所示。

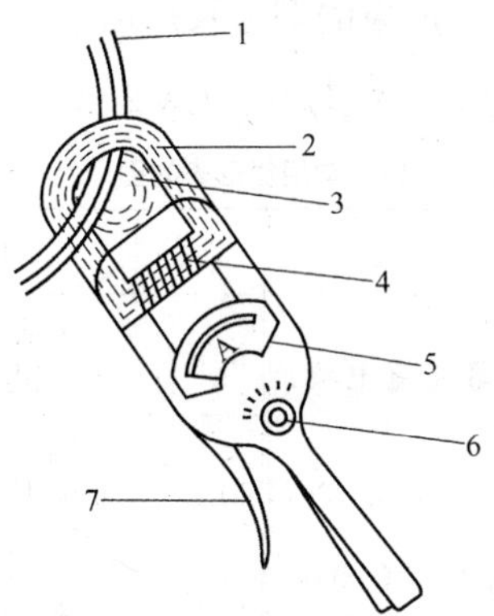

图 2－18　钳形表的结构

1—载流导线；2—铁心；3—磁通；4—线圈；
5—电流表；6—改变量程的旋钮；7—扳手

测量交流电流的钳形表实质上由一个电流互感器和整流系仪表组成。被测导线相当于电流互感器的一次线圈,绕在钳形表铁心上的线圈相当于电流互感器的二次线圈。当被测载流导线卡入钳口时,二次线圈便感应出电流,使指针偏转,指示出被测电流值。

测量交、直流的钳形表实质上是一个电磁系仪表。当被测载流导线卡入钳口时,导线产生的磁通在钳形表铁心中形成回路,位于铁心缺口中间的电磁式测量机构受磁场的作用而偏转,指示出被测电流值。

二、常用钳形表的型号及用途

常用钳形表的型号及用途,见表 2-17。

表 2-17 常用钳形表的型号及用途

<table>
<tr><th>型号</th><th>用　途</th><th>型号</th><th>用　途</th></tr>
<tr><td rowspan="2">MG4
MG24
MG26</td><td rowspan="2">测量交流电流、电压</td><td>MG27</td><td>为袖珍型:测量交流电流、电压和直流电阻</td></tr>
<tr><td rowspan="2">MG28</td><td rowspan="2">测量交流电流、电压、直流电流、电压和直流电阻</td></tr>
<tr><td rowspan="2">MG20
MG21</td><td rowspan="2">测量交、直流电流</td></tr>
<tr><td>MG30</td><td>测量交流电流</td></tr>
</table>

三、钳形表的使用注意事项

钳形表的使用注意事项,见表 2-18。

表 2-18　钳形表的使用注意事项

1	正确选择量程。测量前应先将量程放在最高挡，然后，再视测量值来变换合适的量程
2	测量电流时，被测载流导线应放在钳口的中央，钳口应闭紧，如测量时发现有杂音，可把钳口重新开合一次
3	测量小电流载流导线时，为了得到准确数值，可把载流导线多绕几圈再放入钳口。这时，实际的电流值应为表中的读数除以载流导线圈数
4	钳形表不用时，应将量程转换开关放在最高挡，以免再次使用时，因误用而损坏钳形表

第三章 低压配电线路

第一节 常用导线的技术数据

一、导线、电缆的电阻和电抗计算

1. 导线(电缆)的电阻计算

每千米长导线(电缆)的交流电阻 R_0 按下式计算：

$$R_0 = \rho/S \quad (3-1)$$

式中 R_0——导线(电缆)的交流电阻(Ω/km)；

S——导线标称截面(mm^2)；

ρ——导线材料的电阻率(Ω·mm^2/km)。

导线温度发生变化时,其电阻值也要变化,温度与电阻的关系如下：

$$R_t = R_{20}[1 + \alpha_{20}(t - 20)] \quad (3-2)$$

式中 R_t——温度 t ℃时的电阻(Ω/km)；

R_{20}——温度为 20 ℃时的电阻(Ω/km)；

α_{20}——电阻的温度系数(1/℃)。

常用导电金属线在 20 ℃时的电阻率、电导率和电阻温度系数，见表 3-1。

表 3-1　导电金属线电阻率、电导率和电阻温度系数

线　材	ρ_{20}[(Ω·mm)^2/km]	γ_{20}(km/Ω·mm^2)	α_{20}(1/℃)
硬铝线	29.0	0.034	0.004 03
软铝线	28.3	0.035	0.004 10
铝合金线	32.8	0.031	0.004 22
硬铜线	17.9	0.056	0.003 85
软铜线	17.6	0.057	0.003 93

在电力网计算中，还必须对电阻率和电导率进行修正。这是因为导线和电缆芯线大多是绞线，实际长度要比导线长度大 2%～3%；其中，大部分导线和电缆的实际截面积较额定截面要小些；此外，实际运行的导线和电缆芯线温度不会是 20 ℃，计算时应根据实际情况取一平均温度。修正后，平均温度 20 ℃时各类电缆的电阻率和电导率：铜芯 $\rho_{20}=18.5\ \Omega\cdot mm^2/km$，$\gamma_{20}=0.054\ km/(\Omega\cdot mm^2)$；铝芯 $\rho_{20}=31.2\ \Omega\cdot mm^2/km$；$\gamma_{20}=0.032\ km/(\Omega\cdot mm^2)$。

2. 导线(电缆)的电抗计算

(1) 三相导线(电缆)的电抗估算：电缆的电抗值通常由制造厂提供，当缺乏该项技术数据时，可采用下列数据进行估计：1 kV 电缆，$X_0=0.06\ \Omega/km$；6～10 kV 电缆，$X_0=$

0.08 Ω/km；35 kV 电缆，$X_0 = 0.12$ Ω/km。

（2）导线的电抗计算：

① 铜及铝导线的电抗：

$$X_0 = 2\pi f\left(4.6\lg\frac{2D_j}{d} + 0.5\mu\right)\times 10^{-4} \qquad (3-3)$$

式中 X_0——导线电抗（Ω/km）；

f——交流电频率，工频 $f = 50$ Hz；

D_j——三相导线间的几何均距（mm）；

d——导线外径（mm）；

μ——导线材料的相对磁导率，对有色金属 $\mu = 1$。

② 钢芯铝绞线的电抗计算较困难，一般用查表法。

③ 钢、铁导线的电抗：

$$X_0 = X_0' + X_0'' \qquad (3-4)$$

式中 X_0'——钢、铁导线的外感抗（Ω/km），

$$X_0' = 2\pi f\left(4.6\lg\frac{2D_j}{d}\right)\times 10^{-4} \qquad (3-5)$$

X_0''——钢、铁导线的内感抗（因电流大小而不同，需查表）（Ω/km）。

二、常用导线、电缆的电阻和电抗表

常用导线、电缆的电阻和电抗见表 3-2～表 3-12。

表 3－2 TJ 型裸铜导线的电阻和电抗

导线型号	TJ—10	TJ—16	TJ—25	TJ—35	TJ—50	TJ—70	TJ—95	TJ—120	TJ—150	TJ—185	TJ—240
电阻（Ω/km）	1.84	1.20	0.74	0.54	0.39	0.28	0.20	0.158	0.123	0.103	0.078
线间几何均距（m）	电抗（Ω/km）										
0.4	0.355	0.334	0.318	0.308	0.298	0.287	0.274	—	—	—	—
0.6	0.381	0.360	0.345	0.335	0.321	0.321	0.303	0.295	0.287	0.281	—
0.8	0.399	0.378	0.363	0.352	0.330	0.330	0.321	0.313	0.305	0.299	—
1.0	0.413	0.392	0.377	0.366	0.345	0.345	0.335	0.327	0.319	0.313	0.305
1.25	0.427	0.406	0.391	0.380	0.359	0.359	0.349	0.341	0.333	0.327	0.319
1.5	0.438	0.417	0.402	0.392	0.370	0.370	0.360	0.353	0.345	0.339	0.330
2.0	0.457	0.435	0.421	0.410	0.389	0.389	0.378	0.371	0.363	0.356	0.349
2.5	—	0.449	0.435	0.424	0.402	0.402	0.392	0.385	0.377	0.371	0.363
3.0	—	0.460	0.446	0.435	0.414	0.414	0.403	0.396	0.388	0.382	0.374
3.5	—	0.470	0.456	0.445	0.423	0.423	0.413	0.406	0.398	0.392	0.384

表 3-3 LJ型裸铝导线的电阻和电抗

导线型号	LJ—16	LJ—25	LJ—35	LJ—50	LJ—70	LJ—95	LJ—120	LJ—150	LJ—185	LJ—240
电阻(Ω/km)	1.98	1.28	0.92	0.64	0.46	0.34	0.27	0.21	0.17	0.132
线间几何均距(m)	电抗(Ω/km)									
0.6	0.358	0.344	0.334	0.323	0.312	0.303	0.295	0.287	0.281	0.273
0.8	0.377	0.362	0.352	0.341	0.330	0.321	0.313	0.305	0.299	0.291
1.0	0.390	0.376	0.366	0.355	0.344	0.335	0.327	0.319	0.313	0.305
1.25	0.404	0.390	0.380	0.369	0.358	0.349	0.341	0.333	0.327	0.319
1.5	0.416	0.402	0.392	0.380	0.369	0.360	0.353	0.345	0.339	0.330
2.0	0.434	0.420	0.410	0.398	0.387	0.378	0.371	0.363	0.356	0.348
2.5	0.448	0.434	0.424	0.412	0.401	0.392	0.385	0.377	0.371	0.362
3.0	0.459	0.445	0.435	0.424	0.413	0.403	0.396	0.388	0.382	0.374
3.5	—	—	0.445	0.433	0.423	0.413	0.406	0.398	0.392	0.383

表 3－4 LGJ 型钢芯铝绞线的电阻和电抗

导线型号	LGJ—16	LGJ—25	LGJ—35	LGJ—50	LGJ—70	LGJ—95	LGJ—120	LGJ—150	LGJ—185	LGJ—240	LGJ—300	LGJ—400
电阻（Ω/km）	2.04	1.38	0.85	0.65	0.46	0.33	0.27	0.21	0.17	0.132	0.107	0.082
线间几何均距（m）	电抗（Ω/km）											
1.0	0.387	0.374	0.359	0.351	—	—	—	—	—	—	—	—
1.25	0.401	0.388	0.373	0.365	—	—	—	—	—	—	—	—
1.5	0.412	0.400	0.385	0.376	0.365	0.354	0.347	0.340	—	—	—	—
2.0	0.430	0.418	0.403	0.394	0.383	0.372	0.365	0.385	—	—	—	—
2.5	0.444	0.432	0.417	0.408	0.397	0.386	0.379	0.372	0.365	0.357	—	—
3.0	0.456	0.443	0.428	0.420	0.409	0.398	0.391	0.384	0.377	0.369	—	—
3.5	0.466	0.453	0.438	0.429	0.418	0.406	0.400	0.394	0.386	0.378	0.371	0.362

表 3-5 户内明敷及穿管的铝、铜芯绝缘导线的电阻和电抗

标称截面 (mm^2)	铝(Ω/km)			铜(Ω/km)		
	电阻 R_0(Ω) (20 ℃)	电抗 X_0		电阻 R_0(Ω) (20 ℃)	电抗 X_0	
		明线间距 150 mm	穿管		明线间距 150 mm	穿管
1.5	—	—	—	12.27	—	0.109
2.5	12.40	0.337	0.102	7.36	0.337	0.102
4	7.75	0.318	0.095	4.60	0.318	0.095
6	5.17	0.309	0.09	3.07	0.309	0.09
10	3.10	0.286	0.073	1.84	0.286	0.073
16	1.94	0.271	0.068	1.15	0.271	0.068
25	1.24	0.257	0.066	0.75	0.257	0.066
35	0.88	0.246	0.064	0.53	0.246	0.064
50	0.62	0.235	0.063	0.37	0.235	0.063
70	0.44	0.224	0.061	0.26	0.224	0.081
95	0.33	0.215	0.06	0.19	0.215	0.06
120	0.26	0.208	0.06	0.15	0.208	0.06
150	0.20	0.201	0.059	0.12	0.201	0.059
185	0.17	0.194	0.059	0.10	0.194	0.059

表 3-6 电缆芯线单位长度电阻(20 ℃时)

(Ω/km)

线芯标称截面(mm²)	铜芯电缆	铝芯电缆	线芯标称截面(mm²)	铜芯电缆	铝芯电缆
16	1.15	1.94	95	0.19	0.33
25	0.74	1.24	120	0.15	0.26
35	0.53	0.89	150	0.12	0.21
50	0.37	0.62	180	0.10	0.17
70	0.26	0.44	240	0.08	0.13

表 3－7　380/220 V 三相架空线路每米阻抗值　(mΩ/m)

导线标称截面 (mm^2)	电阻 R_1、R_2、R_{0x}、R、R_{01}				导线排列式及中心距离(mm) U—400—V—600—N—400—W		导线排列式及中心距离(mm) U—400—V—600—W—400—N	
	$t=70$ ℃时裸导线		$t=65$ ℃时绝缘导线		正、负序电抗 X_1、X_2、X ($D_j=824$)	零序电抗 X_{0x}、X_{01} ($D_0=621$)	正、负序电抗 X_1、X_2、X ($D_j=621$)	零序电抗 X_{0x}、X_{01} ($D_0=824$)
	铝	铜	铝	铜				
10		2.23	3.66	0.19	0.40	0.38	0.38	0.40
16	2.35	1.39	2.29	1.37	0.38	0.37	0.37	0.38
25	1.50	0.89	1.48	0.88	0.37	0.35	0.35	0.37
35	1.07	0.64	1.06	0.63	0.36	0.34	0.34	0.36
50	0.75	0.45	0.75	0.44	0.35	0.33	0.33	0.35
70	0.54	0.32	1.53	0.32	0.34	0.32	0.32	0.34
95	0.40	0.24	0.39	0.23	0.32	0.31	0.31	0.32
120	0.32	0.19	0.31	0.19	0.32	0.30	0.30	0.32
150	0.25	0.15	0.25	0.15	0.31	0.29	0.29	0.31
185	0.20	0.12	0.20	0.12	0.30	0.28	0.28	0.30

注：零序电抗是指相线或零线的零序电抗。

表 3-8 380 V/220 V 三相线路绝缘子布线每米阻抗值 (mΩ/m)

导线标称截面 (mm^2)	电阻 R_1、R_2、R_{0x}、R、R_{01}				当相间中心距离 D 为下列诸值(mm)时,相线正、负序电抗值 X_1、X_2、X			当零线与邻近相线中心间距 D_n 为下列诸值(mm)时,相线或零线的零序电抗值 X_{0x}、X_{01}						
	$t=70$ ℃ 时裸绞线		$t=65$ ℃ 时绝缘导线					$D_n=D$			1 500	2 500	3 500	6 000
	铝	铜	铝	铜	70	100	150	D=70	D=100	D=150				
1			36.580	22.712	0.333	0.355	0.380	0.356	0.378	0.403	0.510	0.543	0.564	0.597
1.5			24.387	14.475	0.321	0.368	0.389	0.344	0.366	0.391	0.498	0.530	0.552	0.585
2.5			14.632	8.685	0.305	0.353	0.378	0.331	0.350	0.376	0.483	0.515	0.536	0.570
4			9.145	5.428	0.290	0.338	0.369	0.313	0.335	0.361	0.468	0.540	0.521	0.555
6			6.097	3.619	0.277	0.325	0.347	0.300	0.323	0.348	0.455	0.487	0.508	0.542
10		2.230	3.658	2.193	0.258	0.306	0.331	0.281	0.303	0.329	0.436	0.468	0.489	0.523
16	2.348	1.394	2.286	1.371	0.242	0.290	0.312	0.265	0.288	0.313	0.420	0.452	0.473	0.507
25	1.503	0.892	1.478	0.877	0.229	0.277	0.298	0.252	0.274	0.299	0.406	0.438	0.460	0.493
35	1.037	0.637	1.056	0.627	0.218	0.266	0.289	0.241	0.264	0.289	0.396	0.428	0.449	0.483
50	0.751	0.446	0.746	0.443	0.206	0.251	0.278	0.229	0.252	0.277	0.384	0.416	0.437	0.471
70	0.537	0.319	0.533	0.316	0.196	0.242	0.267	0.219	0.242	0.267	0.374	0.406	0.427	0.461
95	0.393	0.235	0.393	0.233	0.183	0.231	0.256	0.206	0.229	0.254	0.361	0.393	0.414	0.448
120	0.316	0.188	0.311	0.186	0.176	0.223	0.249	0.199	0.222	0.247	0.354	0.386	0.407	0.441
150	0.253	0.150	0.249	0.149	0.169	0.216	0.237	0.192	0.214	0.240	0.347	0.379	0.400	0.434
185	0.203	0.122	0.202	0.122	0.162	0.208	0.229	0.185	0.207	0.232	0.339	0.371	0.393	0.426

表 3-9　500 V 聚氯乙烯绝缘和橡皮绝缘四芯电力电缆每米阻抗值　($m\Omega/m$)

线芯标称截面(mm^2)	$t=65$ ℃ 时线芯电阻 R_1、R_2、R_{0x}、R、R_{01}				铅皮电阻 R_{0e}	橡皮绝缘电缆			聚氯乙烯绝缘电缆		
	铝		铜			正、负序电抗 X_1、X_2、X	零序电抗		正、负序电抗 X_1、X_2、X	零序电抗	
	相线 R	零线 R_{01}	相线 R	零线 R_{01}			相线 X_{0x}	零线 X_{0e}		相线 X_{0x}	零线 X_{0e}
3×4+1×2.5	9.237	14.778	5.482	8.772	6.38	0.106	0.116	0.135	0.100	0.114	0.129
3×6+1×4	6.158	9.237	3.665	5.482	5.83	0.100	0.115	0.127	0.099	0.115	0.127
3×10+1×6	3.695	6.158	2.193	3.665	4.10	0.097	0.109	0.127	0.094	0.108	0.125
3×16+1×6	2.309	6.158	1.371	3.655	3.28	0.090	0.105	0.134	0.087	0.104	0.134
3×25+1×10	1.057	3.695	0.895	2.193	2.51	0.085	0.105	0.131	0.082	0.101	0.137
3×35+1×10	1.077	3.695	0.639	2.193	2.02	0.083	0.101	0.136	0.080	0.100	0.138
3×50+1×16	0.754	2.309	0.447	1.371	1.75	0.082	0.095	0.131	0.079	0.101	0.135
3×70+1×25	0.538	1.507	0.319	0.895	1.29	0.079	0.091	0.123	0.078	0.079	0.127
3×95+1×35	0.397	1.077	0.235	0.639	1.06	0.080	0.094	0.126	0.079	0.097	0.125
3×120+1×35	0.314	1.077	0.188	0.639	0.98	0.078	0.092	0.130	0.076	0.095	0.130
3×150+1×50	0.251	0.754	0.151	0.447	0.89	0.077	0.092	0.126	0.076	0.093	0.120
3×185+1×50	0.203	0.754	0.123	0.447	0.81	0.077	0.091	0.131	0.076	0.094	0.128

注：① 铅皮电抗忽略不计。

② 铅皮电缆的 R_{01} 应是零线和铅皮两部分交流电阻的并联值。

表 3-10　1 000 V 油浸绝缘四芯电力电缆每米阻抗值

(mΩ/m)

线芯标称截面 (mm²)	$t=65$ ℃ 时线芯电阻 R_1、R_2、R_{0x}、R、R_{01}				铅皮电阻 R_{0e}	正、负序电抗 X_1、X_2	线芯零序电抗	
	铝		铜					
	相线 R	零线 R_{01}	相线 R	零线 R_{01}			相线 X_{0x}	零线 X_{01}
3×4+1×2.5	9.71	15.53	5.76	9.22	6.40	0.098	0.11	0.12
3×6+1×4	6.47	9.71	3.84	5.76	5.54	0.093	0.11	0.12
3×10+1×6	3.88	6.47	2.30	3.84	4.98	0.088	0.11	0.12
3×16+1×6	2.43	6.47	1.44	3.84	4.00	0.082	0.10	0.13
3×25+1×10	1.58	3.88	0.94	2.30	3.14	0.073	0.10	0.13
3×35+1×10	1.13	3.88	0.67	2.30	2.19	0.073	0.09	0.13
3×50+1×16	0.79	2.43	0.47	1.44	2.41	0.070	0.09	0.13
3×70+1×25	0.57	1.58	0.34	0.94	1.95	0.069	0.08	0.11
3×95+1×35	0.42	1.13	0.25	0.67	1.72	0.069	0.08	0.11
3×120+1×35	0.33	1.13	0.20	0.67	1.47	0.070	0.08	0.12
3×150+1×50	0.26	0.79	0.16	0.47	1.26	0.068	0.09	0.11
3×185+1×50	0.21	0.79	0.13	0.47	1.06	0.068	0.09	0.12

注：① 铅皮电抗忽略不计。
② 铅皮电缆的 R_{0e} 应是零线和铅皮两部分交流电阻的并联值。

表 3－11 1 000 V 以下三芯电力电缆每米阻抗值

（mΩ/m）

线芯标称截面（mm^2）	聚氯乙烯绝缘				橡皮绝缘					油浸纸绝缘				
	$t=65$ ℃ 时线芯电阻 R_1、R_2、R_{0x}、R		正、负序电抗 X_1、X_2	相线零序电抗 X_{0x}	$t=65$ ℃ 时线芯电阻 R_1、R_2、R_{0x}、R		铅皮电阻 R_{0x}	正、负序电抗 X_1、X_2	相线零序电抗 X_{0x}	$t=80$ ℃ 时线芯电阻 R_1、R_2、R_{0x}、R		铅皮电阻 R_{0x}	正、负序电抗 X_1、X_2	相线零序电抗 X_{0x}
	铝	铜			铝	铜				铝	铜			
3×25	14.778	8.772	0.100	0.134	14.778	8.772	7.52	0.107	0.135	15.53	9.218	8.14	0.098	0.130
3×4	9.237	5.482	0.093	0.125	9.237	5.482	6.93	0.099	0.125	9.706	5.761	7.57	0.091	0.121
3×6	6.158	3.655	0.093	0.121	6.158	3.655	6.38	0.094	0.118	6.470	3.841	6.71	0.087	0.114
3×10	3.695	2.193	0.087	0.112	3.695	2.193	6.28	0.092	0.116	3.882	2.304	5.97	0.081	0.105
3×16	2.309	1.371	0.082	0.106	2.309	1.371	3.66	0.086	0.111	2.427	1.440	5.2	0.077	0.103
3×25	1.507	0.895	0.075	0.106	1.507	0.895	2.79	0.079	0.107	1.584	0.940	4.8	0.067	0.089
3×35	1.077	0.639	0.072	0.091	1.077	0.639	2.25	0.075	0.102	1.131	0.671	3.89	0.065	0.085
3×50	0.754	0.447	0.072	0.090	0.754	0.447	1.93	0.075	0.102	0.792	0.470	3.42	0.063	0.082
3×70	0.538	0.319	0.069	0.086	0.538	0.319	1.45	0.072	0.099	0.566	0.336	2.76	0.062	0.079
3×95	0.397	0.235	0.069	0.085	0.397	0.235	1.18	0.072	0.097	0.471	0.247	2.2	0.061	0.078
3×120	0.314	0.188	0.069	0.084	0.314	0.188	1.09	0.071	0.095	0.330	0.198	1.94	0.062	0.077
3×150	0.251	0.151	0.070	0.084	0.251	0.151	0.99	0.071	0.095	0.264	0.158	1.66	0.062	0.077
3×185	0.203	0.123	0.070	0.083	0.203	0.123	0.90	0.071	0.094	0.214	0.130	1.4	0.062	0.076

注：① 相线的零序电抗是按电缆紧贴接地导体计算的。

② 铅皮电抗忽略不计。

表 3-12 三相三线穿钢管布线(钢管作为零线)的每米阻抗值 (mΩ/m)

导线标称截面 (mm^2)	钢管公称直径 (mm)	$t=65$℃时导线电阻 R_1、R_2 R_{0x}、R、R_{0e}		钢管电阻 R_{0e}	正、负序电抗 X_1、X_2、X	零序电抗		计算钢管阻抗时采用的电流 (A)
		铝	铜			相线 X_{0x}	零线(钢管) X_{0e}	
1.5	15	24.39	14.48	3.35	0.14	0.17	1.79	30~60
2.5	15	14.63	8.69	3.35	0.13	0.15	1.79	30~60
4	20	9.15	5.43	2.45	0.12	0.15	1.26	60~120
6	20	6.10	3.62	2.18	0.11	0.14	1.24	80~160
10	25	3.66	2.19	1.52	0.11	0.14	1.13	120~240
16	32	2.29	1.37	1.25	0.10	0.14	1.00	150~300
25	32	1.48	0.88	1.00	0.10	0.12	1.00	180~360
35	40	1.06	0.63	0.84	0.10	0.13	0.85	240~480
50	40	0.75	0.44	0.77	0.09	0.11	0.78	330~660
70	50	0.53	0.32	0.75	0.09	0.12	0.78	420~840
95	70	0.39	0.23	0.72	0.09	0.13	0.59	500~1 000
120	70	0.31	0.19	0.72	0.08	0.12	0.59	600~1 200
150	70	0.25	0.15	0.72	0.08	0.11	0.59	660~1 320

注：① 在计算钢管的零序电抗中忽略外感抗。
② 本表电抗数据适用于 BLV、BLX、BX 型单芯绝缘导线。
③ 当采用三相四线穿钢管布线时，零线(绝缘导线)的零序电抗 X_{0e} 可近似地认为等于同截面相线的零序电抗 X_{0x}

三、常用导线的安全载流量

1. 裸导线的安全载流量

铜绞线和铝绞线的安全载流量见表 3-13。钢芯铝绞线的安全载流量见表 3-14。

表 3-13　TJ、LJ型裸铜、裸铝绞线的安全载流量　(A)(70 ℃)

截面(mm²)	TJ型								LJ型								质量(kg/km)
	户 内				户 外				户 内				户 外				
	25 ℃	30 ℃	35 ℃	40 ℃	25 ℃	30 ℃	35 ℃	40 ℃	25 ℃	30 ℃	35 ℃	40 ℃	25 ℃	30 ℃	35 ℃	40 ℃	
4	25	24	22	20	50	47	44	41	—	—	—	—	—	—	—	—	—
6	35	33	31	28	70	66	62	57	—	—	—	—	—	—	—	—	—
10	60	56	53	49	95	89	84	77	55	52	48	45	75	70	66	61	—
16	100	94	88	81	130	122	114	105	80	75	70	65	105	99	99	85	44
25	140	132	123	113	180	169	158	146	110	103	97	89	135	127	119	109	68
35	175	165	154	142	220	207	194	178	135	127	119	109	170	160	150	138	95
50	220	207	194	178	270	254	238	219	170	160	150	138	215	202	189	174	136
70	280	263	246	227	340	320	300	276	215	202	189	174	265	249	232	215	191
95	340	320	299	276	315	390	365	336	260	244	229	211	325	305	286	247	257
120	405	380	356	328	485	456	426	393	310	292	273	251	375	352	330	304	322
150	480	451	422	389	570	536	510	461	370	348	326	300	440	414	387	356	407
185	550	517	484	445	645	606	567	522	425	400	374	344	500	470	440	405	503
240	650	610	571	526	770	724	678	624	—	—	—	—	610	574	536	494	656

注：在《工业建筑和民用建筑电力设计导则》中规定架空电力线路铝线允许温度为 90 ℃，则导线的载流量比表列数值约提高 1.2 倍，可供参考。

表 3-14　LGJ 型钢芯铝绞线的安全载流量　(A)(70 ℃)

截面(mm²) \ 空气温度(℃)	30	35	40	45	50	55
16	106	97	88	79	69	56
25	135	124	113	102	88	72
35	163	150	136	123	106	87
50	213	195	177	160	138	113
70	264	242	220	198	172	140
95	322	295	268	242	209	171
120	365	335	305	275	238	194
150	428	393	358	322	279	228
185	490	450	410	369	320	261
240	589	540	491	443	383	313

2. 温度校正系数

当敷设处的环境温度不是 25 ℃时，导线载流量应乘以温度校正系数 K。K 由下式确定：

$$K=\sqrt{\frac{t_1-t_0}{t_1-25}} \qquad (3-6)$$

式中　t_0——敷设处实际环境温度(℃)；

t_1——导线、电缆长期允许工作温度(℃)。

导线载流量的温度校正系数见表 3-15。

表 3-15 导体载流量的温度校正系数 *K* 值

导体额定温度(℃)	实际环境温度(℃)时的载流量校正系数 *K*											
	−5	0	+5	+10	+15	+20	+25	+30	+35	+40	+45	+50
80	1.24	1.20	1.17	1.13	1.09	1.04	1.00	0.95	0.90	0.85	0.80	0.74
70	1.29	1.24	1.20	1.15	1.11	1.05	1.00	0.94	0.88	0.81	0.74	0.67
65	1.32	1.27	1.22	1.17	1.12	1.06	1.00	0.94	0.87	0.79	0.71	0.61
60	1.36	1.31	1.25	1.20	1.13	1.07	1.00	0.93	0.85	0.76	0.66	0.54
55	1.41	1.35	1.29	1.23	1.15	1.08	1.00	0.91	0.82	0.71	0.58	0.41
50	1.48	1.41	1.34	1.26	1.18	1.09	1.00	0.89	0.78	0.63	0.45	—

3. 导体在正常运行和短路时的最高允许温度

当电流通过导线或电缆时，导线或电缆会发热，温度升高。若温度超过一定限值，将会造成绝缘损坏，因此导线和电缆的发热温度不能超过表 3-16 所规定的数值。

表 3-16 导体在正常运行和短路时的最高允许温度

导体种类和材料	最高允许温度(℃)	
	正常运行时	短路时
① 母线		
铜	70	300
铜(接触面有锡覆盖)	85	200
铝	70	200
钢(不与电器直接连接时)	70	400

（续表）

导体种类和材料	最高允许温度(℃)	
	正常运行时	短路时
钢(与电器直接连接时)	70	300
② 油浸纸绝缘电缆铜芯		
1～3 kV	80	250
6 kV	65	250
10 kV	60	250
油浸纸绝缘电缆铝芯		
1～3 kV	80	200
6 kV	65	200
10 kV	60	200
③ 橡皮绝缘导线和电缆	65	150
④ 聚氯乙烯绝缘导线和电缆	65	120
⑤ 交联聚氯乙烯绝缘电缆		
铜芯	80	230
铝芯	80	200
⑥ 有中间接头的电缆(不包括聚氯乙烯绝缘电缆)		150

4. 导线、电缆用绝缘材料的允许工作温度

在线路正常通电情况下，导线、电缆绝缘材料受热老化作用不强，材料老化受损十分缓慢，一般可工作 30 年以上。各种导线、电缆的绝缘材料规定的允许工作温度见表 3-17。

表3-17　导线、电缆用绝缘材料的允许工作温度

材料名称	允许工作温度(℃)	材料名称	允许工作温度(℃)
氯橡胶	180～200	丁腈-聚氯乙烯复合物	80
硅橡胶	150～180	聚四氯乙烯	250
丁腈橡胶	100～120	聚丙烯	80～90
氯丁橡胶	80～90	聚乙烯	60～70
丁苯橡胶	60～75	化学交联聚乙烯	80～90
天然橡胶	60～75	聚氯乙烯塑料	65～70
乙丙橡胶	80～90	耐热聚氯乙烯塑料	80～105

5. 绝缘导线安全载流量

常用铝芯、铜芯绝缘导线明敷和穿管敷设时的安全载流量见表3-18～表3-24。

四、导线在短路状态下的允许电流计算

输电线路发生接地及短路故障时，导线会瞬时电流剧增而引起温度升高。不致使导线抗拉强度降低的极限温度，硬铜线为200 ℃，铝线为180 ℃，铝镍镁合金线为150 ℃。与这个极限温度相对应的电流称为瞬时电流容量。

由于短路时间很短(一般小于2～3 s)，可假设导线不向外发散热量，并设导线的初始温度为40 ℃，则可由下列各式计算出导线的瞬时容量。

表 3-18 BBLX、BBX、BLV、BV 型橡皮线和塑料绝缘导线明敷时安全载流量

(A)(60 ℃)

截面(mm²)	BBLX 型 铝芯橡皮线				BBX 型 铜芯橡皮线				BLV、BLV-1 型 铝芯塑料线				BV、BV-1 型 铜芯塑料线				
	25 ℃	30 ℃	35 ℃	40 ℃	25 ℃	30 ℃	35 ℃	40 ℃	25 ℃	30 ℃	35 ℃	40 ℃	25 ℃	30 ℃	35 ℃	40 ℃	
1					20	19	17	15					18	17	15	14	1
1.5					25	23	21	19					22	20	19	17	1.5
2.5	25	23	21	19	33	31	28	25	23	21	20	17	30	28	25	23	2.5
4	33	31	28	25	43	40	37	33	30	28	25	23	40	37	34	30	4
6	42	39	36	32	55	51	47	42	39	36	33	30	50	47	43	38	6
10	60	56	51	46	80	74	68	61	35	51	47	42	75	70	64	57	10
16	80	74	68	61	105	98	89	80	75	70	64	57	100	93	85	76	16
25	105	98	89	80	140	130	119	106	100	93	85	76	130	121	110	99	25
35	130	121	110	99	170	158	144	129	125	116	106	95	160	149	136	122	35
50	165	153	140	125	215	200	183	163	155	144	133	118	200	186	170	152	50
70	205	191	174	156	265	246	225	201	200	186	170	152	255	237	216	194	70
95	250	233	213	190	325	302	276	247	240	223	204	182	310	288	263	236	95
120	295	274	251	224	385	358	326	292									
150	340	316	289	258	440	409	374	334									
185	400	372	340	304	515	479	438	391									

表 3-19　BBLX、BLV 型铝芯导线套钢管时的安全载流量　（A）(60 ℃)

导线截面 (mm²)	二根单芯				管径 (mm)		三根单芯				管径 (mm)		四根单芯				管径 (mm)	
	25 ℃	30 ℃	35 ℃	40 ℃	G	DG	25 ℃	30 ℃	35 ℃	40 ℃	G	DG	25 ℃	30 ℃	35 ℃	40 ℃	G	DG
2.5	20	19	17	15	15	20	19	18	16	14	15	20	17	16	14	13	20	25
4	29	27	25	22	15	20	25	23	21	19	20	20	23	21	20	18	18	18
6	34	32	29	26	20	20	31	29	26	24	20	25	28	26	24	21	20	25
10	51	47	43	39	20	25	42	39	36	32	25	32	37	34	31	28	25	32
16	61	57	52	46	25	32	55	51	47	42	25	32	49	64	42	37	32	40
25	82	76	70	62	32	32	75	70	64	57	32	40	65	60	55	49	40	—
35	96	89	82	73	32	40	84	78	71	64	40	40	82	76	70	62	50	—
50	125	116	106	95	40	—	109	101	93	83	50	—	89	83	76	68	50	—
70	156	145	133	119	50	—	141	131	120	107	50	—	125	116	106	95	70	—
95	187	174	159	142	50	—	175	163	149	133	70	—	152	141	129	116	70	—
120	219	204	186	167	70	—	138	175	160	143	70	—	178	166	151	136	80	—
150	248	231	211	189	70	—	224	208	190	170	70	—	204	190	173	155	80	—

注：G 为焊接钢管（按内径计算）；DG 为电线管（按外径计算）。

表 3－20　BBX、BV 型铜芯导线套钢管时的安全载流量　　(A)(60 ℃)

导线截面 (mm²)	二根单芯				管径 (mm)		三根单芯				管径 (mm)		四根单芯				管径 (mm)	
	25 ℃	30 ℃	35 ℃	40 ℃	G	DG	25 ℃	30 ℃	35 ℃	40 ℃	G	DG	25 ℃	30 ℃	35 ℃	40 ℃	G	DG
1	15	14	13	11	15	20	14	13	12	11	15	20	13	12	11	10	15	20
1.5	18	17	15	14	15	20	16	15	14	12	15	20	15	14	13	11	20	20
2.5	26	24	22	20	15	20	25	23	21	19	15	20	23	21	20	17	20	25
4	38	35	32	29	15	20	33	31	28	25	20	20	30	28	26	23	20	25
6	44	41	37	33	20	20	41	38	35	31	20	25	37	34	31	28	20	25
10	68	63	58	52	20	25	56	52	48	43	25	32	49	46	42	37	25	32
16	80	74	68	61	25	32	72	67	61	55	25	32	64	60	54	49	32	40
25	109	101	93	83	32	32	100	93	85	76	32	40	85	79	72	65	40	—
35	125	116	106	95	32	40	110	102	94	84	40	40	107	100	91	81	50	—
50	163	152	139	124	40	—	142	132	121	108	50	—	116	108	99	88	50	—
70	202	188	172	154	50	—	182	169	155	138	50	—	161	150	137	122	70	
95	243	226	206	185	50	—	227	211	193	173	70	—	197	183	167	150	70	—
120	285	265	242	216	70	—	246	229	209	187	70	—	232	216	197	176	80	—
150	320	298	272	243	70	—	290	270	246	220	70	—	264	246	224	201	80	—

注：G 为焊接钢管(按内径计算)；DG 为电线管(按外径计算)。

表 3－21　BBLX、BLV 型铝芯导线套硬塑料管时的安全载流量　　(A)(60 ℃)

导线截面 (mm^2)	二根单芯				管径 (mm)	三根单芯				管径 (mm)	四根单芯				管径 (mm)
	25 ℃	30 ℃	35 ℃	40 ℃		25 ℃	30 ℃	35 ℃	40 ℃		25 ℃	30 ℃	35 ℃	40 ℃	
2.5	16	14	13	12	15	15	13	12	11	20	14	13	11	10	20
4	24	22	20	18	15	21	19	17	15	20	19	17	16	14	25
6	29	27	24	22	20	26	24	22	19	20	24	22	20	18	25
10	43	40	36	32	25	36	33	30	27	25	31	28	26	23	32
16	53	49	45	40	25	47	43	40	35	32	42	39	35	31	32
25	72	67	61	54	32	66	61	56	50	40	57	53	48	43	40
35	87	81	74	66	40	76	70	64	57	40	74	68	62	56	50
50	113	105	96	86	40	98	91	83	74	50	80	74	68	60	50
70	140	130	119	106	40	127	118	108	96	50	103	105	96	85	50
95	168	156	142	127	50	156	145	132	118	65	137	127	116	104	65
120	207	192	176	157	50	178	165	151	135	65	169	157	143	128	80
150	236	219	200	179	50	212	197	180	161	65	194	180	165	147	80

注：四根单芯线如其中一根仅供接地或接零保护用时，载流量仍按三根单芯的数值。

表 3－22　BBX、BV 型铜芯导线套硬塑料管时的安全载流量　　(A)(60 ℃)

导线截面 (mm^2)	二根单芯				管径 (mm)	三根单芯				管径 (mm)	四根单芯				管径 (mm)
	25 ℃	30 ℃	35 ℃	40 ℃		25 ℃	30 ℃	35 ℃	40 ℃		25 ℃	30 ℃	35 ℃	40 ℃	
1	12	11	10	9	15	11	10	9	8	15	10	9	8	7	15
1.5	14	13	11	10	15	13	12	11	9	15	12	11	10	9	15
2.5	21	19	17	16	15	20	18	17	15	20	18	16	15	13	20
4	31	28	26	23	15	27	25	23	20	20	25	23	21	19	25
6	37	34	31	28	20	35	32	29	26	20	31	28	26	23	25
10	58	54	49	44	25	48	44	40	36	25	42	39	35	31	32
16	69	64	58	52	25	62	57	52	47	32	55	51	46	41	32
25	96	89	81	73	32	88	82	74	67	40	75	59	63	57	40
35	113	105	96	86	40	99	92	84	75	40	97	90	82	73	50
50	147	139	125	112	40	128	119	109	97	50	104	96	88	79	50
70	182	169	154	138	40	164	152	139	124	50	145	135	123	110	50
95	219	204	186	166	50	205	191	174	156	65	177	164	150	134	65
120	271	252	230	206	50	234	218	198	178	65	220	204	187	167	80
150	304	282	258	231	50	275	256	234	209	65	251	233	213	191	80

注：四根单芯线如其中一根仅供接地或接零保护用时，载流量仍按三根单芯的数值。

表 3－23　BLVV、BVV 型塑料护套线明敷时的安全载流量　(A)(60 ℃)

截面(mm²)	BLVV 型			BVV 型		
	25 ℃	30 ℃	35 ℃	25 ℃	30 ℃	35 ℃
2×1.5	14	13	12	18	17	15
2×2.5	19	18	16	25	23	21
2×4	26	24	22	34	31	29
2×6	35	33	30	45	42	38
2×10	50	46	42	65	60	55
3×1.5	12	11	10	16	15	13
3×2.5	18	17	15	23	22	20
3×4	23	21	20	30	28	25
3×6	30	28	25	39	26	33
3×10	45	42	38	59	54	50

注：BVV 型塑料护套线按 BLVV 型的载流量乘以 1.3 而得。

表 3－24　RFB、RFS 型丁腈聚氯乙烯复合物铜芯绝缘软线安全载流量　(A)(70 ℃)

截面(mm²)	25 ℃	30 ℃	35 ℃
2×0.2	4	3.7	3.4
2×0.3	6	5.6	5
2×0.4	8	7.5	7
2×0.5	10	9	8
2×0.6	12	11	10
2×0.7	14	13	12
2×0.8	17	16	15
2×1.0	20	19	17
2×1.2	25	23	22

注：RFB 型为平型软线，RFS 型为双绞软线，作为交流 250 V 及以下的各种日用电器和照明灯头的连接线。

(1) 硬铜线:温升为 160 ℃时, $I = 152.1S\sqrt{t}$ (3-7)

(2) 硬铝线:温升为 140 ℃时, $I = 93.26S\sqrt{t}$ (3-8)

(3) 铝镍镁合金线:温升为 110 ℃时, $I = 79.2S\sqrt{t}$ (3-9)

式中 I——允许通过导线的短路电流(A);
S——导线截面(mm^2);
t——通电时间(s)。

第二节 导线的选择与连接

导线在家庭供电电路中担负着重要的输电任务,向室内各个用电器输送电流、传递电信息、连接灯具和电器,使各种照明和电气设备发挥作用。室内电路必须采用绝缘导线。绝缘导线一般由铜(铝)芯线和绝缘层两部分组成,有的绝缘导线在芯线和绝缘层之间还有一层保护层。

导线的正确选择关系到家庭的用电安全及经济,选择时应着重考虑导线的型号和截面。家庭常用的几种绝缘导线的型号、名称及主要用途见表 3-25。

导线的截面以 mm^2 为单位,家庭常用的导线截面,铜芯线为 1 mm^2、1.5 mm^2、2.5 mm^2、4 mm^2;铝芯线为 2.5 mm^2、4 mm^2、6 mm^2。

家庭所用的导线一般为单芯线、双芯线(如塑料护套线)、三芯线(如电冰箱、洗衣机等家用电器的电源线)。

表 3-25　常用绝缘导线的结构、型号及用途

结　构	型号	名　称	用　途
 单根线芯 塑料绝缘 7 根绞合线芯	BV BLV	聚氯乙烯绝缘铜芯线 聚氯乙烯绝缘铝芯线	用于作为交直流额定电压为 500 V 及以下的户内照明和动力线路的敷设导线，以及户外沿墙支架敷设的导线
 棉纱编织层　橡皮绝缘　单根线芯	BX BLX	铜芯橡胶线 铝芯橡胶线	
 塑料绝缘多根束绞线芯	BVR	聚氯乙烯绝缘铜芯软线	适用于活动不频繁场所的电源连接线
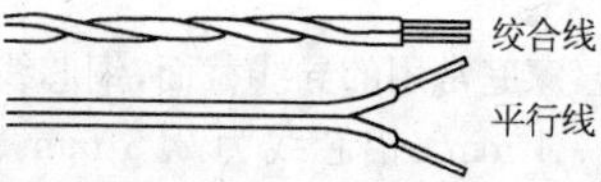 绞合线 平行线	RVS（或 RFS） RVB（或 RFB）	聚氯乙烯绝缘双根绞合软线（丁腈聚氯乙烯复合绝缘） 聚氯乙烯绝缘双根平行软线（丁腈聚氯乙烯复合绝缘）	用来作为交直流额定电压为 250 V 及以下的移动电具、

（续表）

结　构	型号	名　称	用　途
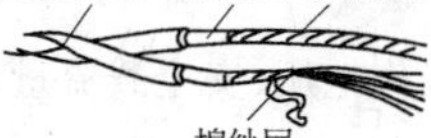 棉纱编织层 橡皮绝缘 多根束绞线芯 棉纱层	BXS	棉纱编织橡皮绝缘双根绞合软线	吊灯的电源连接导线
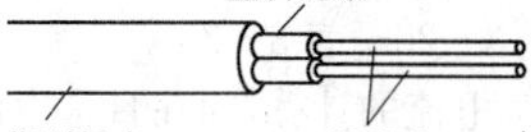 塑料绝缘 塑料护套 2根线芯	BVV BLVV	聚氯乙烯绝缘和护套铜芯线（双根或三根） 聚氯乙烯绝缘或护套铝芯线（双根和三根）	用来作为交直流额定电压为 500 V 及以下户内、外照明和小容量动力线路的敷设导线
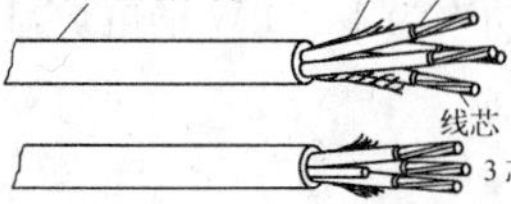 橡胶或塑料绝缘 橡胶或塑料护套 麻绳填芯 4芯 线芯 3芯	RHF RH	氯丁橡胶套软线 橡胶套软线	用于移动电器的电源连接导线，或用于插座板电源连接导线，或短期临时送电的电源馈线

室内导线一般使用绝缘硬线和绝缘软线，对灯头、家用电器的电源线使用绝缘软线。

一、导线的选择

导线的选择应根据配线方式、工作电压、安全载流量、机械强度和电压损失等情况来确定。

一般绝缘导线的工作电压为 500 V，已满足家庭 220 V 电压的使用要求。室内导线对机械强度要求不高。家庭内导线不长，电压损失也可不考虑，主要是根据导线的安全载流量来选择导线的截面。

常用导线的安全载流量见表 3－26～表 3－28。

在选用导线时，会涉及到负载电流的计算，而在日常生活中我们所购置的各种家用电器都注明了功率的大小，而没标明电流的大小，因此必须通过计算才能确定家用电器的电流大小。其计算方法如下。

(1) 白炽灯、电热器的电流计算

$$电流(\text{A}) = \frac{功率(\text{W})}{电压(\text{V})}$$

例：一只额定电压为 220 V，功率为 1 000 W 的电炉，其电流为

$$\frac{1\,000\ \text{W}}{220\ \text{V}} \approx 4.55\ \text{A}$$

表 3-26 塑料绝缘线的安全载流量 (A)

导线截面积 (mm^2)	固定敷设用的线芯		明线安装		穿钢管安装						穿硬塑料管安装					
	线芯股数/单股直径 (mm)	近似英规股数/线号			一管二根线		一管三根线		一管四根线		一管二根线		一管三根线		一管四根线	
			铜	铝	铜	铝	铜	铝	铜	铝	铜	铝	铜	铝	铜	铝
1.0	1/1.13	1/18#	17		12		11		10		10		10		9	
1.5	1/1.37	1/17#	21	16	17	13	15	11	14	10	14	11	13	10	11	9
2.5	1/1.76	1/15#	28	22	23	17	21	16	19	13	21	16	18	14	17	12
4	1/2.24	1/13#	35	28	30	23	27	21	24	19	27	21	24	19	22	17
6	1/2.73	1/11#	48	37	41	30	36	28	32	24	36	27	31	23	28	22
10	7/1.33	7/17#	65	51	56	42	49	38	43	33	49	36	42	33	38	29
16	7/1.70	7/16#	91	69	71	55	64	49	56	43	62	48	56	42	49	38

表 3－27 橡胶绝缘线安全载流量 （A）

导线截面积（mm^2）	固定敷设用的线芯		明线安装		穿钢管安装						穿硬塑料管安装					
	线芯股数/单股直径（mm）	近似英规股数/线号			一管二根线		一管三根线		一管四根线		一管二根线		一管三根线		一管四根线	
			铜	铝	铜	铝	铜	铝	铜	铝	铜	铝	铜	铝	铜	铝
1.0	1/1.13	1/18#	18		13		12		10		11		10		10	
1.5	1/1.37	1/17#	23	16	17	13	16	12	15	10	15	12	14	11	12	10
2.5	1/1.76	1/15#	30	24	24	18	22	17	20	14	22	17	19	15	17	13
4	1/2.24	1/13#	39	30	32	24	29	22	26	20	29	22	26	20	23	17
6	1/2.73	1/11#	50	39	43	32	37	30	34	26	37	29	33	25	30	23
10	7/1.33	7/17#	74	57	59	45	52	40	46	34.5	51	38	45	35	40	30
16	7/1.70	7/16#	95	74	75	57	67	51	60	45	66	50	59	45	52	40

表 3-28 护套线和软导线安全载流量 (A)

导线截面积 (mm^2)	护套线								软导线		
	两根线芯				三根或四根线芯				单根芯线	双根芯线	
	塑料绝缘		橡胶绝缘		塑料绝缘		橡胶绝缘		塑料绝缘	塑料绝缘	橡胶绝缘
	铜	铝	铜	铝	铜	铝	铜	铝	铜	铜	铜
0.5	7		7		4		4		8	7	7
0.75									13	10.5	9.5
0.8	11		10		9		9		14	11	10
1.0	13		11		9.6		10		17	13	11
1.5	17	13	14	12	10	8	10	8	21	17	14
2.0	19		17		13		12	12	25	18	17
2.5	23	17	18	14	17	14	16	16	29	21	18
4.0	30	23	28	21.8	23	19	21				
6.0	37	29			28	22					

(2) 荧光灯的电流计算

$$电流(A)=\frac{功率(W)}{电压(V)\times功率因数(\cos\varphi)}$$

当荧光灯没有电容器补偿时，其功率因数可取0.5～0.6；有电容器补偿时，可取0.85～0.9。

另外，荧光灯的功率应指灯管功率与镇流器功率之和。镇流器的功率，功率为30 W和40 W的荧光灯为8 W，功率为15 W和20 W的荧光灯为6 W，功率为6 W和8 W的荧光灯为4 W。

例：一只装有电容器的40 W荧光灯，通过灯管的电流为

$$(40+8)/(220\times0.9)\approx0.242\ \text{A}$$

(3) 220 V单相电动机的电流计算（如洗衣机、电冰箱用电动机）

$$电流(A)=\frac{功率(W)}{电压(V)\times功率因数\times效率}$$

如果电动机铭牌上无功率因数和效率数据可查，则电动机的功率因数和效率都可取为0.75。

例：一台单相异步电动机，额定功率为0.8 kW，则电动机的额定电流为

$$0.8\times1\,000/(220\times0.75\times0.75)\approx6.47\ \text{A}$$

当电动机的功率以马力计算时，与千瓦(kW)的换算关系如下：

$$1\text{马力}=0.746\ \text{kW}$$

常用家用电器功率查对参考表见表 3-29。

表 3-29 常用家用电器功率查对参考表

名称	规格	功率(W)
洗衣机	单缸 双缸	230 230+150
电炉		600 1 000 1 200 1 500
电熨斗		300 500 750 900 1 000
电烙铁		20 30 45 75 100
吹风器	小吹风 大吹风	450 750
吸尘器		400 850

名称	规格(mm)	功率(W)
吊扇	900 1 050 1 200 1 400	50 60 70 80
台扇 落地扇	200 250 300 350	40 40 52 60
晶体管 收音机		5～20
晶体管 电视机	22.5 30 35 40 47 52 72	约 20 约 30 约 45 约 50 约 60 约 70 约 150
电唱机		约 10
电钟		2～3
电铃		1～5

(4) 家庭用电总负载电流计算

家庭用电总负载电流不等于所有用电设备的电流之和，而应考虑这些用电设备的同时使用率。总负载电流一般可按下式计算：

总负载电流＝最大一台家用电器的额定电流＋家中其余用电设备的额定电流之和×使用系数。

使用系数可取 0.6～0.9，家用电器越多，此值取得越小。

二、导线的选择

导线从进户管进入室内后需与配电板上的电能表连接，电能表和熔断器之间，熔断器和开关或插座之间都要用导线连接起来。导线与导线、导线与接线端子等的连接非常重要，连接不良，轻者会造成断路，重者会造成触电。连接不良还会增大接触电阻，损坏电器，甚至引起火灾等事故。因此对导线的连接一定要认真按规定要求去做，接头都要包缠好绝缘带。

1. 对导线连接的基本要求

① 导线连接处接触应紧密、牢固可靠。

② 导线连接的接头处的机械强度应不小于所用导线强度的 80%。应设法避免接头受较大拉力。

③ 接头处不应有翘起的线端和金属毛刺等。

④ 对采用锡焊的接头，应处理好残余的焊渣和焊剂。

⑤ 对于绝缘导线的连接，应在连接处做好绝缘的恢复工作，以确保用电安全。

2. 导线绝缘的剖削

对于线径在 0.5～2.5 mm 的导线，可采用专用的剥线钳剥去端部绝缘的外皮。操作时,应注意选用刀口的大小应与导线的粗细相当,宁大勿小。

如手头无剥线钳或导线较粗时,可采用钢丝钳或电工刀来剖削绝缘层。

(1) 塑料硬线绝缘层的剖削

① 用钢丝钳剖削。芯线截面为 4 mm^2 及以下的塑料硬线,一般用钢丝钳进行剖削,剖削方法如下:

(a) 用左手捏住导线,根据线头所需长度用钢丝钳刀口切割绝缘层,但不可切入芯线;

(b) 然后用右手握住钢丝钳头部用力向外勒去塑料绝缘层,如图 3－1 所示;

(c) 剖削出的芯线应保持完整无损,如损伤较大应重新剖削。

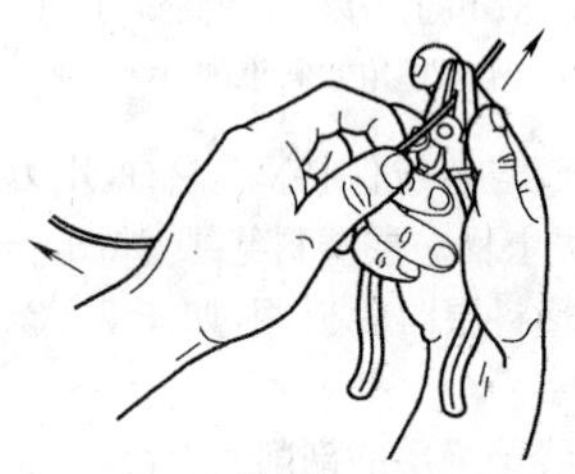

图 3－1　钢丝钳剖削塑料硬线绝缘层

② 用电工刀剖削,芯线截面大于 4 mm^2 的塑料硬线,可用电工刀来剖削绝缘层,方法如下:

(a) 根据所需的长度用电工刀以 45°倾斜切入塑料绝缘层,如图 3－2(a)所示;

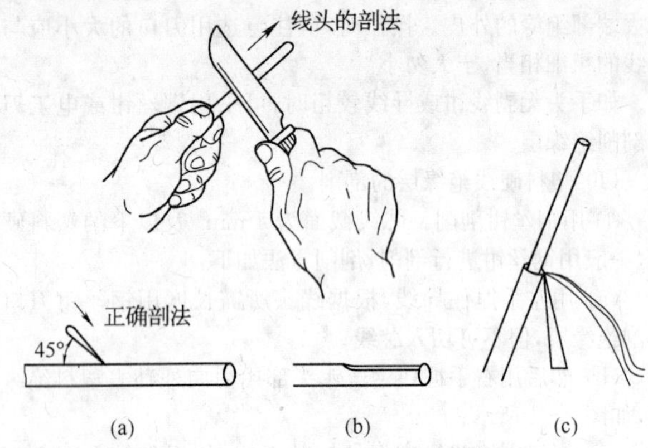

图 3-2　电工刀剖削塑料硬线绝缘层

(a) 电工刀以 45°角倾斜切入；

(b) 电工刀以 25°角倾斜推削；(c) 翻下塑料层

(b) 接着刀面与芯线保持 25°左右，用力向线端推削，不可切入芯线，削去上面一层塑料绝缘，如图 3-2(b)所示；

(c) 将下面塑料层向后扳翻，如图 3-2(c)所示，最后用电工刀齐根切去。

(2) 塑料软线绝缘层的剖削

塑料软线绝缘层只能用剥线钳或钢丝钳剖削，不可用电工刀剖削，其剖削方法同上。

(3) 塑料护套线绝缘层的剖削

塑料护套线的绝缘层必须用电工刀来剖削，剖削方法如下：

① 按所需长度用电工刀刀尖对准芯线缝隙划开护套层，如图 3-3(a)所示。

② 向后扳翻护套层,用刀齐根切去,如图 3-3(b)所示。

③ 在距离护套层 5～10 mm 处,用电工刀以 45°倾斜切入绝缘层,其他剖削方法同塑料硬线。

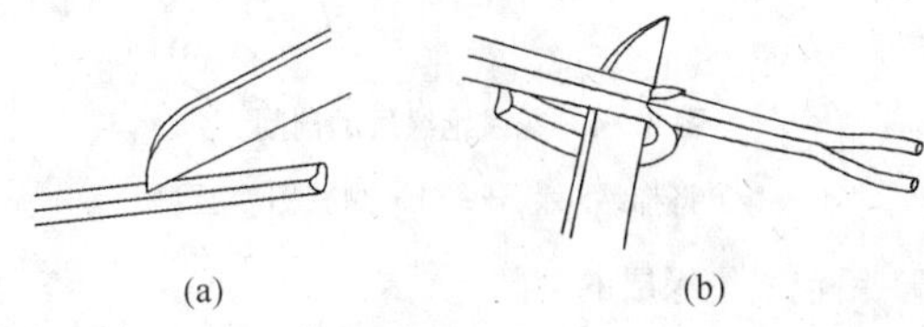

图 3-3　塑料护套线绝缘层的剖削

(a) 电工刀刀尖在芯线缝隙间划开护套层；
(b) 扳翻护套层并齐根切去

(4) 橡胶线绝缘层的剖削

① 先用电工刀尖将橡胶线编织保护层划开,这与剖削护套线的护套层方法类似。

② 然后用剖削塑料线绝缘层相同的方法剖去橡胶层。

③ 最后松散棉纱层至根部,用电工刀切去。

(5) 花线绝缘层的剖削

① 在所需长度的位置用电工刀在棉纱织物保护层四周割切一圈后拉去。

② 距棉纱织物保护层 10 mm 处,用钢丝钳刀口切割橡胶绝缘层,不能损伤芯线,然后右手握住钳头,左手把花线用力抽拉,通过钳口勒出橡胶绝缘层,方法如图 3-1 所示。

③ 最后露出了棉纱层，把棉纱层松散开来，用电工刀割断，如图 3－4(a)和 3－4(b)所示。

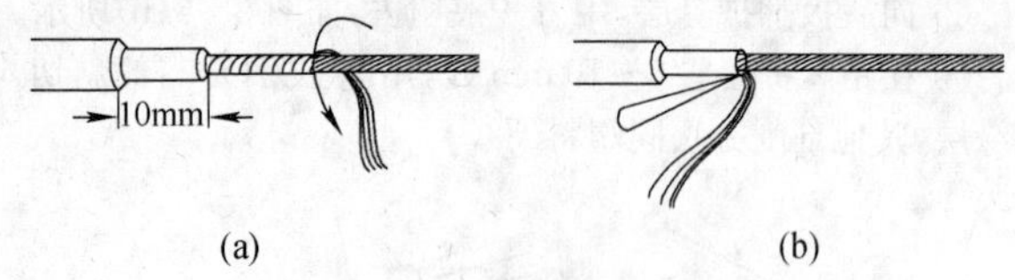

图 3－4　花线绝缘层的剖削

(a) 将棉纱层散开；(b) 割断棉纱层

(6) 铅包线绝缘层的剖削

① 先用电工刀把铅包层切割一刀，如图 3－5(a)所示。

② 然后用双手来回扳动铅包层的切口处，铅包层便沿切口折断，就可把铅包层套出去，如图 3－5(b)所示。

③ 绝缘层的剖削，按塑料线绝缘层的剖削方法进行，如图 3－5(c)所示。

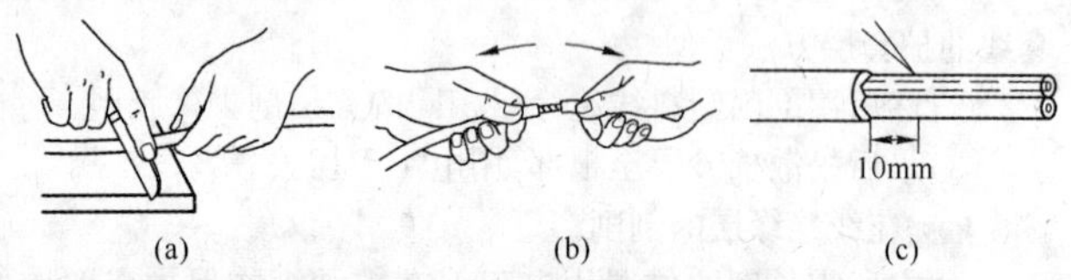

图 3－5　铅包线绝缘层的剖削

(a) 电工刀切割铅包层；(b) 扳折切口拉出铅包层；(c) 剖削绝缘层

3. 导线的连接

(1) 单股铜芯导线的连接

当导线不够长或要分接支路时，就要将导线与导线连接。

① 单股铜芯导线的直线连接：

(a) 把两线头的芯线成X形相交，互相绞绕2～3圈，如图3-6(a)所示；

(b) 然后扳直两线头，如图3-6(b)所示；

(c) 将每个线头在芯线上紧贴并绕6圈，用钢丝钳切去余下的芯线，并钳平芯线的末端，如图3-6(c)所示。

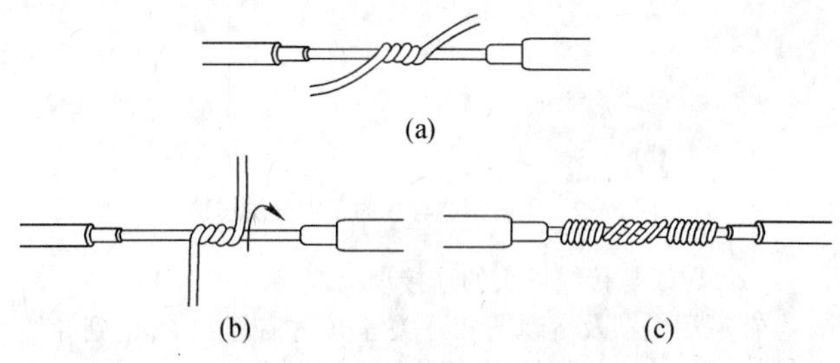

图3-6　单股铜芯导线的直线连接

② 单股铜芯导线的T字分支连接：

(a) 将支路芯线的线头与干线芯线十字相交，使支路芯线根部留出约3～5 mm，然后按顺时针方向缠绕支路芯线，缠绕6～8圈。用钢丝钳切去余下的芯线，并钳平芯线末端，如图3-7(a)和(b)所示；

(b) 较小截面芯线可按图3-7(c)所示方法，环绕成结状，然后再将支路芯线线头抽紧扳直，向左紧密地缠绕 6～8 圈，剪去多余芯线，钳平切口毛刺。

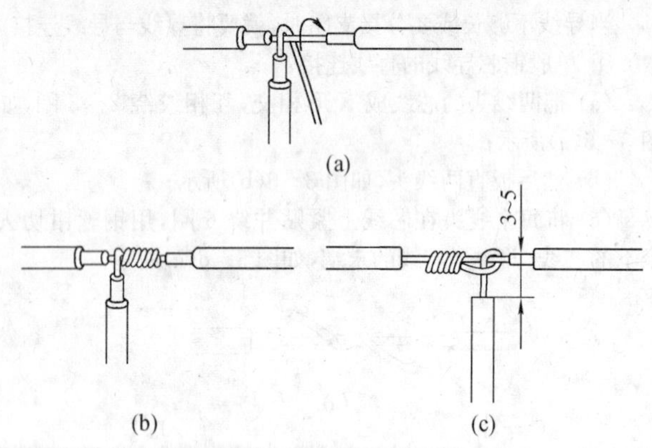

图 3-7 单股铜芯导线的 T 字分支连接

(2) 导线与接线桩头的连接

在家用电器及熔断器和开关等电气装置上，常遇到导线与接线桩头的连接，以下介绍几种连接方式。

① 导线与针孔式接线桩头的连接：在针孔式接线桩头上接线时，如果芯线较粗，只要把芯线插入针孔，旋紧螺钉即可，如图 3-8 所示。

如果芯线较细，则要把芯线折成双根，再插入针孔。

应注意的是：芯线应长短适当，不能太长也不能太短。如果是多根细丝的软线芯线，还必须先绞紧，再插入针孔。切不可有细丝露在针孔外面，以免发生触电或短路事故。

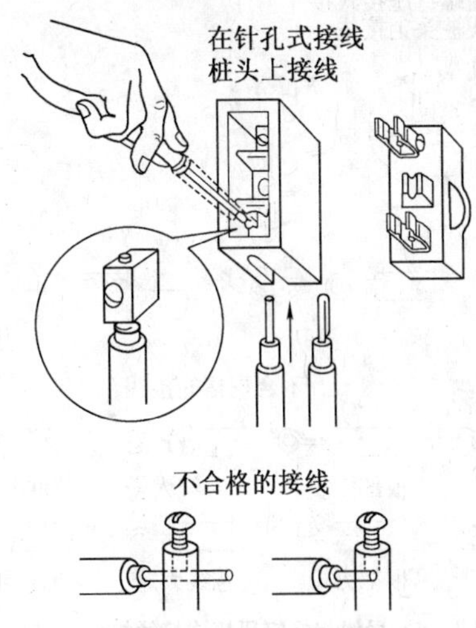

图 3 - 8　导线与针孔式接线桩头的连接

② 导线与螺钉压接式接线桩头的连接：在螺钉压接式接线桩头上接线时，如果是单根芯线，要先用尖嘴钳或钢丝钳把芯线弯一个圆圈，套在螺钉上，再旋紧螺钉，如图 3 - 9(a)所示。

导线端弯制圆圈时应注意：

(a) 圆圈大小应适当，最好略比螺钉大些；

(b) 圆圈应弯成较规则的圆形；

(c) 圆圈的根部长短应适当；

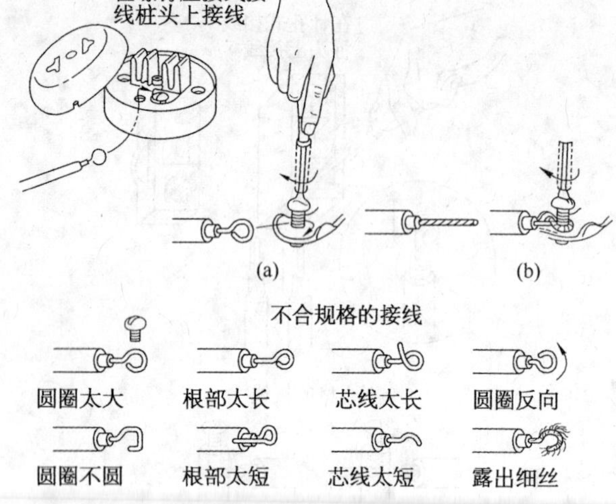

图 3-9　导线与螺钉压接式接线桩头的连接

(d) 圆圈弯成后，余下的芯线应剪去，但不可多剪；

(e) 将圆圈套在螺钉时，螺钉弯曲的方向应和螺钉旋紧的方向一致。

如果是多根细丝的软线芯线，则要把芯线绞紧后顺着螺钉旋紧的方向绕螺钉一圈，再在线头的根部绕一圈，然后旋紧螺钉，剪去余下的芯线，如图 3-9(b)所示。

4. 导线绝缘带的包缠

导线的绝缘层因导线连接或其他原因被破损后，一定要包缠绝缘带。

在照明电路中，一般采用黄蜡带和黑胶布作为绝缘带。黄蜡带和黑胶布各有宽 12 mm、20 mm 和 25 mm 3 种，其中以宽 20 mm 的最常用。

导线连接处包缠绝缘带的方法如图 3－10 所示。

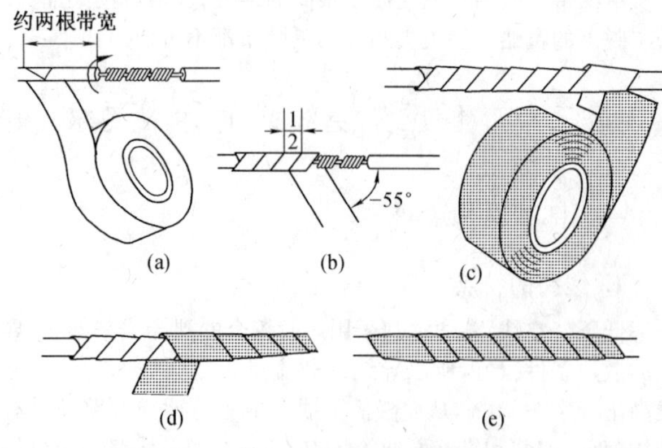

图 3－10　导线连接处的绝缘带包缠

① 将黄蜡带从导线左边完整的绝缘层上开始包缠，包缠两根带宽后方可进入无绝缘层的芯线部分，如图 3－10(a)所示。

② 包缠时，黄蜡带与导线保持约 55°的倾斜角，每圈压叠带宽的 1/2，如图 3－10(b)所示。

③ 包缠一层黄蜡带后，将黑胶布接在黄蜡带的尾端，按另一斜叠方向包缠一层黑胶布，也要每圈压叠带宽的 1/2，如图 3－10(c)、(d)、(e)所示。

在比较干燥而导线又不与建筑物接触的地方，也可用黑胶布按上法包缠两层。

至于包缠时不从完整的绝缘层开始，或各圈之间叠得过疏、过密，有的甚至露出芯线，都是不允许的。

绝缘带平时不可放在温度很高的地方，也不可浸染油类。蜡层脱落的黄蜡带和失去黏性的黑胶布都不可使用。

第三节　低压架空线路的标准要求

一、杆型结构

1. 线路的特点

低压架空线路，通常都采用多股绞合的裸导线来架设，导线的散热条件很好，所以导线的载流量要比同截面的绝缘导线高出30%～40%，从而降低了线路成本。架空线路还具有结构简单，安装和维修方便等特点。同时，架空线路易受自然灾害影响，如洪水、大风、大雪和大雨都会威胁架空线路的安全运行。如线路维护管理不善，易发生触电事故。因此，杆型结构合理是保证安全运行的首要条件。

2. 杆型的结构形式

(1) 低压架空线路常用的结构形式

有三相四线线路、单相两线线路、高低压同杆架空线路与路灯线同杆架空线路，如图3-11所示。各种结构形式的应用范围见表3-30。

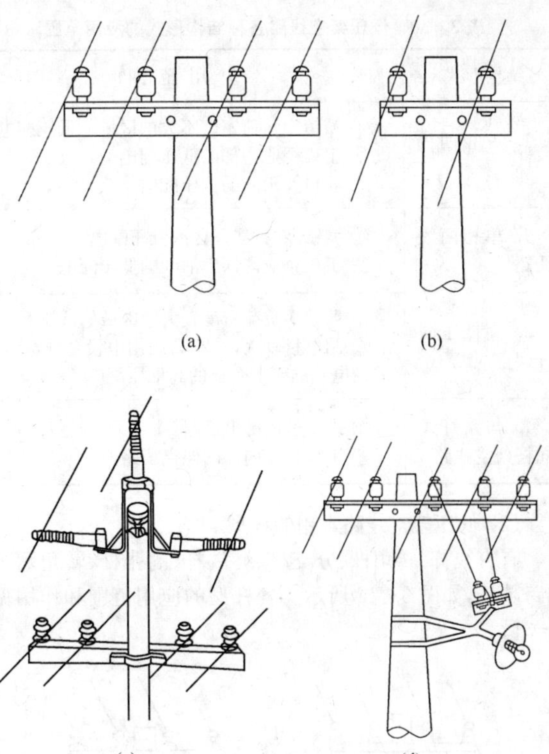

图 3-11　低压架空线路的结构形式

(a) 三相四线线路；(b) 单相两线线路；
(c) 高低压同杆架空线路；(d) 与路灯线同杆架空线路

表 3-30 低压架空线路各种结构形式的应用范围

结构形式	应用范围
1. 三相四线线路	① 城镇中负荷密度不大的区域的低压配电 ② 工矿企业内部的低压配电 ③ 农村及田间的低压配电
2. 单相两线线路	① 城镇、农村居民区的低压配电 ② 工矿企业内部生活区的低压配电
3. 高低压同杆架空线路	① 城镇中负荷密度较大的区域的低压配电 ② 用电量较大,设有高压用电设备或分设车间变电室的工矿企业的高低压配电
4. 与路灯线同杆架空线路	① 沿街道的配电线路 ② 工矿企业内部的架空线路

(2) 低压架空线路常用的杆型

有直线杆、转角杆、分支杆、终端杆、耐张杆、转角耐张杆和跨越杆,如图 3-12 所示。各杆型的应用范围和作用见表 3-31。

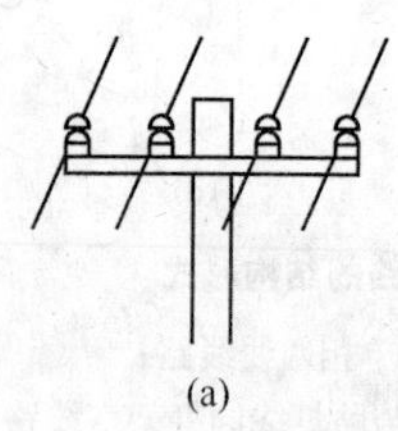
(a)

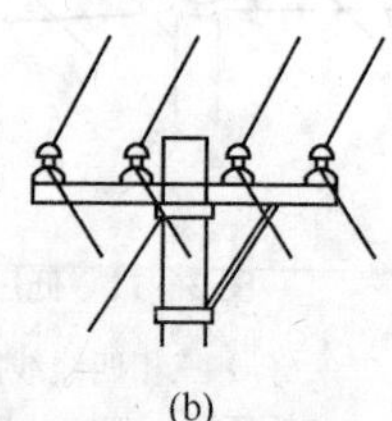
(b)

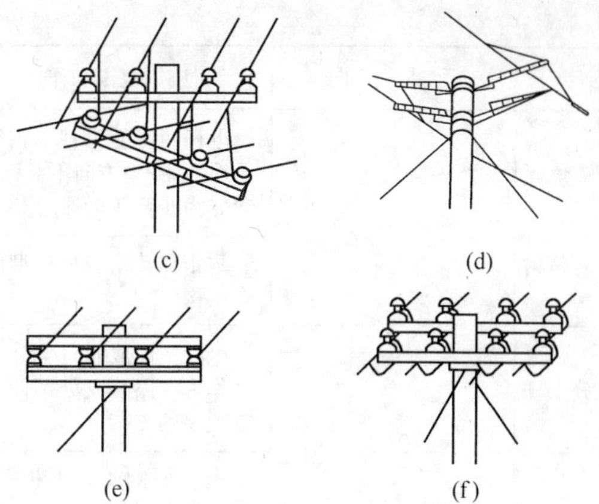

图 3-12　低压架空线路常用杆型

(a) 直线杆；(b) 转角杆；(c) 分支杆；
(d) 终端杆；(e) 跨越杆；(f) 耐张杆

表 3-31　各种杆型的应用范围和作用

杆　型	受力方向	应用范围和作用
1. 直线杆	←—○—→	电杆两侧受力基本相等且受力方向对称，作为线路直线部分的支持点
2. 耐张杆（直线耐张杆）	←—○—→	电杆两侧受力基本相等且受力方向对称 作为线路分段的支持点 具有加强线路机械强度作用

（续表）

杆　型	受力方向	应用范围和作用
3. 转角杆	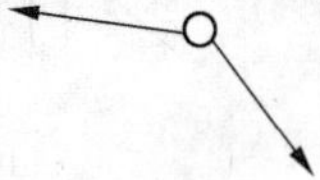	电杆两侧受力基本相等或不对等，受力方向不对称 作为线路转折处的支持点
4. 转角耐张杆		耐张和转角两种杆型的复合结构
5. 分支杆	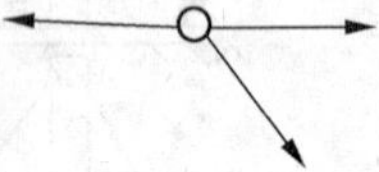	电杆三向或四向受力 作为线路分支处不同方向支线路的支持点
6. 跨越杆		电杆两侧受力不相等，但受力方向对称 作为线路跨越较大河面、山谷或重大地面设施的支持点 具有加强导线支持强度的作用
7. 终端杆		电杆单向受力 作为线路起始或终末端的支持点

二、对低压架空导线的要求

1. 导线的选择

一般都采用多股裸导线，在工矿企业内部，容易受金属器件勾碰的场所，为了避免发生短路和触电事故，应采用绝缘导线。

(1) 对低压零线截面的要求

① 三相四线制电路中，零线截面不小于相线的 50%，且必须与相线是同类材料。

② 单相线路中，零线截面与相线相同。

(2) 架空线路相线截面的选择应满足下列三个条件

① 应满足发热条件的要求，安全载流量见表 3-26～表 3-28。

② 应满足电压质量的要求，电压损耗见表 3-32。

表 3-32　铝导线电压损耗　(MW·km)

导线型号 \ 功率因数 \ 电压	380 V		10 kV	
	0.85	0.8	0.85	0.8
LJ—16	1.5	1.53	2.2	2.25
LJ—25	1.03	1.06	1.5	1.56
LJ—35	0.78	0.81	1.15	1.2
LJ—50	0.585	0.617	0.312	0.922
LJ—70	0.46	0.492	0.692	0.742
LJ—95	0.38	0.41	0.572	0.622

注：0.85 及 0.8 为功率因数。

③ 应满足机械强度的要求，架空线最小截面规定：裸铜

绞线为 6 mm²,裸铝绞线为 16 mm²。如果采用单股裸铜线时,其最大截面不准超过 16 mm²,裸铝线不允许采用单股导线,且不允许多股导线拆开小股使用。

表 3-26 所列的安全载流量是根据导线最高工作温度为 70 ℃,周围空气温度为 35 ℃而定的;在实际工作空气温度超过或低于 35 ℃的地区,导线的安全载流量应乘以校正系数。

2. 低压架空线的安全距离要求

(1) 低压架空线的各种线间距离规定见表 3-33

表 3-33 低压架空线的各种线间距离

装置方式	条　件	线间最小距离(mm)
线路多层排列	各层线间的垂直距离	600
合杆架设	导线与上层的 6～10 kV 高压线垂直距离	1 200
	导线与下层的通信、广播线垂直距离	1 500
导线的水平排列	档距 40 m 及以下	300
	档距 40～60 m	400
	接近电杆的相邻导线	600

(2) 低压架空线对地和对跨越物的最小距离见表 3-34

表 3－34　低压架空线对地和对跨越物的最小距离

线路经过地区或跨越项目			最小距离(m)
1. 地面	市区、厂区、城镇		6.0
	村、乡、集镇		5.0
	自然村、田野、交通困难地区		4.0
2. 道路	公路、小铁路、拖拉机跑道		6.0
	至铁路轨顶	公用	7.5
		非公用	6.0
	电车道	至路面	9.0
		至承力索或接触线	3.0
3. 通航河流	常年洪水位		6.0
	航船桅顶		1.0
4. 管索道	在管道上面通过		1.5
	在管道下面通过		1.5
	在索道上、下面通过		1.5
5. 房屋建筑	垂直		2.5
	水平、最凸出部分		1.0
6. 街道绿化树木	垂直		1.0
	水平		1.0
7. 通信广播线	交叉跨越(电力线必须在上方)		1.0
	水平接近一、二级通信线		倒杆距离
8. 电力线	垂直交叉	0.5 kV 以下	1.0
	水平接近	0.5 kV 以下	2.5

注：架空线路严禁跨越易燃建筑的屋顶。

三、路径选择和杆位、杆长及埋深的确定

1. 路径选择

① 线路路径应尽量接近直线，并力求转角少。应避免与铁路、公路、河流、通信线路和电力线路交叉。

② 线路路径应避开有易燃、腐蚀气体的地方，并应考虑到施工和运行维护的方便，对建筑物的安全距离，少占农田，避开洼地、水冲刷地带。

③ 必须交叉跨越时，与有关部门联系，协商解决。

2. 杆长及埋深的确定

① 混凝土电杆长度根据表 3－34 所列数值要求结合电杆档距和弧垂要求，参照表 3－35 所列数值选定。

表 3－35　混凝土圆杆规格

杆长(m)	7	8	9	10	11	12	13	15
梢径(mm)	100	150	150	190	190	190	190	190
根径(mm)	193	257	270	323	337	350	363	390
重量(kg)	204	392	480	620	750	880	980	1 250

② 混凝土电杆的埋深一般要求为全长的 1/6，见表 3－36。

表 3－36　混凝土电杆埋设深度

杆长(m)	7	8		9		10		11	12	13
梢径(mm)	150	150	170	150	190	150	190	190	190	190
根径(mm)	240	256	277	277	310	283	323	337	350	363
埋深(mm)	1 200	1 400		1 500		1 700		1 800	2 000	2 200

3. 电杆档距的确定

路径确定后，杆位就比较容易确定。除特殊跨越或障碍外，一般按标准档距排定(表 3－37)。耐张段长度最大不超过2 km，线路档距还应便于接户线，其值应根据现场情况确定。

表 3－37　低压架空线路常用档距和应用范围

档距(m)	25	30	40	50	60
导线水平间距(mm)	300			400	
应用范围	① 城镇闹区街道配电线路 ② 城镇、农村居民点配电线路 ③ 工矿企业内部配电线路 ④ 田间配电线路		① 城镇非闹区配电线路 ② 城镇工厂区配电线路 ③ 农村、城镇居民点外围配电线路	① 城镇工厂区配电线路 ② 城镇、农村居民点外围配电线路	

四、横担及绝缘子的要求

1. 角钢横担的规格和适用范围

① ∠40 mm×40 mm×5 mm 角钢横担，适用于单相架空线路。

② ∠50 mm×50 mm×6 mm 角钢横担，适用于导线截面为 50 mm^2 及以下的三相四线制架空线路。

③ ∠65 mm×65 mm×8 mm 角钢横担，适用于导线截面为 50 mm^2 以上的三相四线制架空线路。但是转角杆和终端杆所用的横担，应适当放大规格，或采用加强型双横担。角钢横担的长度，按绝缘子孔的个数及其分布距离所需总长来决定。

2. 绝缘子安装形式及要求

① 各种杆型的横担上装设绝缘子的形式见表 3 - 38。

表 3 - 38　各种杆装设的绝缘子形式

杆型 / 绝缘子形式 / 格式说明	直线杆	转角杆				耐张杆	
		15°以内	16°～30°	70 mm^2 以下	70 mm^2 以上	70 mm^2 以下	70 mm^2 以上
1 kV以下	低压支柱式绝缘子	低压支柱式绝缘子	低压双支柱式绝缘子	低压蝶式绝缘子		低压蝶式绝缘子	

② 绝缘子的分布是依据低压架空线水平排列的线间距离来决定的。

③ 在导线规格相同的一段架空线路上，每支横担上所用绝缘子应该是同型号和同规格的，中性线所用的绝缘子也应与相线相同。

④ 裸导线配用的绝缘子规格，参照表 3 - 39 所列范围选择。

表 3－39　低压绝缘子适用范围

类　别	型号	长度(mm)	适用导线最大截面(mm^2)		安装螺孔直径(mm)
			绝缘线	裸导线	
蝶式绝缘子(茶台)	ED—1 ED—2 ED—3	100±4 80±4 65±3	25 16 10	70 50 35	22 20 16
针式绝缘子(支柱式绝缘子)	PD1—1 PD2—2 PD3—3	110±7 90±5 71±5	25 16 10	70 50 35	22 20 16

⑤ 绝缘子与横担的安装应掌握以下几项主要方法：(a)绝缘子与角钢横担之间尽可能垫入一层薄橡皮，以防固紧螺栓时压崩绝缘子；绝缘子不应倒装，应使裙边朝向下方；(b)螺栓应由上向下插入绝缘子中心孔，螺母要拧在横担下方，螺栓两端均需套以垫圈；(c)螺母要尽可能拧紧，但不要压碎绝缘子，切不可在螺栓尾端扳拧(即在绝缘子顶端)，以防打滑时击碎绝缘子；(d)在吊装有绝缘子的横担上杆时，要防止绝缘子碰撞电杆被击碎。

3. 横担在杆上的组合及安装要求

横担在杆上的组合形式，分单担和双担(又叫合担)两种。16°～45°以上转角杆及耐张杆装设双担；角度杆横担装设方位应与线路内角平分线重合，对于45°以上转角杆装设十字横担。

角钢横担安装应注意以下几项要求：

① 在角钢横担与电杆的安装部位必须装有一块弧形垫铁，以防止横担倾斜。垫铁的弧度必须配合安装处的电杆的外圆弧度，否则横担仍会倾斜。横担必须装得水平，其倾斜度不得大于1%；

② 横担的上沿应装在离电杆顶端100 mm处。多路架空线的上层横担与单路的同样安装；上下档之间的距离，满足表3－37所列数值要求，分支杆上双层横担之间的距离，一般保持在400～600 mm；分支杆的单横担的安装方向必须与干线线路的横担保持一致；

③、耐张杆、跨越杆和终端杆上所用的双横担（即合担），必须装得平齐；

④ 在直线段内，每档电杆上的横担必须互相平行；

⑤ 单横担的安装，要根据电力的输送方向统一安装方向，如图3－13所示。

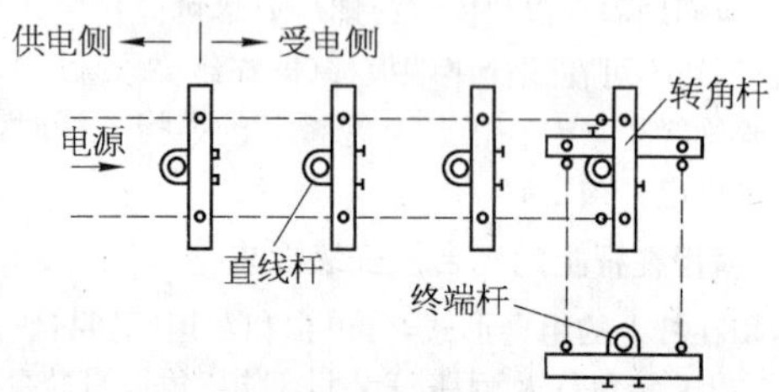

图3－13　横担安装方向图

五、对拉线和金具的要求

1. 拉线的作用

拉线又叫扳线，是用来平衡电杆，不使电杆因导线的拉力或风力等的影响而倾斜。凡受导线拉力不平衡的电杆，或受较大风力的电杆，或杆上装有电气设备的电杆，均需安装拉线，使电杆平衡，立直立稳。拉线的结构形式如图 3-14 所示。不同类型拉线的适用范围见表 3-40。

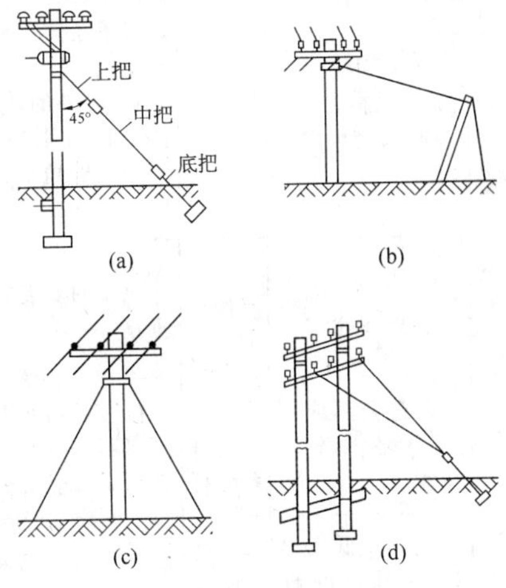

图 3-14 拉线的结构形式

(a) 普通拉线；(b) 水平拉线；
(c) 防风拉线；(d) Y 形水平拉线

表 3-40 各种拉线适用范围及安装要求

类型	适用范围		安装角度及高度要求
	场合	杆型	
1. 普通拉线	① 城镇中与道路平行的安装位置 ② 工厂、矿山、企业内部与交通道路平行的安装位置 ③ 野外平原及山丘地带 ④ 城镇中广阔场所	终端杆 分支杆	拉线与电杆夹角要求45°,但因地形限制时,不得小于30°。拉线应装设在线路中心线的延长线的方向上
		转角杆	30°以内的转角杆,应装在外角的角平分线的方向上 30°以外的转角杆,按线路方向分别装设,每条拉线应向外角平分线方向移0.5~1 m
2. 防风拉线(俗称人字拉线)	适用野外平原、山丘地带	直线杆	拉线的安装方向与线路垂直
3. 水平拉线	跨过公路或厂区道路的安装位置	转角杆 分支杆 耐张杆	拉线对路面中心的垂直距离不应小于6 m,拉线柱处不应低于4.5 m
4. Y形水平拉线	配电室低压出口多回路的杆塔,承受拉力较大	终端杆	拉线与电杆的夹角为45°

2. 拉线的结构

拉线分为上把、中把、下把和拉线盘。

① 上把：如图 3－15 所示的三种结构形式，其中绑轧上把的绑轧长度应为 150～200 mm，见图 3－15(a)；U 形轧上把必须用三副以上，两副 U 形轧之间应相隔 150 mm，见图 3－15(b)；T 形轧上把见图 3－15(c)。

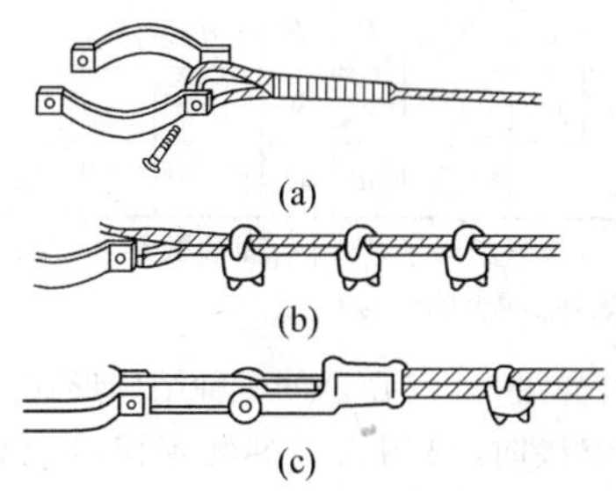

图 3－15　拉线上把的结构形式

(a) 绑轧上把；(b) U 形轧上把；(c) T 形轧上把

② 中把：结构形式如图 3－16 所示。凡拉线的上把装于双层横担之间，则拉线穿越带电导线时，必须在拉线上安装中把。中把应安装在离地 2.5 m 以上、穿越导线以下的位置上。安装中把的作用是避免导线与拉线碰触时而使拉线带电。低压架空线路拉线所用中把多为 J—4.5 型隔离绝缘子，能承受 4.5 t 拉力；若需承受更大拉力时，可选用 J—9 型。详见表 3－41。

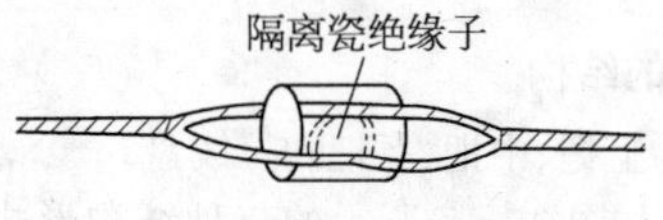

图 3-16　拉线中把结构形式

表 3-41　架空线路用拉紧绝缘子规格

绝缘子型号	主要尺寸							耐压试验电压(有效值)(kV)	机械强度(t)
	L	a	D	B	b	d	R		
J—9	172±4	65	99^{+3}_{-2}	89	60	$25^{+1.5}_{-1}$	14	25	9
J—4.5	90±3	42	64±2	58	45	$14^{+1.5}_{-1}$	10	15	4.5

注："J"表示拉紧绝缘子，字母后面的数字 9、4.5 表示绝缘子的机械破坏强度，单位为 t。

③ 下把：如图 3-17 所示的三种结构形式。其中花篮轧下把与地锚连接时，要用铁丝绑轧定位，以免被人误弄而松动。

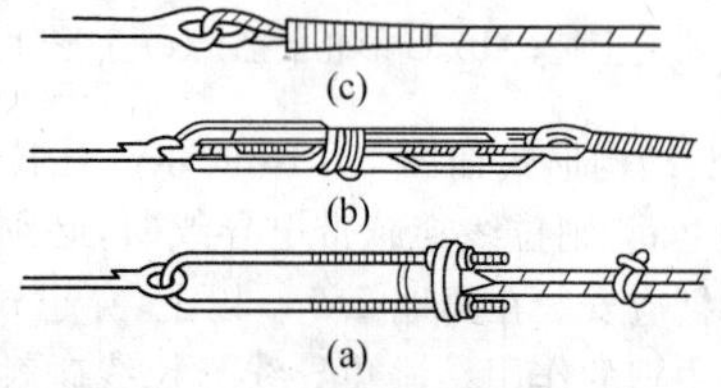

图 3-17　拉线下把结构形式

(a) T 形轧下把；(b) 花篮轧下把；(c) 绑轧下把

④ 拉线盘：一般用混凝土制成，规格不小于 100 mm×400 mm×800 mm，埋深为 1.2～2.2 m。

⑤ 拉线截面的选择：在地面以上的部分，其最小截面不应小于 25 mm^2；在地下部分的底把（即地锚柄），其最小截面不应小于 35 mm^2，如用圆钢时，圆钢直径不应小于 12 mm。

3. 对金具的要求

凡用于架空线路的所有金属构件（除导线外），均称为金具。对金具的技术要求：

① 必须经过防锈处理，有条件的应镀锌或渗锌；

② 所用金具的规格必须符合线路要求，不可勉强代用；

③ 应加工的金具（如锯割、钻孔和弯曲等），必须在防绣处理前加工完毕；加工后必须经过检查，应符合质量要求。

六、杆基加固防沉处理

① 加强电杆对下沉力的承受能力：适用于承重杆（如装有变压器和开关等设备的电杆）和跨越杆，以及土质较差的耐张杆和转角杆。加固方法是在杆坑底部填堆乱石或放置抗沉底盘。抗沉底盘用混凝土或石块制成，如图 3－18 所示。

② 加强电杆对侧向风力的承受能力：直线杆受到线路两侧的风力会影响平衡，因此在野外风力较大的地区，则需采用卡盘加固的方法，如图 3－19 所示。

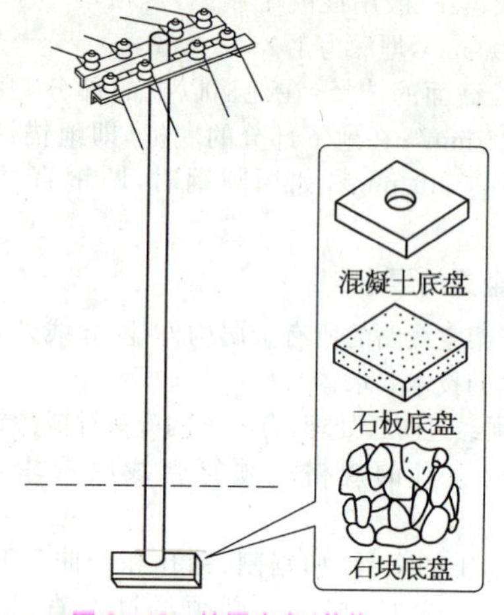

图 3－18　抗沉底盘（单位：mm）

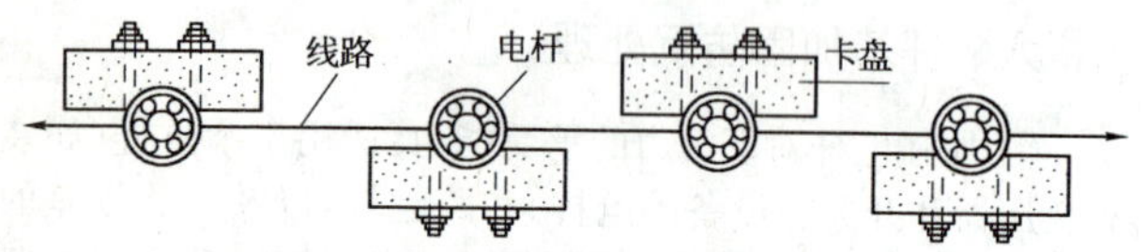

图 3－19　抗风卡盘安装示意图

③ 加强电杆对导线拉力的承受能力：适用于耐张杆、转角杆、分支杆、跨越杆和终端杆。如果这些电杆处于土质松软的地方，承受导线的单方向拉力过大；或几个方向拉力存在显著不平衡，安装拉线仍有倒杆危险，或因环境条件限制而无法

安装拉线时，则在杆基上应采取如图 3－20 所示的几种措施。安装时，必须使卡盘与承受拉力的方向保持垂直。两边卡盘之间的中心距离应在 500 mm 左右范围内，上卡盘的上沿离地面为 500 mm 左右，如图 3－20 所示。

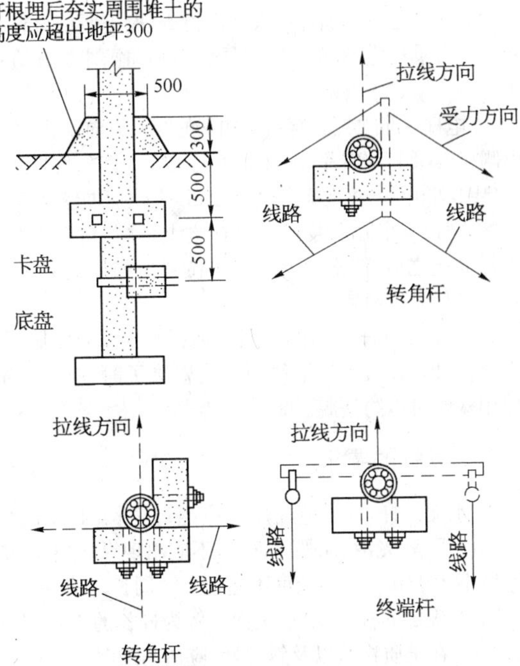

图 3－20　抗导线拉力的卡盘安装方法（单位：mm）

第四节　线路安装质量要求

一、电杆装配的质量要求

电杆组装之后应进行一次全面检查，检查所用材料和构件规范是否合乎规定，安装工艺是否符合质量要求。其检查项目如下：

① 电杆各部位螺栓、穿钉丝扣端的穿入方向，顺线路者均由送电侧穿入；垂直地面者一律由下方向上穿。螺栓、穿钉两端必须有平垫圈，伸出的长度要露出螺母三扣以上，但不能大于 50 mm；

② 横担应牢固地装设在电杆之上，并与电杆保持垂直。当电杆立起之后，使横担处于水平位置。如果是双层以上的横担，各横担应保持平行；

③ 针式绝缘子（立瓶）安装在横担上应垂直牢固，并无松动现象。凡是在铁横担上使用针式瓷缘子时，应有弹簧垫圈或使用双螺母以防松脱。

二、立杆的要求

① 水泥电杆，杆身弯曲度不应超过全长的千分之二，杆身表面应平整、光滑、无外露钢筋，不应出现纵向裂纹，横向裂纹宽度不大于 0.2 mm，长度不超过 1/3 周长。

② 按确定的杆位挖坑，坑深一般为杆长的 1/6，且不应小于 1.2 m，在土质松软以及斜坡处，应适当加深。

③ 用汽车吊立电杆时，应将钢丝绳扣系结梢端全长 1/3

处，杆梢上部还要系接2～3根绳子，以便电杆竖起来后进行校正。在吊立杆时应由一人指挥。

④ 杆坑回填时，使用地锤夯实，将余土按杆坑开口形状堆积，以备雨后下沉。

⑤ 电杆埋设后，倾斜度不准超过梢径的1/2，杆位中心偏离线路中线的误差不超过根径的1/2。

⑥ 转角杆应向线路转角外侧略有倾斜，倾斜度为一个杆梢，终端杆也应向线路外侧倾斜一个杆梢。

⑦ 根据土质松软情况，或可能被水冲刷、淹没的地方，以及电杆自身承重和承受侧风向力的电杆，应进行加固和防沉处理。

三、放线要求

① 低压架空线的放线通常在一个耐张段内进行，一般常用拖放法。放线时将导线轴安放在线架上，用汽车、拖拉机、畜力或人力等作为牵引动力进行牵引放线。当导线截面较小而耐张段不大时，可采用人力牵引，牵引时应匀速前进，同时应注意联络信号，有不正常现象及牵引吃劲时，应停止牵引，以免损伤导线。当导线放到下一基电杆下时，由登杆人员将导线挂入装在横担上的滑轮槽内，所采用的滑轮均应用铝质或木质材料制成，其滑轮直径应大于导线直径的10倍以上。

当导线截面较小，而耐张段不大时，可将导线直接放在横担上而不挂滑轮。导线截面在50 mm^2 以上且耐张段档距在五档以上时，应用滑轮。

② 相序排列面向电源从左至右为UNVW，也有排列成UVNW的。低压架空线路一般不标色标。

③ 导线在一个耐张段内需要连接时，不准在档距中间弧垂最大的地方进行，必须在离电杆较近的地方进行连接，而且在一个档距内不准有两个以上接头。

④ 裸铝导线接头处理：对于线路中间的连接，裸铝线一般采用钳接管压接，如图 3-21 所示。压接后的管子应平直，弯曲度不应大于 2%，如果超过规定，允许在木板上矫正。铝绞线用钳接管见表 3-42、表 3-43。

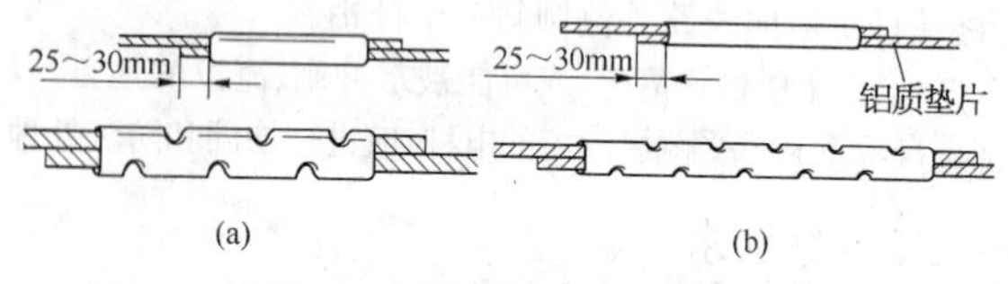

图 3-21　钳接管和导线穿入要求

(a) 铝绞线；(b) 钢芯铝绞线

表 3-42　户外架空线路铝绞线用的钳接管

压坑位置	钳接管型号	电线型号	钳压部位尺寸(mm)			钳压处高度 h (mm)	压坑数量
			a_1	a_2	a_3		
	QL—16	LJ—16	28	20	34	10.5	6
	QL—25	LJ—25	32	20	36	12.5	6
	QL—35	LJ—35	36	25	43	14.0	6
	QL—50	LJ—50	40	25	45	16.5	8
	QL—70	LJ—70	44	28	50	19.5	8
	QL—95	LJ—95	48	32	56	23.0	10
	QL—120	LJ—120	52	33	59	26.0	10
	QL—150	LJ—150	56	34	62	30.0	10

表 3-43　户外架空线路钢绞线用的钳接管

压坑位置	钳接管型号	电线型号	钳压部位尺寸(mm)			钳压处高度 h (mm)	压坑数量
			a_1	a_2	a_3		
	QL—16	LJ—16	28	14	28	12.5	12
	QL—25	LJ—25	32	15	31	14.5	14
	QL—35	LJ—35	34	42.5	93.5	17.5	14
	QL—50	LJ—50	38	48.5	105.5	20.5	16
	QL—70	LJ—70	46	54.5	123.5	25.0	16
	QL—95	LJ—95	54	61.5	142.5	29.0	20

压接后，压接管两端须涂上樟丹油。

对于弓字线连接，一般采用并沟线夹进行连接，如图 3-22所示。导线截面较大时，一个接头采用两个以上线夹。

如果引下线采用铜线时，应选用铜铝过渡并沟线夹连接以防电化腐蚀。

四、紧线要求

紧线、观测弛度、导线在终端的绑扎固定，这三个工作环节要紧密配合，操作时应掌握以下几项主要方法：

① 紧线器的定位钩要固定牢靠，以防紧线时打滑。紧线器的尾线应尽量放长，以增加紧线时的收放幅度，便于调整导线弧垂。紧线器的使用方法如图 3-23 所示。

② 导线的弛度是指两个终端杆上或两个耐张杆上两个悬挂点的水平连线与导线对地最低点的垂直距离，如图 3-24 所示。

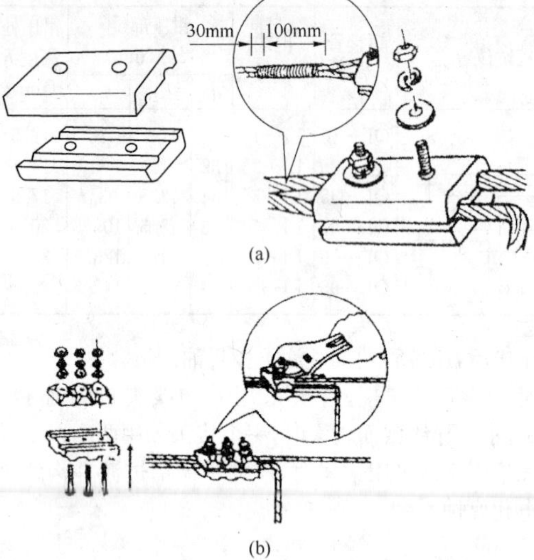

30mm 100mm

(a)

(b)

图 3－22　并沟线夹的安装

(a) 小型并沟线夹；(b) 大型并沟线夹

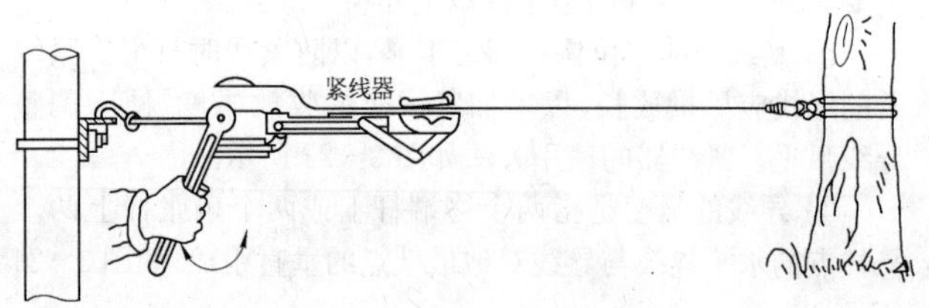

图 3－23　紧线器使用方法示意图

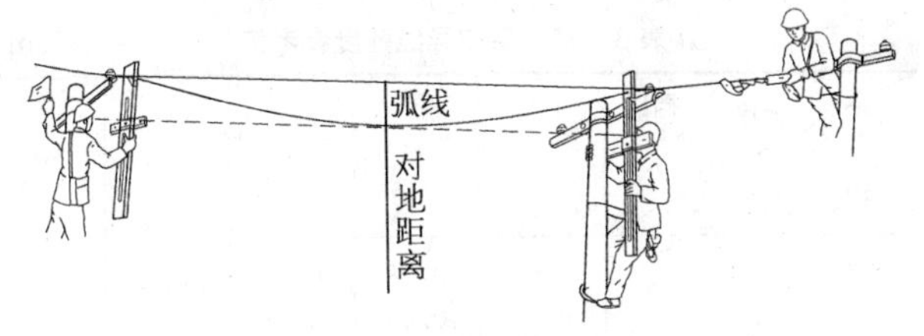

图 3-24　导线弛度测量方法

③ 因为一个耐张段内的电杆档距基本相等，而且每档距内导线自重也基本相同，在一个耐张段内观测 1～2 个档距的弛度即可。其观测方法：把横尺定位在规定的弛度数值上；两杆上的观测者按图 3-24 所示，把测量尺靠近绝缘子，钩在同一根导线上；相对观测各自所在杆上横尺定位上沿至导线下垂最低点，再至对方杆上横尺定位上沿，应在一条直线上；若有偏差，指挥人员指挥紧线人员进行收放直至弛度符合要求时，再将终端绑扎固定。弛度参考值见表 3-44。

测量弛度应从横担中间（即近电杆的）的一根开始，接着测电杆另一边对应的一根；继之再交叉测量第三和第四根。这样能使横担受力均匀，不致因紧线而出现扭斜。

在测定弛度后，便可在每档电杆上进行导线的固定。在固定前地面人员应检查每档电杆，若有倾斜，应用牵绳予以校正。

导线与绝缘子的贴靠方向规定是：直线部分，直线杆上导线，必须贴靠同一方向；转角部分，转角杆上的导线，必须贴靠在绝缘子外侧，使导线转角的拉力加在绝缘子上；不使绑线承受拉力。

表 3-44　架空导线弛度参考值　(m)

环境温度(℃) \ 弛度 \ 档距	30	35	40	45	50
−40	0.06	0.08	0.11	0.14	0.17
−30	0.07	0.09	0.12	0.15	0.19
−20	0.08	0.11	0.14	0.18	0.22
−10	0.09	0.12	0.16	0.20	0.25
0	0.11	0.15	0.19	0.24	0.30
10	0.14	0.18	0.24	0.30	0.38
20	0.17	0.23	0.30	0.38	0.47
30	0.21	0.28	0.37	0.47	0.58
40	0.25	0.35	0.44	0.58	0.69

第四章

常用照明灯具

第一节　常用照明灯具的选择

一、照度的选择

在不同的场合、不同的工作和生活环境，人们对照度的要求是不同的。良好的照明、适宜的照度，不但能够满足家庭中进行各种活动时光线的需求，而且还可以保护人们的视力和身体健康。

照度表示被照体表面 S 接受光线（光通量）V 的数量，如图 4－1 所示。

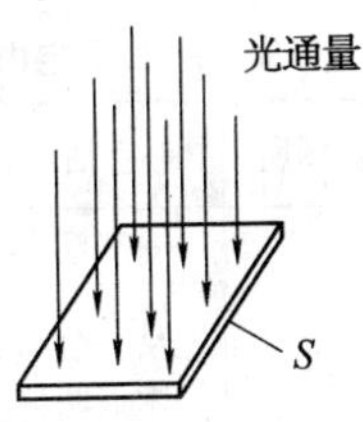

图 4－1　照度

照度的单位为勒克斯（lx），光线（光通量）的单位为流明（lm），1 lx 等于 1 m^2 面积上均匀接受 1 lm 的光通量。

家庭常用的白炽灯和荧光灯在不同情况下的照度，见表 4－1。

表 4-1　照明灯在不同情况下的照度

灯种与功率(W)		灯罩	不同距离时的照度(lx)			
			0.5 m	0.75 m	1 m	1.25 m
白炽灯	25	无罩	36	19	11	7
		有罩	48	46	24.5	15
	40	无罩	107	49	29	21
		有罩	200	96	57	39
	60	无罩	176	82	50	32
		有罩	342	160	95	62
荧光灯	8	有罩	200	95	57	34
	20	有罩	440	225	160	94
	30	有罩	680	380	255	170
	40	有罩	782	470	298	220

住宅内不同场所白炽灯照明、照度和功率的参考值见表 4-2。

表 4-2　住宅内不同场所白炽灯照明、照度和功率的参考值

场所	生活类别	照度标准值(lx)	白炽灯泡功率(W)
卧室	一般活动	30～75	40～60(吊灯)
	看电视	10～20	15(吊灯)
	床头阅读	75～150	60(台灯或壁灯)
	化妆处、书写处	150～300	60～100(壁灯)
客厅	一般活动	30～75	40～60(吊灯)
	看电视	10～20	15(吊灯)
	书写、阅读	150～300	60～100(台灯或壁灯)

（续表）

场所	生活类别	照度标准值(lx)	白炽灯泡功率(W)
餐厅	一般活动	30～75	40～60(吊灯)
	餐桌面	150～300	60～100(吊灯)
厨房	烹调	30～75	40～60(吸顶灯)
卫生间	一般活动	10～20	15(吸顶灯)
	化妆	150～300	60～100(壁灯)

由于我国绝大部分家庭都是一室多用，因此可以依照室内的布局，在不同位置多安装几盏灯。主灯可用 40～60 W，这样就可以根据不同场合的需要，合理地组合灯光照明。例如，看书时光线最好以 40°倾斜在书本上，达到字迹清晰、光线舒适而不刺眼的效果。看电视时，最好在电视机后方放一盏 3～5 W 的小灯，这样当黑暗中只有荧光屏发出强光而背后有些微弱的光时，对保护眼睛大有好处。

二、光源的选择

家庭使用的电光源目前主要有白炽灯和荧光灯，而荧光灯又有一般荧光灯和节能型荧光灯两种。

1. 白炽灯

白炽灯是最早出现的第一代电光源。家庭用白炽灯有普通型白炽灯和反射型白炽灯。

(1) 普通型白炽灯

普通型白炽灯俗称灯泡，是家家户户必不可少的照明光源。

白炽灯的结构简单，主要由灯头、灯丝和玻璃壳制成，其他还有玻璃支架和引线。灯头部分又分为螺口式和插口式两种，如图 4-2 所示。

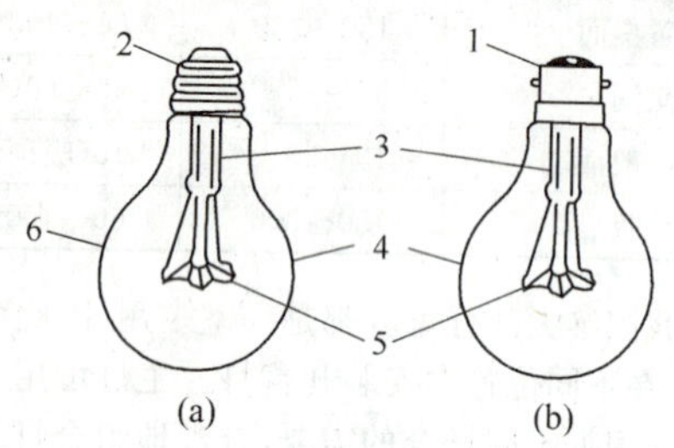

图 4-2　白炽灯泡的构造

(a) 螺口式；(b) 插口式

1—插口灯头；2—螺口灯头；3—玻璃支架；

4—引线；5—灯丝；6—玻璃壳

白炽灯泡的玻璃壳一般是用透明玻璃制成的。但可磨砂制成乳白色灯泡，使光线漫射，减少目眩。也有用各种不同颜色的玻璃作玻壳的，使灯泡发出不同色彩的光线。如天蓝色灯泡使人有凉爽的感觉，夏季用之较为适宜；红色灯泡发出红色光线，适用于照相馆、医院的 X 光室等。多种颜色的灯泡还可组成彩灯。

灯丝多采用熔点高和高温蒸发率低的钨制成。钨丝的形式分细直丝、绞合丝和螺旋形丝，近年出现的双螺旋形丝，其光效更高、使用寿命更长（约 1 000～1 500 h），节能效果更显著。

灯丝的直径、长度、制造质量直接影响到灯泡的各种性能。

大功率（40 W 以上）灯泡的玻璃壳内抽成真空后，充以惰性气体氩、氮等，小功率的只抽成真空。

普通白炽灯泡的额定电压一般为 220 V，也有 110 V 和 36 V 的。从外观上看大小完全一样，故在选购时一定要注意玻壳顶部的标志，看清灯泡的额定电压是否与线路电压一致。

普通白炽灯泡的功率有 15 W、25 W、40 W、60 W、100 W、150 W、200 W、500 W、1 000 W 等多种。灯泡的瓦数越大，发光越亮。灯泡内部充有不活泼的惰性气体（氩气或氮气），用以增加压力，使灯丝的蒸发和氧化较为缓慢，同时还能提高灯丝的使用温度和发光效率。这是由于充惰性气体后，可使灯丝蒸发的钨粉通过气体对流上升而聚在灯泡的颈部，因此玻璃壳不会发黑，从而提高发光效率，加快散热。功率在 200 W 以上的灯泡，一般做成螺口式灯头，因螺口式灯头的电接触优于插口式灯头。为了使大功率灯泡的灯头与灯丝产生的热量离得远一些，通常螺口式灯头颈部做得比较长。

当白炽灯泡的灯丝两端加上额定电压后，在电流的作用下灯丝被加热到白炽状态而发光。输入灯泡的电能大部分转换为不可见的辐射能和热能。只有百分之几到十几的电能转换为可见的光能。

由于白炽灯的结构简单、成本低、安装使用方便，故被广泛地应用。

（2）反射型白炽灯

反射型白炽灯泡，可提高光能利用率，这种灯泡的玻壳为一特定形状,其内部某些部位涂敷反射层,使灯丝发出的光线仅向所需的方向辐射。反射型灯泡依反射面的位置分为以下几种型式。

① 端部透光型反射白炽灯泡。这种灯泡如蘑菇状,如图 4-3 所示,反射面为抛物面或椭球面,透光部位是透明的或涂白,从而使光线更均匀、柔和。散射光经反射后仍由端部透光面上辐射出来,光能利用率显著提高。

② 侧面透光型反射白炽灯泡。这种灯泡的外形如图 4-4 所示。反射面为半球面,灯丝发出的光线只从球形灯泡的一侧射出,与普通灯泡相比,被照表面的照度提高一倍,可用作壁灯、床头灯及装饰灯等。

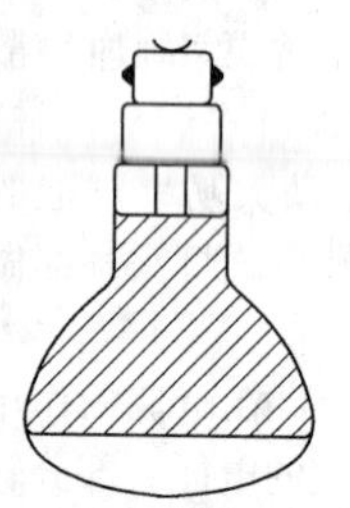

图 4-3 端部透光型反射白炽灯泡

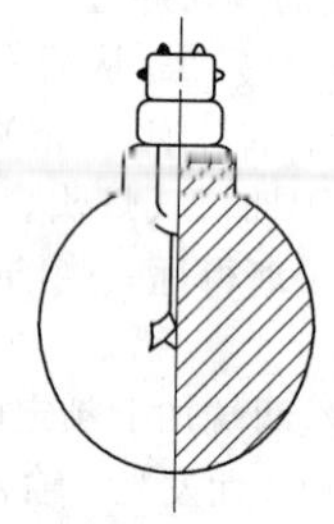

图 4-4 侧面透光型反射白炽灯泡

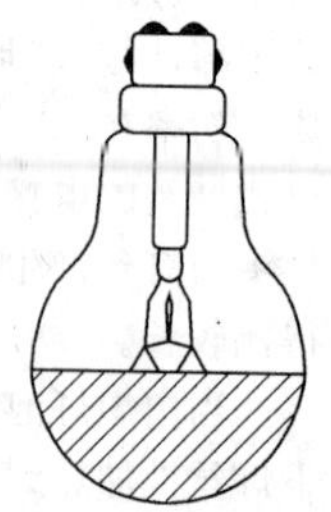

图 4-5 颈部透光型反射白炽灯泡

③ 颈部透光型反射白炽灯泡。这种灯泡的玻壳与普通白炽灯泡的梨形玻壳相同,只是玻壳顶部镀有反射涂层,外形如图 4-5 所示。此种灯泡可作立式台灯及酒柜橱的

照明。

2. 普通直管式荧光灯

普通直管式荧光灯俗称日光灯，是一种应用比较普遍的电光源。荧光灯的发光效率比白炽灯高约 4 倍，且光线柔和而且温度低，使用寿命也比白炽灯长。但荧光灯价格高、配件多、安装及维修均比白炽灯复杂；环境温度太低或太高时对发光效率都有影响。但总的来说，荧光灯的经济价值仍比白炽灯高约两倍。目前已有电子镇流器问世，由它组装的荧光灯，虽然目前质量尚有问题，但随着电子技术的发展及电子元件可靠性的提高，这种电子镇流器的荧光灯终将代替普通荧光灯。

(1) 直管式荧光灯管

直管式荧光灯管由灯头、灯丝（热阴极）和内壁涂有荧光粉的玻璃管组成，如图 4-6 所示。玻璃管充有稀薄的惰性气体氩气及汞蒸气。

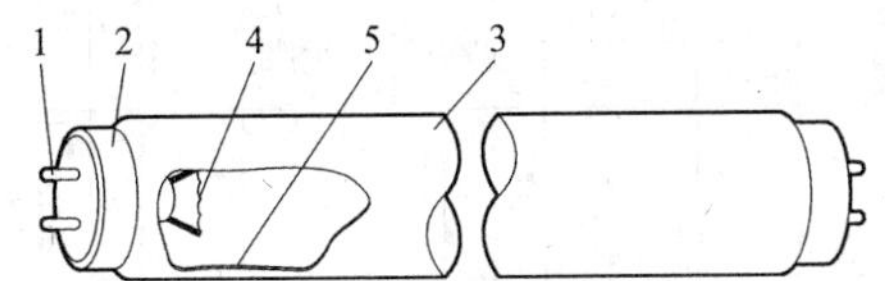

图 4-6　直管式荧光灯管的结构

1—灯脚；2—灯头；3—玻璃管；4—灯丝；5—荧光粉

直管式荧光灯管的主要技术数据见表 4-3。

表 4－3　直管式荧光灯管的主要技术数据

灯管型号	功率 (W)	工作电压 (V)	工作电流 (A)	启动电流 (A)	灯管压降 (V)	光通量 (lm)	平均寿命 (h)	主要尺寸(mm) 直径 (D)	全长 (L)	管长 (L_1)	灯头型号
YZ4RR	4	35	0.11			70	700	16	150	134	G5
YZ6RR	6	55	0.14			160	1 500		226	210	
YZ8RR	8	60	0.15			250			302	288	
YZ10RR	10	45	0.25			410		26	345	330	G13
YZ15RR	15	51	0.33	0.44	52	580	3 000	38.5	451	437	
YZ20RR	20	57	0.37	0.50	60	930			604	389	
YZ30RR	30	81	0.405	0.56	89	1 550	5 000		909	894	
YZ40RR	40	103	0.45	0.65	108	2 400			1 215	1 200	
YZ85RR	85	120±10	0.80			4 250	2 000	40.5	1 778	1 763.8	
YZ125RR	125	149±15	0.94			6 250			2 389.1	2 374.9	
YZ100RR	100		1.50	1.80	90	5 000		38	1 215	1 200	
YZ6RR	6	50	0.135			≥200		15	227	211	
YZ8RR	8	60	0.145			≥300		15	302	286	
YZ10RR 粗	10	50	0.25			≥410		25	345	330	
YZ10RR 细	10										
YZ12RR	12	91	0.16			≥580		18.5	500	484	
YZ15RR	15	56	0.3			≥665		25	451	436	

注：Y—荧光灯；Z—直管型。额定电压 220 V，启动电压不小于 190 V。
表中所列功率的数值为灯管本身的耗电量，不包括镇流器的耗电量。

(2) 荧光灯镇流器

镇流器是荧光灯的主要附件，镇流器有封闭式、半封闭式和敞开式 3 种，如图 4-7 所示。

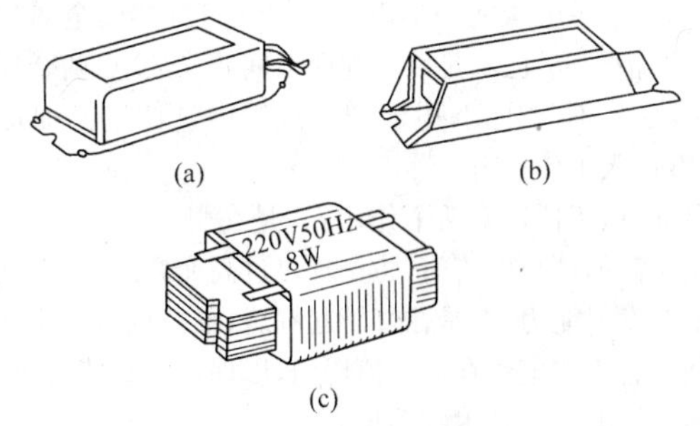

图 4-7　荧光灯镇流器

(a) 封闭式；(b) 半封闭式；(c) 敞开式

荧光灯在启动时，需要一个高出电源电压很多的瞬间电压，才能使气体放电发光，而接通后要求电压低于电源电压。因而，灯管两端要求启动瞬间供给它一个高电压；在运行时供给它一个低于电源电压的低电压，此两项工作都是由串联在线路中的镇流器来完成的。

镇流器是一个有铁心的感抗线圈，当线圈中的电流突然中断时，就会在线圈两端感生出高出电源电压很多的感生电动势，所以在启辉器双金属片自由端还原瞬间，在荧光灯管两端形成高压，使荧光灯管内惰性气体被电离而引起弧光放电，随着弧光放电管内温度不断升高，使液态汞气化游离，游离的汞分子因运动剧烈而撞击惰性气体分子的急剧骤增，于是就引起汞蒸气弧光放电，这时就辐射出紫外线，激励灯管内壁上的荧光粉而发出可见光，光色近似"日光色"。

荧光灯管起辉后，内阻下降，镇流器两端的电压降随即增大(相当于电源电压的一半以上)，加在启辉器两金属片间的电压也大幅下降，已不足以引起两极间辉光放电，两金属片保持分断状态，不起作用；电流即由灯管内气体电离而形成通路，灯管进入工作状态。

另外，镇流器还有两个作用：一是在灯管灯丝预热时，限制灯丝所需的预热电流值，防止预热过高而烧断，并保证灯丝上电子的发射能力；二是在灯管起辉后，维持灯管的工作电压和限制灯管工作电流在额定值以内，以保证灯管能稳定放电。

镇流器的主要技术数据见表 4-4。

(3) 启辉器

启辉器又称启动器，是荧光灯的主要附件之一，其结构如图 4-8 所示。

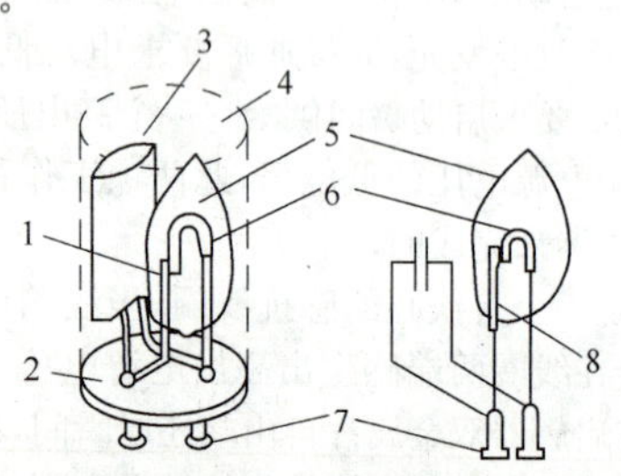

图 4-8　启辉器

1—静触片；2—胶木底座；3—电容；4—铝(塑料)壳；5—玻璃泡；6—双金属片；7—插头；8—静触片

表 4-4 镇流器的主要技术数据

镇流器型号	功率(W)	电压(V)	工作状态		启动状态		最大功率损耗(W)	外形尺寸(mm)			质量(kg)
			电压(V)	电流(mA)	电压(V)	电流(mA)		长	宽	高	
YZ1-220/6	6	220	202	140+20	215	180±20	≤4.5	64	48	30	0.24
YZ1-220/8	8		200	160-20		200±20					
YZ1-220/15	15		202	330-30		400±30	≤8	120	60	42	0.87
YZ1-220/20	20		196	350-30		460±30					
YZ1-220/30	30(细)		163	320-20		530±30					
YZ1-220/30	30		180	360-30		560±30					
YZ1-220/40	40		165	410-30		650±30	≤9				

启辉器有热弧式和热控式两种，其中热弧式应用最为广泛。铝壳(或塑料壳)内是一个小玻璃泡(又称氖泡)和一个纸介质电容器，小玻璃泡内有双金属片及静触片。双金属片由两种不同的热膨胀系数的金属片热轧而成，受热时由于两种金属膨胀后的长度不同，会向同一方向弯曲；冷却时则向相反方向弯曲。玻璃泡内充有氖、氩或氦等惰性气体。电源开关没有合上以前，双金属片是收缩的，它的自由端并没有碰到静触片上，这样灯管两端灯丝之间并没导通。

当电源开关合上时，电压经过镇流器、灯丝加在启辉器的双金属片的自由端和静触片之间，在它们之间就引起辉光放电，放电时所产生的热量传到双金属片上，使自由端产生变形弯曲，与静触片相碰，这样电路就接通了，于是电流通过灯管的灯丝预热而两端发光。与此同时，由于双金属片自由端与静触片接触闭合后，它们之间的辉光放电也就停止，双金属片开始冷却，并离开静触片还原。就在离开瞬间，由于镇流器产生感生电动势的作用，在荧光灯管两端产生一个高电压，使荧光灯管启辉点亮发光。此时因镇流器上有较大的电压降，启辉器的双金属片与静触片之间的电压很低，不足以引起辉光放电。

启辉器的主要技术数据见表 4－5。

荧光灯启辉器内的电容器系密封油浸纸介质电容器，其电容量一般为 0.005～0.007 μF，耐压可达 800 V，适用于 50～60 Hz、110～220 V 的交流电路中，供荧光灯补偿功率因数及减小启动时的杂波干扰。

表 4-5 启辉器的主要技术数据

<table>
<tr><th rowspan="2">启辉器型号</th><th rowspan="2">配用灯管功率(W)</th><th rowspan="2">电压(V)</th><th colspan="2">启动速度</th><th colspan="2">欠压启动</th><th rowspan="2">启辉电压(V)</th><th rowspan="2">使用寿命(次)</th></tr>
<tr><th>电压(V)</th><th>时间(s)</th><th>电压(V)</th><th>时间(s)</th></tr>
<tr><td>PYJ4—8</td><td>4～8</td><td rowspan="8">220</td><td rowspan="8">220</td><td rowspan="8">1～4</td><td rowspan="3">180</td><td rowspan="3"><15</td><td rowspan="3">>135</td><td rowspan="8">5 000</td></tr>
<tr><td>PYJ15—20</td><td>15～20</td></tr>
<tr><td>PYJ30—40</td><td>30～40</td></tr>
<tr><td>PYJ100</td><td>100</td><td rowspan="5">200</td><td>2～5</td><td></td></tr>
<tr><td>YQI4～8</td><td>4～8</td><td><5</td><td>≥75</td></tr>
<tr><td>YQI15～40</td><td>15～40</td><td rowspan="2"><4</td><td rowspan="3">≥130</td></tr>
<tr><td>YQI30～40</td><td>30～40</td></tr>
<tr><td>YQI100</td><td>100</td><td rowspan="2"><5</td></tr>
<tr><td>YQI15～20</td><td>15～20</td><td>110～127</td><td>125</td><td><5</td><td>125</td><td>≥75</td><td>3 000</td></tr>
</table>

荧光灯用电容器的主要技术数据见表 4-6。

表 4-6 荧光灯电容器主要技术数据

<table>
<tr><th rowspan="2">型号</th><th rowspan="2">额定电压(V)</th><th rowspan="2">标称容量(μF)</th><th rowspan="2">配用灯管功率(W)</th><th colspan="3">外形尺寸(mm)</th><th rowspan="2">最大质量(g)</th></tr>
<tr><th>长</th><th>宽</th><th>高</th></tr>
<tr><td rowspan="3">GZD</td><td rowspan="3">110/220</td><td>2.5</td><td>20</td><td>46</td><td>22</td><td>55</td><td>165</td></tr>
<tr><td>3.75</td><td>30</td><td rowspan="2">48</td><td rowspan="2">28</td><td>65</td><td>240</td></tr>
<tr><td>4.75</td><td>40</td><td>80</td><td>300</td></tr>
</table>

3. 节能型荧光灯

随着电工技术的发展，除了上述的直管荧光灯外，近年又推出了节能型的环形、U形和H形荧光灯。

(1) 环形荧光灯

环形荧光灯又称圆形管荧光灯，由于它的造型美观、安装方便，发光效率比直管荧光灯高，故被广泛应用。

环形荧光灯的外形如图4-9所示。

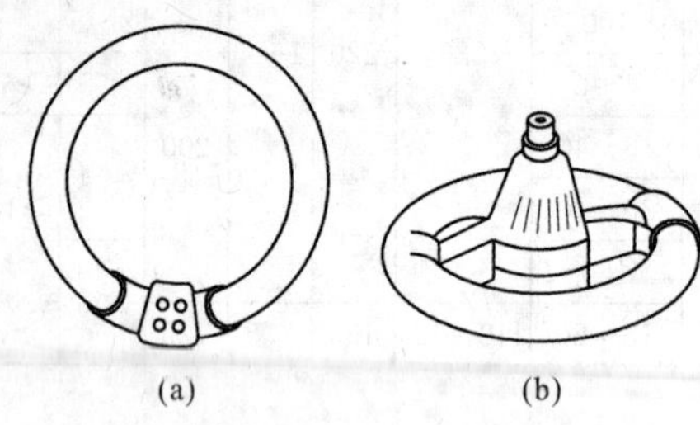

(a)　　(b)

图4-9　环形荧光灯

(a) 环形荧光灯管；(b) 成套环形荧光灯

环形荧光灯灯管如图4-9(a)所示，使用时必须配备相应功率的镇流器和启辉器，不同功率不得互相混用。

环形荧光灯的安装需配用专用灯座和专用灯架，若无这些专用附件，会给安装带来困难，同时也影响其美观。目前市场上有一种成套环形荧光灯管，在使用安装时只要直接将环形灯安装在灯座上即可，如图4-9(b)所示。

环形荧光灯的工作原理与直管式荧光灯相同。

环形荧光灯管的主要技术数据见表 4-7。

表 4-7　环形荧光灯管的主要技术数据

型号		额定功率(W)	启动电流(mA)	工作电流(mA)	灯管压降(V)	额定光通量(lm)	平均寿命(h)	主要尺寸(mm)		
统一型号	工厂型号							外圆	内圆	管直径
YH20	CRR20	20	500	350	60	970	2 000	207	145	32
YH30	CRR30	30	560	350	95	1 500	2 000	308	244	32
YH40	CRR40	40	650	410	108	2 200	2 000	397	333	32

（2）U 形荧光灯

U 形荧光灯的发光原理与上述荧光灯相同，U 形荧光灯的外形如图 4-10所示。

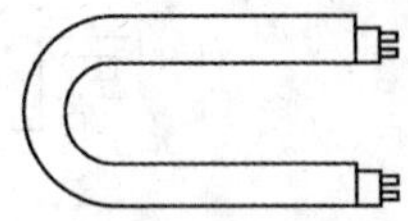

图 4-10　U 形荧光灯

U 形荧光灯的主要技术数据见表 4-8。

表 4-8　U 形荧光灯的主要技术数据

型号		额定功率(W)	启动电流(mA)	工作电流(mA)	灯管压降(V)	额定光通量(lm)	平均寿命(h)	主要尺寸(mm)			
统一型号	工厂型号							外圆	全长	管长	管径
YU30	URR30	30	560	350	89	1 550	2 000	100	417.5	410	38
YU40	URR40	40	650	410	108	2 200	2 000	100	626.5	619	38

(3) H 形荧光灯

H 形荧光灯是一种新颖的节能电光源。由于这种灯的外形如同英文字母 H,故称为 H 灯。

H 形荧光灯具有耗电省、光效高、体积小、显色性好等特点,已被人们普遍采用。H 形荧光灯不仅可以用于台灯,而且还可用于壁灯、吸顶灯、吊灯等多种形式的安装。

H 形荧光灯的灯管由两支内径为 10 mm 的平行玻璃管组成,在灯管的前端有一个连通的"桥",后端为灯头,灯头内装有启辉器、灯丝和引出线,如图 4－11 所示。

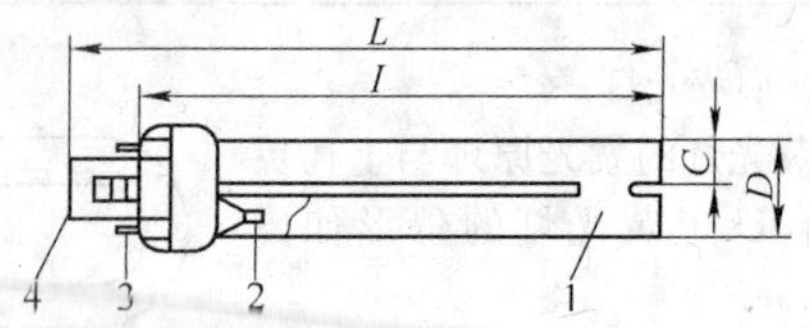

图 4－11　H 形荧光灯结构

1—桥；2—灯丝；3—引出线；4—灯头

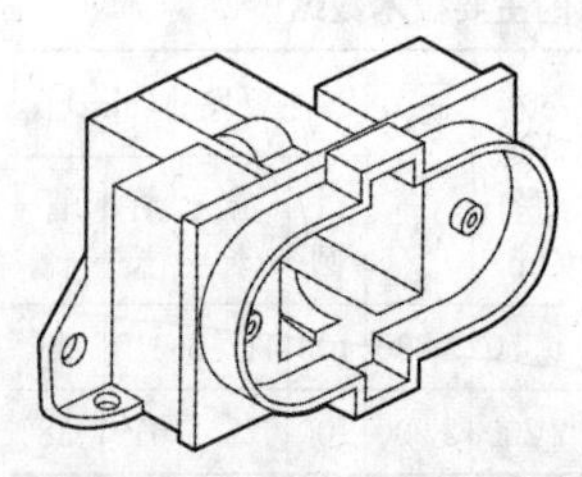

图 4－12　H 形荧光灯专用灯座

H 形荧光灯的安装极为方便,其灯管的安装角度不受限制,既可垂直安装,又可水平安装,但不可使灯具剧烈振动,以免灯丝损伤。

H 形荧光灯必须配专用的 H 灯灯座,H 形荧光灯专用灯座如图 4－12 所示。

在装拆 H 形灯管时，应将灯头平行插入或拔出灯座，不要前后、左右摇晃灯管，以免灯头松动。

H 形荧光灯管的主要技术数据见表 4－9。

表 4－9 H 形荧光灯管主要技术数据

灯管型号	额定电压（V）	额定功率（W）	光通量（lm）	工作电压（V）	电流（A）		外形尺寸（mm）				灯头型号
					工作	预热	D	C	L	I	
YDN5H	220	5	220	33	0.18	0.19	28	13	106	83	G23
YDN7H	220	7	400	45	0.18	0.19	28	13	138	115	G23
YDN9H	220	9	600	60	0.17	0.19	28	13	168	145	G23
YDN11H	220	11	900	90	0.185	0.19	28	13	237	214	G23
YDN13H	220	13	780	60	0.3	0.52	28	13	188	166	G23

H 形荧光灯的镇流器必须根据灯管功率来配置，切勿用普通的直管形荧光灯镇流器来代替，否则会缩短 H 形灯管的使用寿命。H 形灯管在使用时应尽量减少开、关的次数，否则会影响灯管的使用寿命。

三、常用照明灯具的选择技巧

常用照明灯具按其功能可分为吊灯、吸顶灯、射灯、壁灯、台灯和落地灯等 6 种。

1. 卧室

卧室的照明灯具一般可选择吸顶灯、吊灯或日光灯，最好采用调光灯，以便根据需要调节照明亮度。

许多人有坐在床上读书、看报的习惯，为此可在床头墙壁上安装一个带开关的壁灯，也可在床头柜上安置一个台灯。

2. 客厅

客厅是家庭进行活动和接待客人的地方，一般可选择吊灯或吸顶灯。对于客厅兼作餐厅的场合，餐桌上方的照明为增加餐桌上的亮度，可采用白炽灯或荧光灯，餐桌上方的吊灯安装高度一般离桌面 0.6～0.9 m。

3. 厨房

目前我国城市居民的住房条件有限，厨房面积一般都不大，可采用一只吸顶灯作照明；面积较大时，还可采用壁灯。灯具通常装在壁橱下方或洗涤盆的上方。

灯具不要装在灶具的正上方，否则烹饪时的油烟气、水蒸气容易造成灯具沾上油污，灯头受潮，甚至造成短路。

4. 卫生间

卫生间可采用平灯头，将白炽灯安装在天花板上，兼作浴室的卫生间宜采用防潮型灯具。并注意灯具的安置不要使人影投到窗上。

在洗脸处可安装一个壁灯。

第二节　常用照明灯具的安装

一、常用照明灯具的接线原理图

常用照明灯具的接线原理图见表 4-10。

表 4-10　常用照明灯具的接线原理图

类型	线路名称		接线原理图
白炽灯	一只单联开关控制一盏灯线路		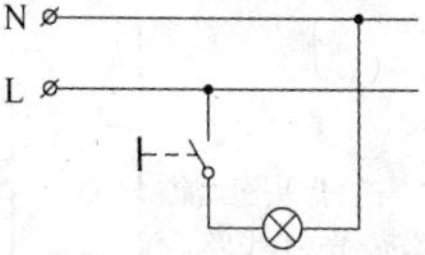
	一只单联开关控制一盏灯并与插座并联线路		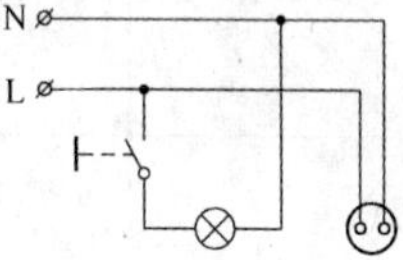
	两只双联开关控制一盏灯线路	单端接电源线路	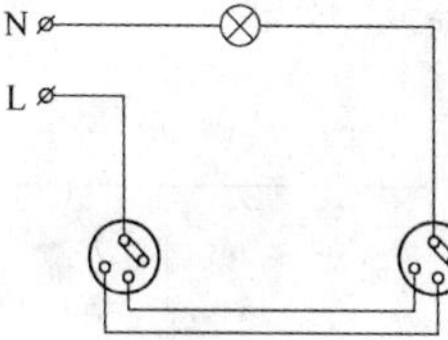
		两端接电源线路	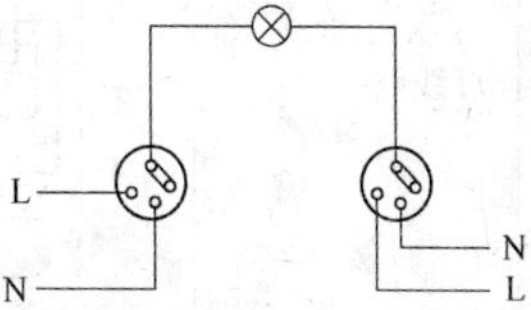

（续表）

类型	线路名称	接线原理图
荧光灯	二线头镇流器荧光灯线路	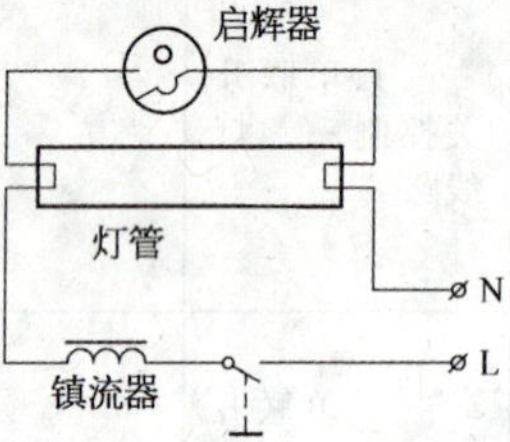 启辉器 灯管 N L 镇流器
	四线头镇流器荧光灯线路	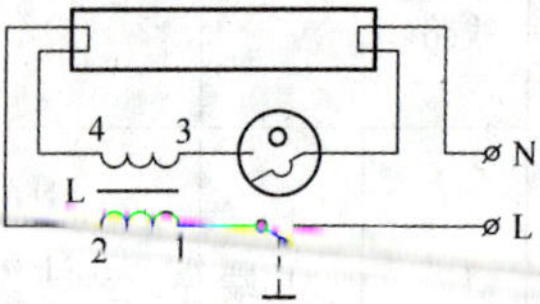 4 3 L 2 1 N L
	双灯管荧光灯线路	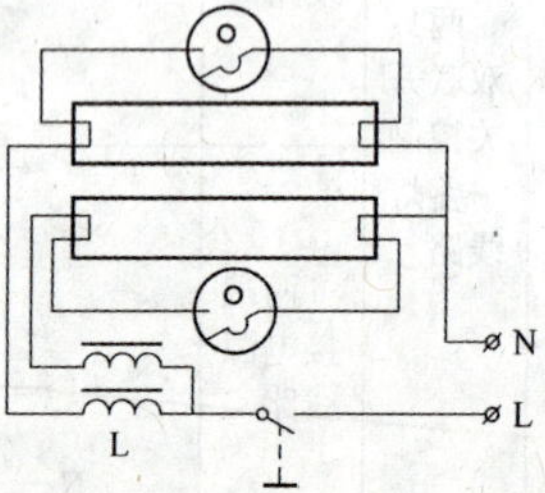 N L L

（续表）

类型	线路名称	接线原理图
荧光灯	环形荧光灯线路	启辉器 ~220V 二线头镇流器 镇流器
	环形荧光灯线路	启辉器 ~220V 3 4 2 1 四线头镇流器 镇流器
	U形荧光灯线路	启辉器 ~220V 镇流器 二线头镇流器

（续表）

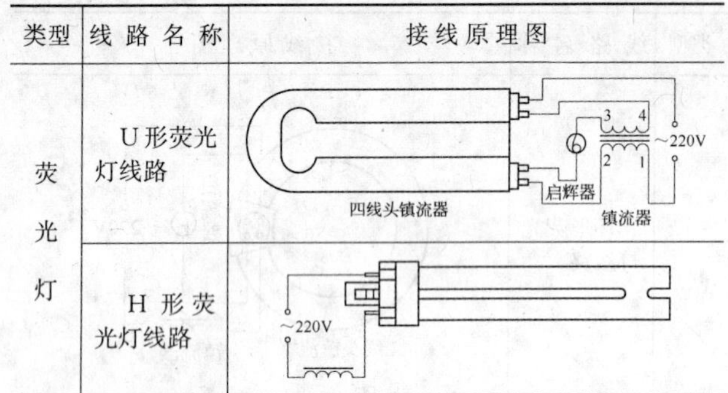

类型	线路名称	接线原理图
荧光灯	U形荧光灯线路	
	H形荧光灯线路	

二、常用照明灯具的安装步骤

1. 白炽灯的安装

白炽灯的安装有室外的，也有室内的。室内白炽灯的安装通常有吸顶式、壁式和悬吊式三种。下面介绍最常用的软线悬吊式安装方法。

(1) 木台(圆木或塑料)的安装

先在准备安装挂线盒的地方打孔，预埋木榫或膨胀螺栓。然后在木台底面用电工刀刻两条槽，木台中间钻 3 个小孔，如图 4-13(a)所示。最后将两根导线嵌入木台槽内，并将两根电源线端头分别从两个小孔中穿出，通过中间小孔用木螺钉将木台固定在木榫上，如图 4-13(b)所示。

对于空心混凝土楼板可用弓形铁板来安装木台，弓形铁板的制作及安装如图 4-14 所示。

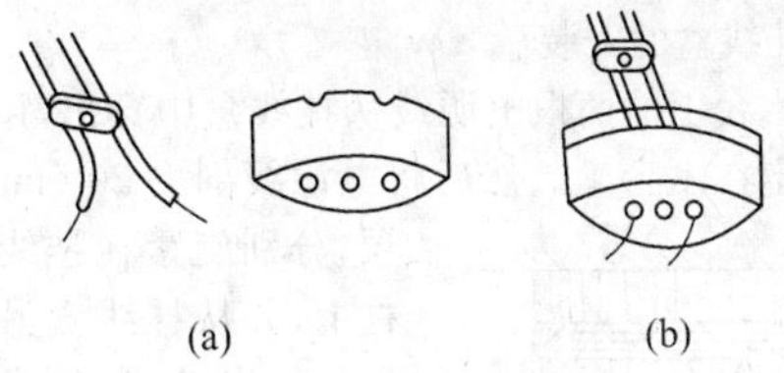

图 4-13　木台的固定

(a) 木台中间钻孔；(b) 导线嵌入木台槽

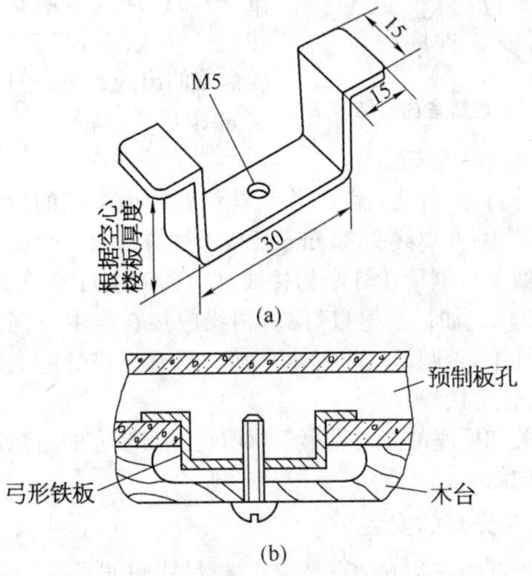

图 4-14　弓形铁板的制作及安装

(a) 弓形铁板的制作；(b) 弓形铁板的安装

(2) 挂线盒的安装

先将木台上的两根电源线从挂线盒中穿出,用木螺钉将挂线盒固定在木台上。然后将电源线剖去 20 mm 长的绝缘层,分别旋紧在挂线盒的接线柱上,并从挂线盒另两个接线柱上引出软线,软线的另一端接到灯座上,由于挂线盒内的接线螺钉不能承受灯具的自重,因此在挂线盒内软线出线孔处打好线结,使结扣卡在挂线盒盖的出线孔处。打结的方法如图 4-15 所示。

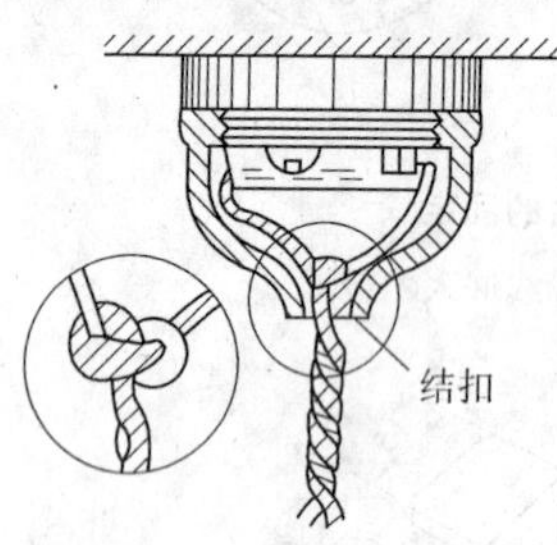

图 4-15 挂线盒内打结方法

(3) 灯座的安装

旋好灯座(灯头)盖子,将从挂线盒中引下来的软线穿入灯头盖孔中,在离线头 30 mm 处按上述方法打一个结。然后把两个线头分别接在灯座的接线柱上并旋上灯座盖子,如图 4-16 所示。如果是螺口灯头,相线应接在与中心铜片相连的接线柱上,否则易发生触电事故。只有插口灯座上两个接线柱,可任意接线。

开关和插座的安装见第三章所述。安装完的白炽灯和插座线路如图 4-17 所示。

2. 荧光灯的安装

荧光灯的安装方法有吸顶式、链吊式和钢管式 3 种,其中链吊式安装可避免震动,利于镇流器散热,应用最为普遍安装时先将灯座、启辉器和镇流器按图 4-18 所示位置安装在木

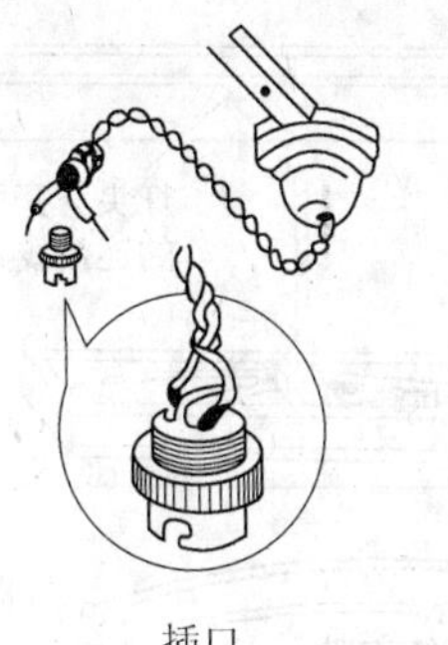
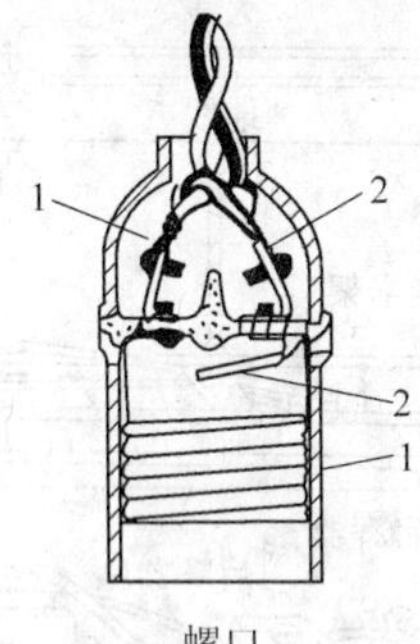

插口　　　　螺口

图 4-16　灯座的安装

1—零线；2—火线

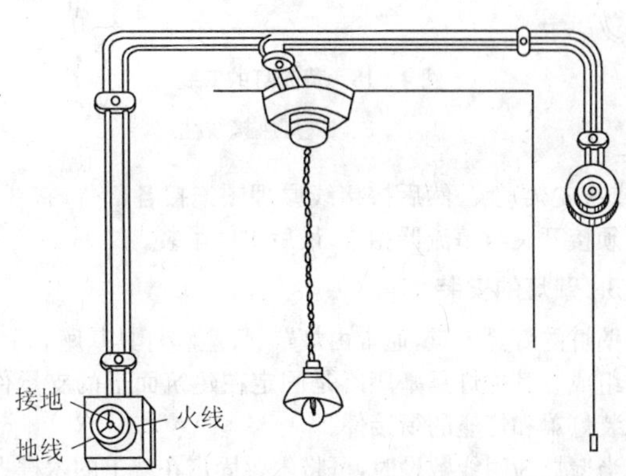

图 4-17　白炽灯及插座安装线路

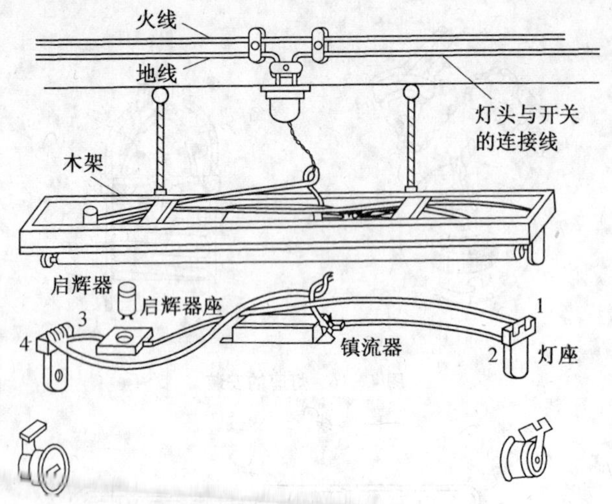

图 4-18　荧光灯的安装

1、2、3、4—灯座接线柱

架(或铁皮架)上。然后按接线原理图连接各部件,接线时相线必须接开关与镇流器相连,最后整体吊装。

3. 壁灯的安装

壁灯的灯具不重,通常由灯罩、灯座和灯具基座 3 个主要部分组成。其中灯具基座既是固定在建筑面上的支承件,又是承装灯罩和灯座的衔接件。

当壁灯为明线敷设时,可将木台固定在墙上的木榫上,然后再将灯具基座固定在木台上,如图 4-19(a)所示。

当壁灯为暗线敷设时，可用膨胀螺栓将灯具基座固定在水泥墙或砖墙内的塑料胀管中，如图 4－19(b)所示。

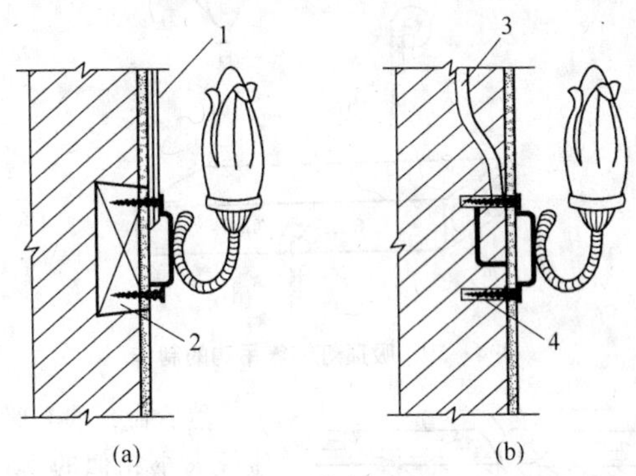

图 4－19　壁灯的安装

(a) 壁灯为明线敷设；(b) 壁灯为暗线敷设
1—木板槽；2—木榫；3—电线管；4—塑料胀管

4. 吸顶灯的安装

对于空心楼板可用弓形铁板或钢筋吊钩来固定木台。弓形铁板的制作及安装，如图 4－14 所示。

吸顶灯钢筋吊钩的制作方法如图 4－20 所示。

用直径为 6 mm，长约 8 cm 的钢筋做成如图 4－20(a)所示的形状。再做一个如图 4－20(b)所示的钩子，钩子的下段铰 6 mm 螺纹。将钩子勾住后再送入空心楼板内，如图 4－20(c)和(d)所示。

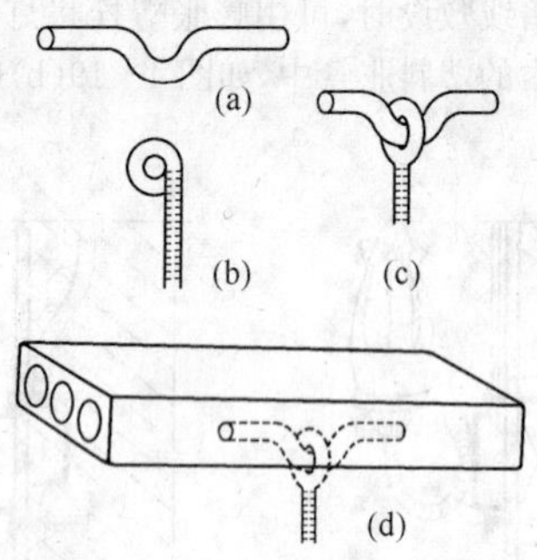

图 4-20 吸顶灯钢筋吊钩的制作

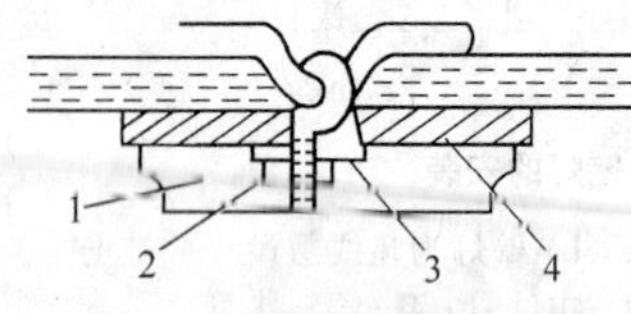

图 4-21 吸顶灯底座的固定

1—钢圈；2—螺帽；
3—垫圈；4—木板

然后做一块和吸顶灯座板大小相似的木板，在中间打个孔，套在钩子的下段上。在木板上另打一个孔，以穿电线用。然后用木螺钉将吸顶灯底座板固定在木板上，如图 4-21 所示。

接着将灯座装在钢圈内木板上，经通电试验合格后，最后将玻璃罩装入钢圈内，用螺栓固定。

重量较轻的小型吊灯或吸顶灯，可以用木螺钉将吊灯或吸顶灯的底座固定在预先埋好的木榫上，如图 4-22 和 4-23 所示。

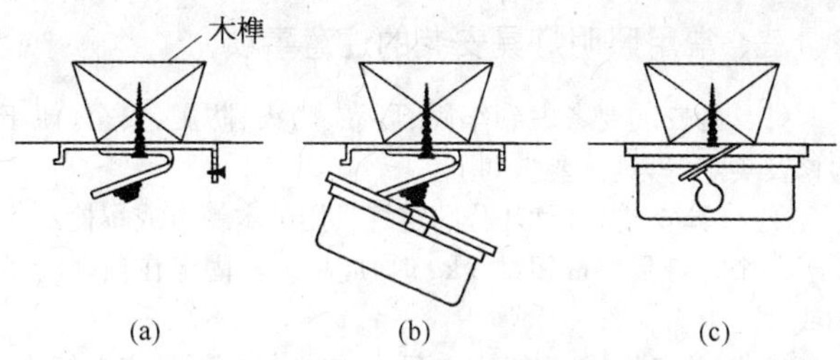

图 4-22　小型吸顶灯的安装

(a) 预埋木台、安装底座；(b) 安装灯泡和灯罩；
(c) 安装后的吸顶灯

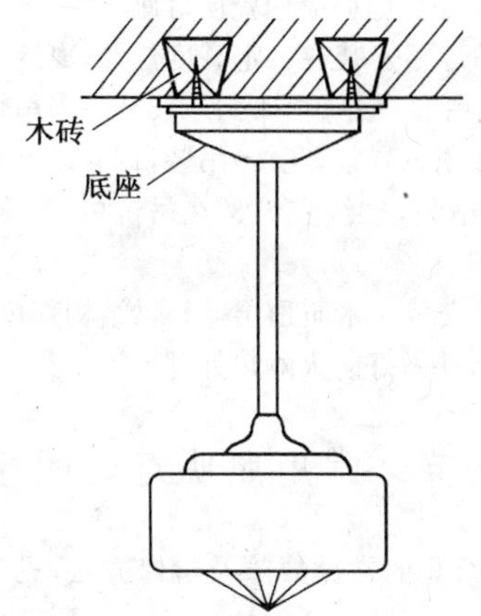

图 4-23　小型吊灯的安装

三、常用照明灯具安装的注意事项

灯具的安装要考虑到牢固、可靠、防火、防震、安全、便于检修及美观等，具体要求如下：

① 灯具安装必须牢固，固定灯具用的木螺钉或螺栓不应少于两个。灯具质量超过 3 kg 时，应将灯具固定在预埋的吊钩或螺栓上。

② 灯具安装时，相线应进开关，中性线（零线）应进灯头；采用螺口灯座时，相线应接在与中心铜片相连的接线柱上，中性线接在与螺纹壳相连的接线柱上。

③ 灯泡容量为 100 W 及以下时，可用胶质灯座；100 W 以上及防潮封闭型灯具，应用瓷质灯座。

④ 各种吊灯要安装在一定高度位置，离地面距离不应低于 2 m，潮湿场所和户外应不低于 2.5 m。当吊灯质量在 1 kg 以下时，可直接用软导线（花线）吊装，1 kg 以上或有震动场所的应采用吊链吊装，软线宜编叉在吊链内，以避免导线承受拉力。

⑤ 当灯具安装在木质顶层等易燃结构部位时，必须确保通风散热良好，并做好防火隔热处理。

第三节 常用照明灯具的检修

常用照明灯具的常见故障及检修方法，见表 4-11～表 4-13。

表 4-11　白炽灯的常见故障及检修

故障现象	产生原因	检修方法
灯泡不亮	① 灯泡钨丝烧断 ② 电源熔断器的熔丝烧断 ③ 灯座或开关接线松动或接触不良 ④ 线路中有断路故障	① 调换新灯泡 ② 检查熔丝烧断的原因并更换熔丝 ③ 检查灯座和开关的接线处并修复 ④ 用验电笔或校火灯头检查电路的断路处并修复
开关合上后熔断器熔丝烧断	① 灯座内两接线头短路 ② 螺口灯座内中心铜片与螺旋铜圈相碰短路 ③ 线路中发生短路 ④ 用电器发生短路 ⑤ 用电量超过熔丝容量	① 检查灯座内两接线头并修复 ② 检查灯座并扳准中心铜片 ③ 检查导线绝缘是否老化或损坏并修复 ④ 检查用电器并修复 ⑤ 减小负载或更换熔断器
灯泡忽亮忽暗或忽亮忽熄	① 灯丝烧断但受振后忽接忽离 ② 灯座或开关接线松动 ③ 熔断器熔丝接头接触不良 ④ 电源电压不稳定	① 调换灯泡 ② 检查灯座和开关并修复 ③ 检查熔断器并修复 ④ 检查电源电压

（续表）

故障现象	产生原因	检修方法
灯泡发强烈白光并瞬时或短时烧坏	① 灯泡额定电压低于电源电压 ② 灯泡钨丝有搭丝，从而使电阻减小，电流增大	① 更换与电源电压相符的灯泡 ② 更换新灯泡
灯光暗淡	① 灯泡内钨丝挥发后积聚在玻壳内表面，透光度减低，同时由于钨丝挥发后变细，电阻增大，电流减小，光通量减小 ② 电源电压过低 ③ 线路因年久老化或绝缘损坏有漏电现象	① 正常现象，不必修理 ② 调高电源电压 ③ 检查电路，更换导线

表 4－12　荧光灯的常见故障及检修

故障现象	产生原因	检修方法
荧光灯管不能发光	① 灯座或启辉器底座接触不良 ② 灯管漏气或灯丝断 ③ 镇流器线圈断路	① 转动灯管，使灯管四极和灯座四夹座接触，或转动启辉器，使启辉器两极与底座两铜片接触，找出原因并修复 ② 用万用表检查，或观察荧光粉是否变色，确认灯管坏，可换新灯管 ③ 修理或调换镇流器

（续表）

故障现象	产 生 原 因	检 修 方 法
荧光灯管不能发光	④ 电源电压过低 ⑤ 新装荧光灯接线错误	④ 不必修理 ⑤ 检查线路
荧光灯管抖动或两头发光	① 接线错误或灯座灯脚松动 ② 启辉器氖泡内动、静触片不能分开或电容器击穿 ③ 镇流器配用规格不合适或接头松动 ④ 灯管陈旧，灯丝上电子发射物质将尽，放电作用降低 ⑤ 电源电压过低或线路电压降过大 ⑥ 气温过低	① 检查线路或修理灯座 ② 将启辉器取下，用两把螺钉旋具的金属头分别触及启辉器底座两块铜片，然后将两根金属杆相碰并立即分开，如灯管能跳亮，则启辉器是坏了，应更换启辉器 ③ 调换适当镇流器或加固接头 ④ 调换灯管 ⑤ 如有条件升高电压或加粗导线 ⑥ 用热毛巾对灯管加热
灯光闪烁或光在管内滚动	① 新灯管暂时现象 ② 灯管质量不好	① 多用几次或对调灯管两端 ② 换一根灯管试一试有无闪烁

（续表）

故障现象	产生原因	检修方法
灯光闪烁或光在管内滚动	③ 镇流器配用规格不符或接线松动 ④ 启辉器损坏或接触不好	③ 调换合适的镇流器或加固接线 ④ 调换启辉器或加固启辉器
灯管两端发黑或生黑斑	① 灯管陈旧，寿命将终的现象 ② 如果新灯管，可能因启辉器损坏使灯丝发射物质加速挥发 ③ 灯管内水银凝结，是细灯管常见的现象 ④ 电源电压太高或镇流器配用不当	① 调换灯管 ② 调换启辉器 ③ 灯管工作后即能蒸发，或将灯管旋转 180° ④ 调整电源电压或调换适当的镇流器
灯管光度减低或色彩较差	① 灯管陈旧的必然现象 ② 灯管上积垢太多 ③ 电源电压太低或线路电压降太大 ④ 气温过低或冷风直吹灯管	① 调换灯管 ② 清除灯管积垢 ③ 调整电压或加粗导线 ④ 加防护罩或避开冷风
灯管寿命短或发光后立即熄灭	① 镇流器配用规格不合，或质量较差，或镇流器内部线圈短路，致使灯管电压过高	① 调换或修理镇流器

（续表）

故障现象	产生原因	检修方法
灯管寿命短或发光后立即熄灭	② 受到剧振，使灯丝振断 ③ 新装灯管因接线错误将灯管烧坏	② 调换安装位置或更换灯管 ③ 检修线路
镇流器有杂音或电磁声	① 镇流器质量较差或其铁心的硅钢片未夹紧 ② 镇流器过载或其内部短路 ③ 镇流器受热过度 ④ 电源电压过高引起镇流器发出声音 ⑤ 启辉器不好引起开启时辉光杂音 ⑥ 镇流器有微弱声，但影响不大	① 调换镇流器 ② 调换镇流器 ③ 检查受热原因 ④ 如有条件设法降压 ⑤ 调换启辉器 ⑥ 是正常现象，可用橡胶垫衬，以减少振动
镇流器过热或冒烟	① 电源电压过高或容量过低 ② 镇流器内部线圈短路 ③ 灯管闪烁时间长或使用时间太长	① 有条件可调低电压或换用容量较大的镇流器 ② 调换镇流器 ③ 检查闪烁原因或减少连续使用的时间

表 4-13　插座的常见故障及检修

故障现象	产生原因	检修方法
移动电具接取不到电源	① 停电 ② 熔丝烧断 ③ 插孔触片松开或断裂 ④ 线路线头连接处松散或脱落 ⑤ 插销内电源引线头脱落 ⑥ 移动电具内部存在开路	① 无法修理 ② 按正规要求选配熔丝 ③ 松开：校正触片位置；断裂：更换触片（或插座） ④ 查出断开点，按正规加工方法重新连接线头 ⑤ 重新接妥电源引入线头 ⑥ 检修移动电具
插销容易自行脱出插座	① 插销与接座不配套，插销插柱过细 ② 插座插孔排列不对（双孔排成上下分布状态） ③ 电源引线承载过大重量	① 更换相匹配的插销 ② 改变插孔排列方向 ③ 减轻电源引线承载重量
插入插座即烧断熔丝	① 插销接线桩处短路 ② 移动电具内部短路 ③ 电源引线绝缘破坏并存在短路故障	①②③ 排除短路故障

（续表）

故障现象	产生原因	检修方法
在三孔插座上引接电源，移动电具外壳仍带电	① 接地孔没有进行正规接地 ② 接地孔和相线的连接线头互碰 ③ 接地线头连接处散开	① 进行正规接地 ② 排除相线相碰故障 ③ 检修接地线连接处

第五章
变 压 器

第一节　变压器的工作原理与额定数据

一、变压器的工作原理

变压器是一种静止的电气设备，它可以将某一电压、电流值的交流电能转化成另一电压、电流值的交流电能。

变压器是根据电磁感应原理制成的。以单相变压器为例，其工作原理如图 5－1 所示。

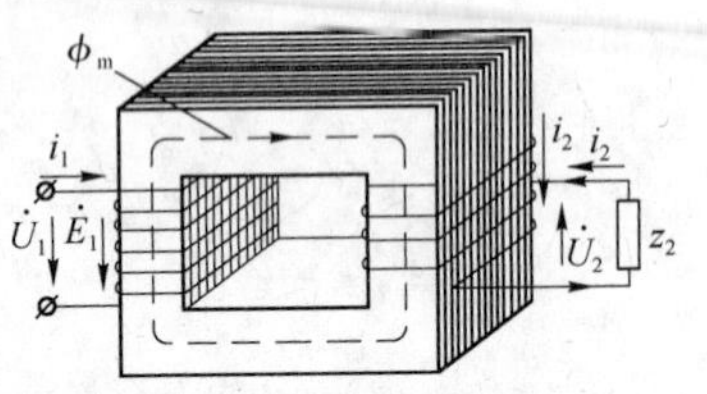

图 5－1　变压器的工作原理

在闭合的铁心上绕有两组绕组，接受电能的一侧叫做一次绕组，输出电能的一侧叫做二次绕组。在忽略励磁磁动势以及绕组的电阻和电抗的理想情况下，由电压方程式

$$U_1 = E_1 = 4.44fN_1\phi_m$$
$$U_2 = E_2 = 4.44fN_2\phi_m$$

得到电压变换关系式为

$$\frac{U_1}{U_2} = \frac{E_1}{E_2} = \frac{N_1}{N_2}$$

其中 E_1——一次绕组感应电动势(V)；

E_2——二次绕组感应电动势(V)；

N_1——一次绕组的匝数；

N_2——二次绕组的匝数。

变压器通过电磁耦合关系将一次侧的电能输送到二次侧，若变压器本身的损耗略去不计，输入功率与输出功率可视为相等，即

$$U_1I_1 = U_2I_2$$

或

$$\frac{I_1}{I_2} = \frac{U_2}{U_1} = \frac{N_2}{N_1}$$

上式说明了变压器的一、二次侧的电流比等于匝数的反比。

二、变压器的铭牌与额定数据

1. 铭牌

每台变压器都装有一个铭牌，上面标注着变压器的额定数据及其他参数。以电力变压器为例，其铭牌内容见表5-1。

表 5-1　电力变压器铭牌内容

序号	铭牌内容
1	电力变压器的型式、出厂序号、相数、冷却方式和使用场所，以及标准代号和型式代号
2	电力变压器的额定内容、各侧线圈的额定电压、分接开关位置和分接电压、额定电流及额定频率
3	电力变压器的接线图和联结组别
4	电力变压器的空载电流、空载损耗、阻抗电压和短路损耗
5	电力变压器的总质量、油质量和器身质量
6	油箱顶盖的布置图

2. 额定数据

变压器铭牌上额定数据见表 5-2。

表 5-2　变压器铭牌上的额定数据

序号	名称	含义
1	额定容量	在额定工作状态下，变压器的输出能力的保证值
2	额定电压	U_1 是电源加到一次绕组上的额定电压 U_2 是二次侧开路即空载运行时二次绕组的端电压
3	额定电流	变压器各绕组在额定负载情况下的电流值

（续表）

序号	名称	含　义
4	温升	变压器指定部位的温度和变压器周围温度的差值
5	阻抗电压	二次侧短路、一次侧通过额定电流时的一次电压对一次额定电压之比
6	联结组标号	代表各相绕组的联结方法和相位关系的标号
7	标准容量与高低压电压等级	变压器的容量等级为 5，10，20，30，50，75，100，135，180，240，320，420，560，750，1 000，…
		变压器的高低压电压等级，低压侧的电压一般都采用 400/230 V，即线电压为 400 V，相电压为 230 V；高压侧的电压有 6，10，35，…
8	短路损耗（铜损耗）	二次侧短路、一次电流达到额定值时产生的损耗
9	空载损耗（铁损耗）	变压器空载运行时的损耗
10	额定频率	变压器一次电源变化的频率，我国规定标准工业用电的频率为 50 Hz

第二节　变压器的分类与结构

一、变压器的分类

变压器一般分为电力变压器和特种变压器两大类，电力变压器是电力系统中输配电力的主要设备。一般电力变压器分类见表5-3。

表5-3　电力变压器分类

序号	分类方法	具体内容
1	按用途分类	升压变压器、降压变压器、配电变压器、联络变压器
2	按电源输出相数分类	单相变压器、三相变压器
3	按绕组结构分类	双绕组变压器、三绕组变压器、自耦变压器
4	按冷却方式分类	干式自冷变压器、油浸自冷变压器、油浸水冷变压器、油浸风冷变压器、强迫油循环风冷变压器、强迫油循环水冷变压器
5	按铁心结构分类	心式变压器、壳式变压器、C型变压器、环型变压器
6	按调压方式分类	无励磁调压变压器、有载调压变压器
7	按线圈材质分类	铜线变压器、铝线变压器

二、变压器的结构

变压器的基本结构是由铁心和绕组组成的，一般电力变压器结构见表 5-4。

表 5-4　变压器的结构

序号	组成部分	具 体 内 容
1	器身	铁心、线圈、绝缘结构、引线和分接开关等
2	油箱	油箱本体和一些附件
3	冷却装置	散热器和冷却器
4	保护装置	储油柜、油表、安全气道、测温元件、吸湿器和气体继电器等
5	出线装置	高压套管和低压套管等

第三节　电力变压器的技术参数

一、三相电力变压器

三相电力变压器技术数据见表 5-5。

表 5-5　三相电力变压器技术数据

系列名称	线圈材质	铁心材料	调压方式	温升标准
SJ1	铜导线	DR280 - 35 热轧硅钢片	高压侧带无励磁调压开关,调压±5%	线圈为 65 ℃,油顶层为 55 ℃
SJ6	铜导线	0.35 mm Z11 冷轧硅钢片	高压侧带无励磁调压开关,调压±5%	线圈为 65 ℃,油顶层为 55 ℃
SJL	铝导线	DR255 - 35 热轧硅钢片	高压侧带无励磁调压开关,调压±5%	线圈为 65 ℃,油顶层为 55 ℃
SJL1	铝导线	0.35 mm W33 冷轧硅钢片	高压侧带无励磁调压开关,调压±5%	线圈为 65 ℃,油顶层为 55 ℃
SL7	铝导线	优质晶粒取向冷轧硅钢片	有载调压	
SZL7	铝导线	优质晶粒取向冷轧硅钢片		

二、S7 系列低损耗电力变压器的技术参数

S7 系列低损耗电力变压器采用铜导线线圈,无载调压,调压范围为±5%,其具体技术参数见表 5-6。

表 5－6　S7 系列 6～10 kV 级铜绕组低损耗电力变压器的技术参数

额定容量(kV·A)	额定电压(kV)		联接组标号	损耗(W)		短路电压(%)	空载电流(%)	外形尺寸(mm)[①]								质量(kg)	
	一次	二次		空载	负载			L	W	H	H_1	E	M	N	吊高	油质量	总质量
30	6,10	0.4	Y，yn0	150	800	4	2.8	945	610	980	928	400	170	90	2 500	80	305
50				190	1 150	4	2.6	974	820	1 055	1 011	400	170	100	2 600	95	405
53				220	1 400	4	2.5	977	830	1 075	1 027	400	180	100	2 700	102	460
80				270	1 650	4	2.4	1 062	830	1 090	1042	400	180	100	2 700	85	492
100				320	2 000	4	2.3	1 388	840	1 302	1 077	400	180	100	2 700	133	575
125				370	2 450	4	2.2	1 323	862	1 431	1 194	550	180	110	3 000	167	728
160				460	2 850	4	2.1	1 355	885	1 451	1 214	550	200	100	2 800	192	870
200				540	3 400	4	2.1	1 368	987	1 471	1 234	550	200	100	2 900	203	953
250				640	4 000	4	2.0	1 418	1 027	1 516	1 259	550	200	120	3 150	224	1 132
315				760	4 800	4	2.0	1 470	1 060	1 541	1 304	660	200	120	3 000	260	1 315
400				920	5 800	4	1.9	1 659	1 064	1 762	1 406	660	200	120	3 400	313	1 635
500				1 080	6 900	4	1.9	1 741	1 088	1 799	1 443	660	200	120	3 500	350	1 860
630				1 300	8 100	4.5	1.8	1 943	1 087	2 050	1 694	660	200	120	3 800	580	2 665
800				1 540	9 900	4.5	1.5	2 267	1 230	2 180	1 742	820	300	120	4 000	652	3 110
1 000				1 800	11 600	4.5	1.2	2 300	1 490	2 260	1 758	820	250	170	4 000	711	3 595
1 250				2 200	13 800	4.5	1.2	2 491	1 385	2 524	1 890	820	340	170	4 700	900	4 370
1 500				2 650	16 500	4.5	1.1	2 557	1 434	2 614	1 982	820	340	170	4 000	1 049	5 030

注：①尺寸图形见图 5－2。

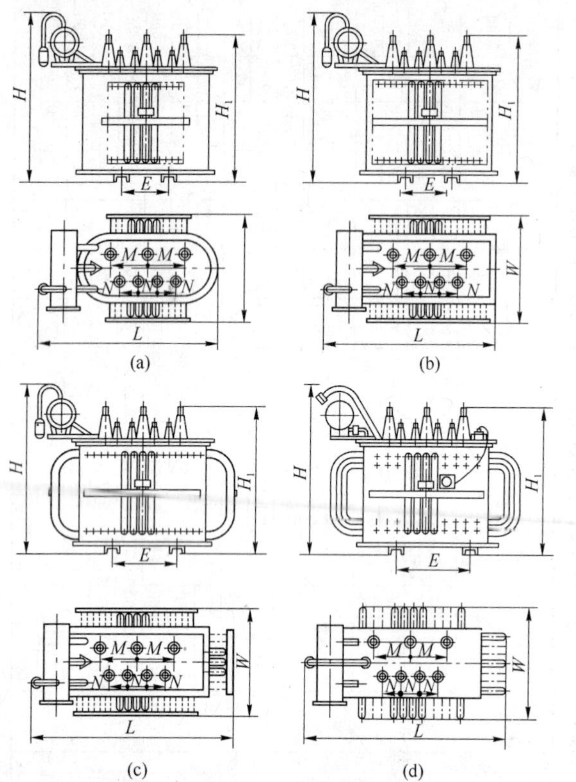

图 5-2 S7 系列 6～10 kV 级铜绕组低损耗电力变压器的外形尺寸

(a) S7-30～100、6～10/0.4 kV；(b) S7-125～315、6～10/0.4 kV；(c) S7-400～630、6～10/0.4 kV；(d) S7-800～1 600、6～10/0.4 kV

三、S9 系列低损耗电力变压器的技术参数

S9 系列低损耗电力变压器采用铜导线线圈、无载调压。

SZ9 系列电力变压器采用铜导线线圈。一次电压可借助有载调压开关在±10%额定电压范围内手动或自动调节；有载分接开关采用 SYXZ5 - 9 - 10/100 型，调压级数为 9 挡，级电压为 300 V，额定电流为 100 A，并配以 IKY - 4 型有载调压控制器。

S9 系列 6～10 kV 级低损耗电力变压器的技术参数见表 5 - 7。

SZ9 系列 6～10 kV 级铜绕组有载调压电力变压器的技术参数见表 5 - 8。

第四节　变压器的简单设计与计算

在实际工作中，有时需要设计一些小容量变压器(50 Hz、1 000 V・A 以下)自制变压器可以不必像生产变压器专业厂那样对技术性能和经济指标有极严格的要求，更多考虑的是简单、方便和实用。

小功率变压器的设计计算主要是计算出它的额定容量、铁心的截面积、一次线圈的电流、各线圈的匝数、线圈所用漆包线的线径等几个方面。表 5 - 9 为一种简单的计算方法。

表 5-7　S9 系列 6～10 kV 级铜绕组低损耗电力变压器的技术参数

额定容量(kV·A)	额定电压(kV)		联接组标号	损耗(W)		阻抗电压(%)	空载电流(%)	外形尺寸(mm)[①]								质量(kg)	
	一次	二次		空载	负载			L	W	H	H_1	E	M	N	吊高	油质量	总质量
30	11,10.5,10 6.3,6	0.4	Y,yn0	130	600	4	2.1	960	630	1 086	960	400	200	100	2 500	90	340
50	11,10.5,10 6.3,6	0.4	Y,yn0	170	870	4	2.0	1 050	680	1 135	990	400	200	100	2 600	100	455
			D,yn11	175	870	4	4.5										
63	11,10.5,10 6.3,6	0.4	Y,yn0	200	1 040	4	1.9	1 070	710	1 160	1 030	550	200	100	2 600	115	505
			D,yn11	210	1 030	4	4.5										
80	11,10.5,10 6.3,6	0.4	Y,yn0	240	1 250	4	1.8	1 150	700	1 310	1 060	550	200	100	2 600	130	690
			D,yn11	250	1 240	4	4.5										
100	11,10.5,10 6.3,6	0.4	Y,yn0	290	1 500	4	1.6	1 185	808	1 338	1 080	550	200	100	2 700	140	650
			D,yn11	300	1 470	4	4	1 200	810	1 470	1 215	550	160	120	2 300	185	735
125	14,10.5,10 6.3,6	0.4	Y,yn0	340	1 800	4	1.5	1 240	840	1 360	1 090	550	200	100	2 700	175	790
			D,yn11	360	1 720	4	4	1 250	745	1 545	1 270	550	200	120	2 400	205	855
160	11,10.5,10 6.3,6	0.4	Y,yn0	400	2 200	4	1.4	1 270	850	1 390	1 140	550	200	100	2 900	195	930
			D,yn11	430	2 100	4	3.5	1 290	830	1 580	1 315	550	200	120	2 450	235	990

（续表）

额定容量(kV·A)	额定电压(kV)		联接组标号	损耗(W)		阻抗电压(%)	空载电流(%)	外形尺寸(mm)①								质量(kg)	
	一次	二次		空载	负载			L	W	H	H_1	E	M	N	吊高	油质量	总质量
200	11,10.5,10 6.3,6	0.4	Y,yn0	480	2 600	4	1.3	1 300	950	1 420	1 170	550	200	100	2 900	215	1 045
			D,yn11	500	2 500	4	3.5										
250	11,10.5,10 6.3,6	0.4	Y,yn0	560	3 050	4	1.2	1 350	930	1 490	1 230	550	250	120	3 000	255	1 245
			D,yn11	600	2 900	4	3										
315	11,10.5,10 6.3,6	0.4	Y,yn0	670	3 650	4	1.1	1 390	940	1 520	1 260	550	250	120	3 000	280	1 430
			D,yn11	720	3 450	4	3	1 420	995	1 690	1 420	550	200	120	3 000	330	1 525
400	11,10.5,10 6.3,6	0.4	Y,yn0	800	4 300	4	1.0	1 475	1 100	1 570	1 320	660	250	120	3 200	320	1 645
			D,yn11	870	4 200	4	3	1 450	1 035	1 720	1 455	660	200	120	3 000	350	1725
	11,10.5,10	6.3	Y,d11	870	4 200	4.5	1.5	1 650	1 220	1 815	1 420	660	200	200	3 000	435	2 065
500	11,10.5,10 6.3,6	0.4	Y,yn0	960	5 100	4	1.0	1 520	1 160	1 620	1 360	660	250	120	3 200	360	1 900
			D,yn11	1 030	4 950	4	3	1 560	1 320	1 950	1 555	660	200	145	3100	480	2 330
	11,10.5,10	6.3	Y,d11	1 030	4 950	4.5	1.5									560	2 360

（续表）

额定容量(kV·A)	额定电压(kV)		联接组标号	损耗(W)		阻抗电压(%)	空载电流(%)	外形尺寸(mm)[1]								质量(kg)	
	一次	二次		空载	负载			L	W	H	H_1	E	M	N	吊高	油质量	总质量
630	11,10.5,10 6.3,6	0.4	Y,yn0	1 200	6 200	4.5	[illegible].9	1 965	1 458	1 975	1 600	820	250	160	3 700	605	2 825
			D,yn11	1 300	5 800	5	1	1 775	1 250	2 070	1 600	820	200	120	4 350	790	2 755
	11,10.5,10	6.3	Y,d11	1 200	6 200	4.5	1.5									660	2 770
800	11,10.5,10 6.3,6	0.4	Y,yn0	1 400	7 500	4.5	0.8	2 335	1 370	2 370	1 690	820	300	160	3 850	680	3 215
			D,yn11	1 400	7 500	5	2.5	2 160	1 860	2 520	1 825	820	300	170	4 600	710	3 520
	11,10.5,10	6.3	Y,d11	1 400	7 500	5.5	1.4									714	3 165
1 000	11,10.5,10 6.3,6	0.4	Y,yn0	1 700	10 300	4.5	0.7	2 410	1 375	2 525	1 840	820	300	180	4 200	870	3 495
			D,yn11	1 700	9 200	5	1.7	2 260	1 860	2 655	1 950	820	240	170	4 400	1 305	5 100
	11,10.5,10	6.3	Y,d11	1 700	9 200	5.5	1.4	2 205	1 995	2 395	1 696	820	240	240	4 000	825	3 675
1 260	11,10.5,10 6.3,6	0.4	Y,yn0	1 950	12 000	4.5	0.6	2 440	1 740	2 680	2 000	1 070	300	180	4 600	980	4 645
			D,yn11	2 000	11 000	5	2.5	2 450	1 260	2 740	2 040	820	240	170	4 500	1 050	4 950
	11,10.5,10	6.3	Y,d11	1 950	12 000	5.5	1.3									937	4 190

注：① 尺寸图形见图 5-3。

表 5-8 SZ9 系列 6～10 kV 级铜绕组有载调压电力变压器的技术参数

额定容量(kV·A)	额定电压(kV)		联结组标号	损耗(W)		阻抗电压(%)	空载电流(%)	外形尺寸(mm)[①]								质量(kg)	
	一次	二次		空载	负载			L	W	H	H_1	E	M	N	吊高	油质量	总质量
250	11 10.5 10 6.3 6	0.4	Y，yn0	800	2 900	4	3	1 530	1 200	1 760	1 380	550	300	120	3 250	345	1 600
315				720	3 450	4	3	1 420	1 130	1 690	1 420	660	300	120	3 000	375	1 630
400				870	4 200	4	3	1 625	1 210	1 850	1 460	660	300	120	3 500	505	2 025
500				1 030	4 950	4	3	1 485	1 205	1 740	1 390	660	200	170	3 450	418	2 105
630				1 250	5 800	4	3	1 645	1 355	1 960	1 570	660	200	170	3 150	525	2 670
800				1 400	7 500	5	2.5	2 300	1 600	2 735	2 050	820	200	170	5 100	1 122	4 240
1 000				1 700	9 200	4.5	2.5	2 630	1 700	2 700	2 000	820	300	170	5 000	1 050	4 490
1 250				2 000	11 200	4.5	0.68	2 660	1 820	2 720	2 020	820	300	170	5 100	1 280	5 145
1 600				2 400	14 000	4.5	0.8	2 765	1 680	2 970		1 070	300	170	5 500	1 800	6 553

注：① 外形尺寸见图 5-4 上标注。

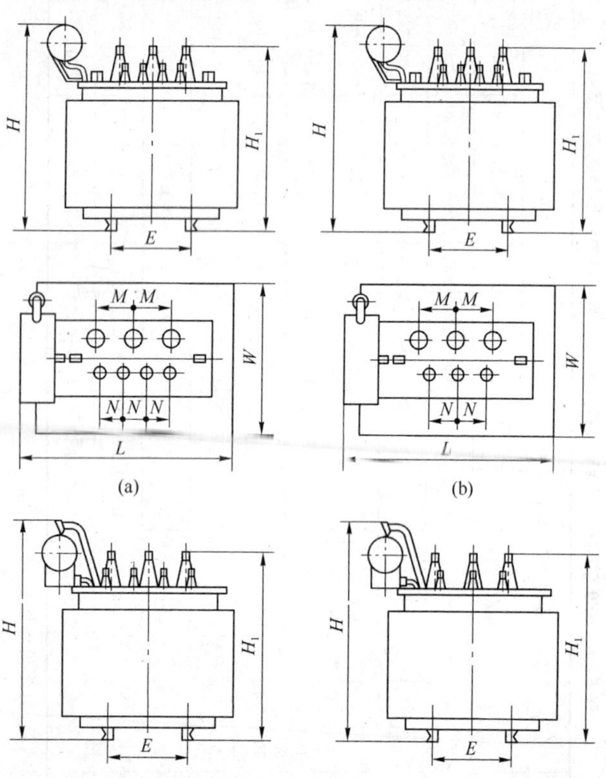
H
H1
E
M M
W
N N N
L
(a)
H
H1
E
M M
W
N N
L
(b)
H
H1
E
H
H1
E

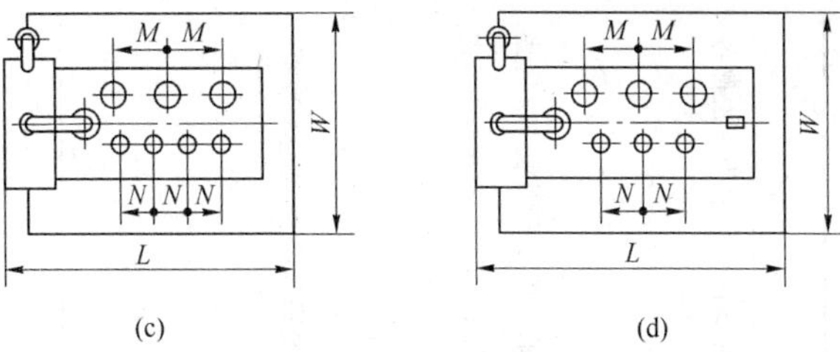

(c)　　　　　　　　(d)

图 5-3　S9 系列 6～10 kV 级铜绕组低损耗电力变压器的外形尺寸

(a) S9-30～630，6～10/0.4 kV；(b) S9-630，5～10/3.15～6.3 kV；(c) S9-800～1 600，6～10/0.4 kV；(d) S9-800～6 300，6～10/3.15～6.3 kV

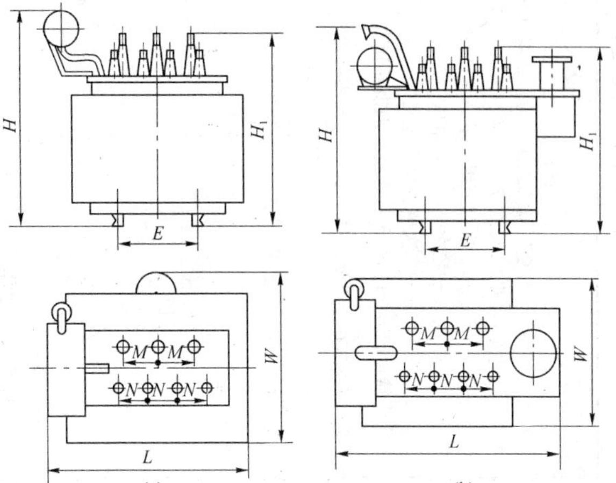

(a)　　　　　　　　(b)

图 5-4　SZ9 系列 6～10 kV 级铜绕组有载调压电力变压器的外形尺寸

(a) SZ9-250～630/10 型；(b) SZ9-800～1600/10 型

表 5－9　小型单相变压器的设计与计算

步骤	具 体 内 容
1. 确定容量	如图 5－5 所示，若变压器的二次侧为多绕组，则其二次侧总输出容量可视为二次侧各绕组容量的总和，即 $S_2 = U_2I_2 + U_3I_3 + \cdots + U_nI_n$ 式中　S_2——二次侧绕组容量（V·A）； U_2、U_3、…、U_n——二次侧各绕组电压（V）； I_2、I_3、…、I_n——二次侧各绕组电流（A）。 变压器负载运行时，由于存在绕组铜损耗和铁损耗，输入容量的一部分要用来补偿这些损耗。因此，在小型变压器中，输入容量 S_1 与输出容量 S_2 之间的关系是：$S_1 = \frac{S_2}{\eta}$。式中：η—变压器的效率 变压器的效率与变压器的容量有关，可见表 5－10 中的经验数据。

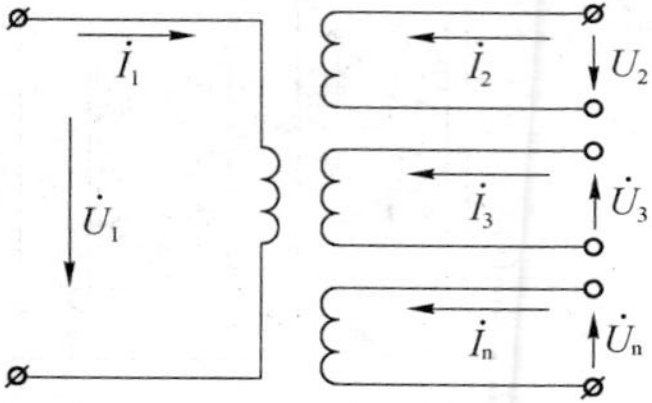

图 5－5　小型单相变压器

表 5－10　变压器效率与容量的经验数据

容量（V·A）	<20	30～50	>50～100	>100～200	>200
效率（%）	70～80	>80～85	>85～90	>90～95	>95

（续表）

<table>
<tr><th>步骤</th><th>具 体 内 容</th></tr>
<tr><td>1. 确定容量</td><td>由于变压器的温升由一次侧和二次侧的平均容量决定，因而变压器的额定容量为：$S=\frac{S_1+S_2}{2}$(V·A)
若有现成的壳式铁心，也可用下式确定容量 S，
即　$S=\left(\frac{A}{1.2}\right)^2$(V·A)　式中 A 为铁心截面积</td></tr>
<tr><td>2. 计算铁心截面积</td><td>小容量单相变压器多采用壳式铁心，如图 5－6 所示。
变压器铁心截面积和变压器的容量有关，一般可按下列经验公式求得：$A=k\sqrt{S}$(cm²)
式中 k 为系数，根据硅钢片的质量决定，质量越大，k 越小。见表 5－11 所示。

表 5－11　铁心净截面系数经验数据
<table>
<tr><th>硅钢片</th><th>冷轧</th><th>热轧
（优质）</th><th>热轧
（一般）</th><th>黑铁片</th></tr>
<tr><td>B_m(T)</td><td>1.6～1.2</td><td>1.2～1.0</td><td>1.0～0.8</td><td>0.8～0.5</td></tr>
<tr><td>k</td><td>1.0～1.2</td><td>1.2～1.25</td><td>1.25～1.5</td><td>1.5～2</td></tr>
</table>

图 5－6　小型壳式铁心基本尺寸</td></tr>
</table>

（续表）

步骤	具体内容
2. 计算铁心截面积	由于硅钢片之间的绝缘和空隙，实际铁心截面积略大于计算值，即铁心实际截面积应为 $A'=\frac{A}{k_c}$ 式中 k_c——硅钢片叠片系数，与硅钢片的厚度有关，一般 0.35 mm 厚热轧硅钢片的 $k_c=0.9$；冷轧硅钢片的 $k_c=0.95$. 根据算出的 A'，从表 5－12 中可查出对应的硅钢片的中间舌宽 a.

表 5－12　各种容量的壳式变压器的硅钢片规格

硅钢片型号	硅钢片中间舌宽 a (mm)	叠片厚度 b (mm)	输出定额 (V·A)	铁心截面积 A'(cm^2)	每伏匝数 N_0(匝/V)	
					1(T)	0.6(T)
GEI－10	10	12.5	1	1.25	36	45
GEI－10	10	15	1.5	1.5	30	37.5
GEI－10	10	17	1.8	1.75	25.7	32.2
GEI－12	12	15	2	1.8	25	31.2
GEI－12	12	18	3	2.16	20.8	26
GEI－12	12	21	4	2.52	17.8	22.3
GEI－14	14	20	5	2.8	16	20.1
GEIB－16	16	19	6	3.2	14	17.6
GEIB－16	16	23	8	3.68	12.2	15.3

（续表）

步骤	具体内容						
	（续表）						
	硅钢片型号	硅钢片中间舌宽 a（mm）	叠片厚度 b（mm）	输出定额（V·A）	铁心截面积 A'（cm^2）	每伏匝数 N_0（匝/V）	
						1(T)	0.6(T)
2. 计算铁心截面积	GEIB－16	16	28	10	3.95	11.1	14
	GEIB－19	19	23	12	4.38	10.3	12.8
	GEIB－19	19	28	16	5.13	8.8	11
	GEIB－19	19	31	20	5.9	7.6	9.5
	GEIB－19	19	35	25	6.65	6.8	8.5
	GEIB－19	19	38	33	7.2	6.2	7.8
	GEIB－22	22	35	38	7.7	5.9	7.3
	GEIB－22	22	39	45	8.6	5.2	6.5
	GEIB－22	22	41	50	9	5	6.2
	GEIB－26	26	36	55	9.36	4.8	6
	GEIB－26	26	38	60	9.9	4.6	5.7
	GEIB－26	26	42	76	10.9	4.1	5.2
	GEIB－30	30	40	90	12	3.8	4.7
	GEIB－30	30	42	100	12.6	3.6	4.5
	GEIB－30	30	46	120	13.8	3.3	4.1

（续表）

（续表）

步骤	硅钢片型号	硅钢片中间舌宽 a（mm）	叠片厚度 b（mm）	输出定额（V·A）	铁心截面积 A'（cm^2）	每伏匝数 N_9（匝/V） 1（T）	每伏匝数 N_9（匝/V） 0.6（T）
2. 计算铁心截面积	GEIB－35	35	43	140	15	3	3.8
	GEIB－35	35	46	160	16.1	2.8	3.5
	GEIB－35	35	49	185	17.2	2.6	3.3
	GEIB－35	35	51	200	17.9	2.5	3.1
	GEIB－40	40	48	230	19.2	2.3	2.9
	GEIB－40	40	50	250	19.8	2.3	2.8
	GEIB－40	40	53	280	21	2.1	2.7
	GEIB－40	40	56	320	22.4	2.2	2.7
	GEIB－40	40	64	420	25.6	1.8	2.2
	GEIB－45	45	60	450	27	1.7	2.1
	GEIB－45	45	63	518	28.4	1.5	2
	GEIB－45	45	67	575	30	1.5	1.9
	GEIB－50	50	62	600	31	1.5	1.8
	GEIB－50	50	65	700	33	1.4	1.7
	GEIB－50	50	70	781	35	1.3	1.6
	GEIB－50	50	80	1 020	40	1.1	1.4

（续表）

<table>
<tr><th>步骤</th><th>具 体 内 容</th></tr>
<tr><td>2. 计算铁心截面积</td><td>铁心叠片厚度 $b=\dfrac{A'\times 100}{a}$（mm）
铁心厚度 b 与舌宽 a 应满足 $b=(1-2)a$，否则应重新选取铁心截面积 A'
铁心选定后，窗口高度 h 和窗口宽度 c 也就确定了，h、c 可以从表 5 - 13 中查出

表 5 - 13　小型变压器的标准铁心硅钢片

见下表</td></tr>
</table>

表 5 - 13　小型变压器的标准铁心硅钢片

硅钢片型号	规格(mm)						窗口面积(cm^2)
	L	H	h	c	a	e	
GEI - 10	36	31	18	6.5	10	6.5	1.17
GEI - 12	44	38	22	8	12	8	1.76
GEI - 14	50	43	25	9	14	9	2.25
GEI - 16	56	48	28	10	16	10	2.8
GEI - 19	67	57.5	33.5	12	19	12	4.02
GEI - 22	78	67	39	14	22	14	5.46
GEI - 26	94	81	47	17	26	17	7.99
GEI - 30	106	91	53	19	30	19	10.07
GEI - 35	123	105.5	61.5	22	35	22	13.52
GEI - 40	144	124	72	26	40	26	18.7

（续表）

步骤	具体内容
2. 计算铁心截面积	（续表）见下表
3. 绕组计算	在工频条件下，$f=50$ Hz 每伏匝数　$N_0=\dfrac{45}{B_m A}$（匝/V） 式中　B_m——铁心磁通密度（T） 取值见表 5-11。 一次线圈的匝数　$N_1=U_1 N_0$

（续表）

硅钢片型号	规格(mm)						窗口面积（cm²）
	L	H	h	c	a	e	
KEI-10	40	35	25	10	10	5	2.5
KEI-12	48	42	30	12	12	6	3.6
KEI-16	64	56	40	16	16	8	6.4
KEI-20	80	70	50	20	20	10	10
KEI-25	100	87.5	62.5	25	25	12.5	15.62
KEI-32	128	112	80	32	32	16	25.6
KEI-40	160	140	100	40	40	20	40

（续表）

步骤	具 体 内 容
3. 绕组计算	二次线圈的匝数　$N_2 = (1.05 \sim 1.1)U_2 N_0$ $N_3 = (1.05 \sim 1.1)U_3 N_0$ 绕组导线截面积根据电流和电流密度来决定。考虑到 I_1 中的励磁分量，一次绕组的电流为 $I_1 = (1.1 \sim 1.2)\dfrac{S_1}{U_1}$ 一次绕组导线截面积为　$A_1 = \dfrac{I_1}{J}$ 式中　I_1——一次绕组电流(A)； J——电流密度(A/mm^2)一般 100 V·A 以下连续使用的铜线变压器取 2.5；100 V·A 以上取 2. 因为　$A_1 = \dfrac{\pi}{4}d_1^2$ 所以　一次侧导线直径　$d_1 = 1.13\sqrt{\dfrac{I_1}{J}}$ (mm) 同理，二次侧导线直径　$d_2 = 1.13\sqrt{\dfrac{I_2}{J}}$ (mm) $d_3 = 1.13\sqrt{\dfrac{I_3}{J}}$ (mm) 根据算出的 d 查漆包线规格表，可选出标称直径接近又稍大于 d 的标准漆包线作为该线圈导线

（续表）

步骤	具体内容
4. 线圈排列及铁心尺寸的最后确定	线圈排列如图 5－7 所示 铁心框架长度等于窗口高度 h。考虑到线圈在框架两端共约 10％空间不绕线，如果框架端面厚度为 θ，则框架有效长度 $h' = 0.9(h - 2\theta)$（mm） 各绕组每层可绕匝数可按下式计算：$N_n = \dfrac{h'}{k_p d'_n}$ 式中 k_p——排绕系数，按线径粗线，一般选在 1.05～1.15 之间； d'_n——导线连同绝缘层的有效直径。 各线圈需绕层数为：$n = \dfrac{N}{N_n}$（层） 式中 N——各线圈匝数 这样，即可计算出各线圈的总厚度 $H_1 = n_1(d'_1 + a_1) + r_1$ $H_2 = n_2 d'_2 + (n_2 - 1)a_2 + r_2$ $H_3 = n_3 d'_3 + (n_3 - 1)a_3 + r_3$ 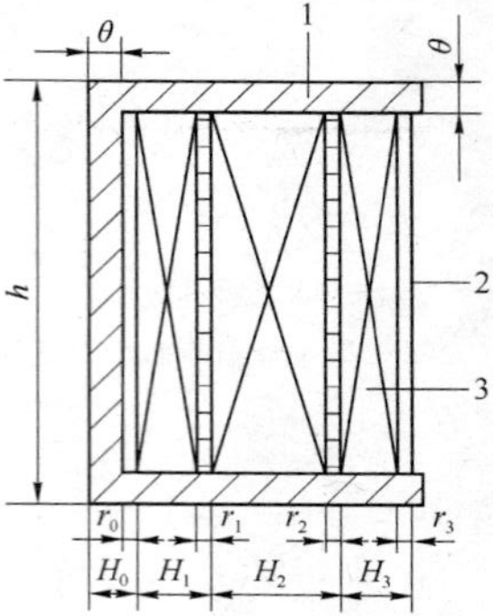 图 5－7 壳式变压器线圈排列 1—骨架；2—绝缘；3—线圈

（续表）

步骤	具 体 内 容
4. 线圈排列及铁心尺寸的最后确定	框架及包覆框架绝缘的厚度为：$H_0 = \theta + r_0$ 式中 a——层间绝缘厚度，导线直径在 0.2 mm 以下的采用一层厚度为 0.02～0.04 mm 的白玻璃纸；在 0.2 mm 以上的，采用 0.05～0.08 mm 厚的电缆纸或电话纸；更粗的导线，可采用 0.12 mm 厚的电缆纸。 r——线圈间绝缘厚度，电压在 500 V 以下时，可采用 2～3 层电缆纸；若再加上两层聚酯薄膜，防潮效果更佳。 因此，所有线圈的总厚度为 $\delta = (1.1 \sim 1.2)(H_0 + H_1 + H_2 + \cdots)$ (mm) 式中 (1.1～1.2)——叠绕系数 如果 $\delta < c$（窗口宽度），则表示窗口可以容纳下各线圈，可以进行绕制；如果 $\delta > c$，则要另选铁心，重新进行计算，直至合适为止

试计算单相电源变压器，其规格要求如图 5-8 所示。

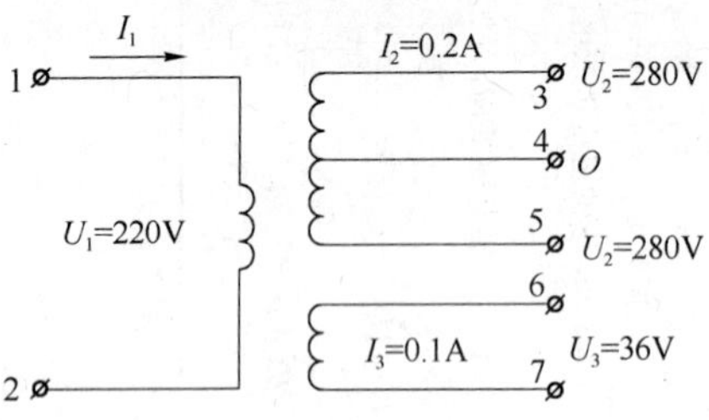

图 5-8　单相电源变压器

设计步骤：

(1) 计算变压器的输出容量 S_2

图 5-8 中 N_2 绕组供全波整流用，且用 π 型滤波器，因此实际输出容量应视为绕组视在容量的 0.7～0.8，取 $k_B \doteq 0.77$，则有：

$$
\begin{aligned}
S_2 &= k_B(2U_2 I_2) + U_3 I_3 \\
&= 0.77(2\times280\times0.2)+36\times0.1 \\
&= 90\ \mathrm{V\cdot A}
\end{aligned}
$$

(2) 计算变压器的输入容量 S_1 和输入电流 I_1

查表 5-10，取 η=0.9，则输入容量为：

$$S_1 = \frac{S_2}{\eta} = \frac{90}{0.9} = 100\ \mathrm{V\cdot A}$$

输入电流：$I_1 = (1.1 \sim 1.2)\dfrac{S_1}{U_1} = 1.1\times\dfrac{100}{220} = 0.5\ \mathrm{A}$

(3) 确定变压器的额定容量

$$S = \frac{1}{2}(S_1 + S_2) = \frac{1}{2} \times (100 + 90) = 95\ \mathrm{V \cdot A}$$

(4) 计算铁心净截面积 A 和粗截面积 A'

选用 0.35 mm 厚的优质热轧硅钢片,取 $k=1.2$, $k_c=0.9$

$$A = k\sqrt{S} = 1.2 \times \sqrt{95} = 11.7\ \mathrm{cm^2}$$

$$A' = \frac{A}{k_c} = \frac{11.7}{0.9} = 13\ \mathrm{cm^2}$$

由表 5-12 可查出铁心 GEIB-30 的舌宽 $a=30$ mm

$$b = \frac{A' \times 100}{a} = \frac{13 \times 100}{30} \approx 43.3\ \mathrm{mm}$$

$$\frac{b}{a} = \frac{43.3}{30} \approx 1.44$$

此值取 1～2,说明铁心可用。

(5) 计算各线圈匝数

取 $B_m=1.1$ T,故每伏匝数 $N_0 = \frac{45}{B_m A} = \frac{45}{1.1 \times 11.7} =$ 3.5 匝 /V

一次侧: $N_1 = N_0 U_1 = 3.5 \times 220 = 770$ 匝

二次侧: $N_2 = 1.05 N_0 U_2 = 1.05 \times 3.5 \times 280 = 1\,030$ 匝

$N_3 = 1.05 N_0 U_3 = 1.05 \times 3.5 \times 36 = 132$ 匝

(6) 计算导线的直径

取电流密度: $J=2.5\ \mathrm{A/mm^2}$

一次侧导线直径：$d_1 = 1.13\sqrt{\frac{I_1}{J}} = 1.13\sqrt{\frac{0.5}{2.5}} = 0.51\text{mm}$

二次侧导线直径：$d_2 = 1.13\sqrt{\frac{I_2}{J}} = 1.13\sqrt{\frac{0.2}{2.5}} = 0.32\text{ mm}$

$$d_3 = 1.13\sqrt{\frac{I_3}{J}} = 1.13\sqrt{\frac{0.1}{2.5}} = 0.226\text{ mm}$$

查漆包线规格表，得导线最大外径：$d'_1 = 0.56\text{ mm}$

$$d'_2 = 0.37\text{ mm}$$

$$d'_3 = 0.27\text{ mm}$$

(7) 核算铁心窗口面积

由表 5－13 查出，GEI－30 铁心窗口高度 $h=53\text{ mm}$，宽度 $c=19\text{ mm}$，骨架用 0.5 mm 厚弹性纸板制作。因此，窗口有效高度：$h' = 0.9(h-2\theta)$

$$= 0.9\times(53-2\times0.5)$$

$$= 46.8\text{ mm}$$

各绕组每层绕制的匝数：

$$N_{10} = \frac{h'}{k_p\cdot d'_1} = \frac{46.8}{1.05\times0.56} = 80\text{ 匝}$$

$$N_{20} = \frac{h'}{k_p\cdot d'_2} = \frac{46.8}{1.05\times0.37} = 121\text{ 匝}$$

$$N_{30} = \frac{h'}{k_p\cdot d'_3} = \frac{46.8}{1.05\times0.27} = 166\text{ 匝}$$

各绕组所需层数：

$$n_1 = \frac{N_1}{N_{10}} = \frac{770}{80} = 9.6\text{ 层}\approx10\text{ 层}$$

$$n_2 = \frac{2N_2}{N_{20}} = \frac{2 \times 1\,030}{121} = 17 \text{ 层}$$

$$n_3 = \frac{N_3}{N_{30}} = \frac{132}{166} \approx 1 \text{ 层}$$

骨架外包两层 0.05 mm 厚的电缆纸及两层 0.05 mm 厚的聚酯薄膜，得：$H_0 = \theta + r_0 = 0.5 + (0.05 + 0.05) \times 2 = 0.7$ mm

线圈间绝缘取 0.12 mm 厚的电缆纸和 0.05 mm 厚的聚酯薄膜各两层 $r = (0.12 + 0.05) \times 2 = 0.34$ mm

层间绝缘均取 0.05 mm 厚的电缆纸一层。

各线圈的总厚度：$H_1 = n_1 d'_1 + n_1 a_1 + r_1 = 10 \times 0.56 + 10 \times 0.05 + 0.34 = 6.44$ mm

$H_2 = n_2 d'_2 + (n_2 - 1) a_2 + r_2 = 17 \times 0.37 + 16 \times 0.05 + 0.34 = 7.43$ mm

$H_3 = n_3 d'_3 + (n_3 - 1) a_3 + r_3 = 1 \times 0.27 + 0.34 = 0.61$ mm

由此，可得线圈总厚度：

$$\begin{aligned} \delta &= (1.1 \sim 1.2)(H_0 + H_1 + H_2 + H_3) \\ &= 1.1 \times (0.7 + 6.44 + 7.43 + 0.61) \\ &= 16.7 \text{ mm} < c \doteq 19 \text{ mm} \end{aligned}$$

此设计方案考虑制造后尚有一些机动性，故认为合适，计算方案可行、可以进行绕制。

由表 5-14 可以查出铁心及每伏匝数等技术数据，不需进行计算。

表 5－14　1 kV・A 以下变压器的技术数据

容量 (V・A)	一次侧电压 U_1＝220 V				铁心截面积 S (cm^2)	每伏需绕匝数(匝/V)				参考铁心尺寸(mm)			
	电流 (A)	裸导线直径(mm)				0.70 (T)	0.85 (T)	1.00 (T)	中心柱宽×叠厚 $a\times b$ (mm×mm)	L	H	c	h
		$j=2$ (A/mm^2)	$j=2.5$ (A/mm^2)	$j=3$ (A/mm^2)									
3	0.013 6	0.09	0.08	0.08	2.18	31	25	22	12×21	44	38	8	22
4	0.018 2	0.11	0.09	0.09	2.47	27	22	19	12×24	44	38	8	22
5	0.022 7	0.12	0.11	0.10	2.8	24	20	17	14×22	50	43	9	25
6	0.027 3	0.13	0.12	0.108	3.05	22	18	15.5	16×22	56	48	10	28
8	0.036 3	0.15	0.136	0.125	3.55	18.5	15.5	13	16×24	56	48	10	28
10	0.045 4	0.17	0.15	0.14	3.95	17	14	12	16×28	56	48	10	28
12	0.054 6	0.19	0.17	0.15	4.35	15	12.7	11	19×26	67	57.5	12	33.5
15	0.068 2	0.21	0.18	0.17	4.85	14	11.5	9.6	19×35	56	48	10	28
16	0.072 8	0.21	0.19	0.18	5	13	11	9.4	19×30	67	57.5	12	33.5
20	0.091 0	0.24	0.21	0.2	5.6	12	10	8.4	19×34	67	57.5	12	33.5
22	0.10	0.25	0.23	0.21	5.85	11.3	9.3	8	22×30	78	67	14	39
25	0.113 5	0.27	0.24	0.22	6.15	10.5	8.7	7.4	19×37	67	57.5	12	33.5
30	0.136 5	0.29	0.26	0.24	6.85	9.5	8	6.8	22×36	78	67	14	39

（续表）

容量（V·A）	一次侧电压 $U_1=220$ V				铁心截面积 S（cm^2）	每伏需绕匝数（匝/V）				参考铁心尺寸（mm）			
	电流（A）	裸导线直径（mm）				0.70（T）	0.85（T）	1.00（T）	中心柱宽×叠厚 $a\times b$（mm×mm）	L	H	c	h
		$j=2$（A/mm^2）	$j=2.5$（A/mm^2）	$j=3$（A/mm^2）									
33	0.15	0.31	0.27	0.25	7.15	9.2	7.6	6.5	19×43	67	57.5	12	33.5
38	0.172 5	0.33	0.30	0.27	7.65	8.6	7	6.0	22×40	78	67	14	39
40	0.181	0.34	0.30	0.28	7.8	8.4	6.9	5.9	22×41	78	67	14	39
42	0.191	0.35	0.31	0.28	8	8.2	6.7	5.7	26×35	94	81	17	47
45	0.204	0.36	0.32	0.29	8.3	7.8	6.5	5.5	22×43	78	67	14	39
50	0.227	0.38	0.34	0.32	8.8	7.4	6.2	5.2	22×46	78	67	14	39
55	0.25	0.40	0.36	0.33	9.25	7	5.9	5	26×41	94	81	17	47
60	0.273	0.41	0.38	0.35	9.65	6.7	5.6	4.7	26×43	94	81	17	47
70	0.318	0.45	0.40	0.36	10.3	6.3	5.2	4.4	30×30	106	91	19	53
76	0.345	0.47	0.42	0.38	10.8	6	5	4.2	26×48	94	81	17	47
90	0.409	0.51	0.46	0.41	11.8	5.5	4.5	3.8	30×45	106	91	19	53

第五节　小型变压器的绕制与组装

一、绕制工艺

1. 绕制变压器常用的工具　见表5-15。

表5-15　绕制变压器常用的工具

工具名称	用途与说明
绕线机	用来绕制线圈,一般有人工绕线机和自动绕线机两种
裁纸刀	用来裁底筒和垫纸,一般可用小裁刀裁纸
橡皮锤	用于线圈整形,也可用木槌代替,但要整洁,并在外面打蜡,使其光滑
烘箱	用于烘干变压器,以空气强制对流式恒温箱最好,也可用空气自然对流式恒温箱或电炉
浸渍器	用于浸渍变压器,要求浸渍器不能渗漆,允许放入一个或几个变压器,并要有加湿、保温及防止漆干等措施
木心	用于支撑线框的木心,大小由铁心柱截面来决定,但要比实际的铁心尺寸大0.5 mm,木心中心孔不要钻偏

2. 线圈的绕制

(1) 考虑线圈的排列

起头前应根据对变压器的要求和铁心形式,统一考虑各线圈的排列和抽头的形式。线圈的排列应在漏抗允许的范围内，使结构最合理而用料最省，散热条件良好。对于干式变压器来说，绕组的外形结构应当考虑到它的机械强度和简化装配。一般多采用单层和多层圆筒式，但外层线圈则尽可能不用单层圆筒式，因为它的机械强度不够，导线容易松动。线圈排列时，每层的匝数应力求相同，一次线圈和二次线圈的高度也应力求相同。另外，线圈的层数应为双数，以使引出线在同一端。线圈的高度由线圈每匝的高度(包括绝缘)乘以每层的匝数加上端部绝缘的高度来决定。最大径向尺寸是铁心外径与绕组导线总厚度(包括绝缘)、层间通风道厚度之和。

(2) 起头

考虑好线圈的排列布置及抽头形式后，即可起头开始绕制线圈。起头时先焊上引线或焊片，用绝缘材料包好接头，将引线或焊片放在框架上，然后可以一圈紧靠一圈地进行绕线。

(3) 绕线和中间抽头

绕线时导线应向绕成线圈的方向偏转 3°～5°；绕线宽度应根据铁心型号和耐压要求而定。线圈要平整，不能重叠。绕线时遇到断线或接头，需将导线漆皮刮去，绕在一起并焊好。将接头处用绝缘层包好，线圈接头不能超过 3 处。遇到中间抽头时，可将导线曲成双折，上下垫上绝缘纸条。

(4) 结尾和屏蔽

一次线圈与二次线圈间要有绝缘层隔离。线圈绕完后，出线头应焊在引线或焊片上。导线全部绕完后，在线圈外包绝缘纸或绝缘漆布。

3. 线圈的检查

线圈绕好后，应对直流电阻、线圈匝数和线圈间的绝缘电阻等项目进行检查。当各项参数正常时，才能进行变压器的组装。

(1) 直流电阻检查

此项检查一般可以判断线圈圈数是否正确。线圈是否有断路或短路现象。测试时，要用精度较高的仪表(电桥最好，万用表的电阻挡亦可)。测量出各线圈的直流电阻，然后与计算出的各线圈的直流电阻比较，正常时误差应不大于15%。

(2) 检查各线圈匝数

用线圈圈数测量仪可以对未装上铁心的线圈进行各线圈的匝数检查。如果没有线圈圈数测量仪，可参照上述检查直流电阻的方法进行比较。

(3) 检查各线圈的绝缘电阻

一般用500 V或1 000 V兆欧表即可测得，测量必须在各线圈之间进行。测得的数据一般应不小于100 MΩ(最好在500 MΩ左右)；小于100 MΩ时，说明内部已受潮；小于10 MΩ时，则可能有漏电；绝缘电阻近似为零，可视为短路。

二、变压器的组装

1. 装铁心

E型铁心的装法有两种，即交插法和对插法。交插法适用于无直流磁化的变压器，如电源变压器和收音机变压器等；对插法适用于有直流磁化的变压器，如滤波器和单端输入输出变压器等。

2. 紧固

铁心插入后，将变压器放在平整的工作台上，用木槌或橡皮槌将铁心四面敲打平整，使铁心各片上的孔对正，然后把夹板上好，旋紧螺钉。C 型变压器的组装较简单，只要将绕好的铁心套上线圈，用钢带扎紧即可。

3. 初步测试

在组装完毕和进行绝缘处理之前，还须进行以下几项测试：线圈绝缘电阻测试，直流电阻测试（方法同前，测试结果应与线圈测试时数据相符），空载测试（低压）。空载测试方法是：将电压表或精度较高的万用表接入被测变压器的二次线圈，当一次侧输入一个相当于该线圈额定电压值二分之一的固定电压时，根据电压比等于线圈匝数比的原理，验算各线圈匝数是否正确。

4. 绝缘处理

对变压器进行绝缘处理是为了提高线圈的绝缘强度、机械强度、热寿命和防潮性能。绝缘处理方法一般有灌注法（把灌注材料灌在壳内）、涂刷法（即在绕制线圈过程中，绕一层线圈刷一层绝缘清漆）和加热浸渍法。浸渍是对变压器进行绝缘处理的主要方法，具体工序见表 5－16。

表 5-16 变压器的浸渍工序

工序	操作	温度(℃)	时间(h)	技术要求
变压器除潮	打开烘箱上的通风孔,放入已经过初步测试的变压器	110	6	
调漆和加温	将浸渍器中漆的浓度调匀,并加热到 20 ℃			
浸渍	把浸滤器盖打开,放入待浸的变压器,并盖好盖子		1	漆温保持 20 ℃,浓度均匀,无气泡
滴漆	把变压器提到漆面以上		10 min	让变压器表面上的漆滴干
晾	把变压器放在铁板上,悬挂在室内		8	在室温下晾到变压器不滴漆为止
干燥	把变压器放入烘箱内逐级升温干燥	50 70 90 110	8 8 8 24	取出后冷却 4 h,测量其绝缘程度

5. 成品检验

变压器经过初试、绝缘处理后,要进行成品检验,待各项指标达到要求后才能使用。一般检验项目有以下几个方面:

(1) 绝缘强度检验

与前述线圈绝缘强度检验相同。

(2) 空载电压检验

当变压器一次侧接额定电压时,用电压表或万用表的交流挡测试二次线圈电压,应在允许误差范围内。一般在±5%之内。

(3) 空载电流检验

当变压器一次侧输入电压为额定值时,其空载电流约为5%～8%的额定值,应不超过10%～20%。

(4) 温升试验

在二次侧加上正常负载,让其工作6～8 h,测量其温度一般应在40～50 ℃。

第六章

电 动 机

第一节　电动机的技术数据

一、电动机运行参数

1. 异步电动机的最高允许温度和温升

电动机各部分最高允许温度和允许温升，根据电动机绝缘等级和类型而定，见表 6 - 1。

当地点的海拔为 1 000 m，但不超过 4 000 m 时，每超过 1 000 m 电动机的温升限度增加 0.5 ℃；低于 1 000 m 时，每降低 100 m 温升限度减少 0.5 ℃。

2. 环境温度对电动机性能影响的计算

根据国标规定，电动机的周围环境温度不超过 40 ℃。如果超过 40 ℃，则规定的极限允许温度应减去此超过值；如果超过值在 10 ℃以上，则温升限值的降低值由制造厂给出。如果周围环境温度低于 40 ℃，则对 A 级和 E 级绝缘，温升限度保持不变；对于耐热性更高的绝缘材料，温升限度可以提高，其提高的数值等于周围环境温度与 40 ℃之差；对于一般电动机超过值不得大于 10 ℃，制造厂在产品使用说明书中规定出与上述极限温升相适应的允许负载。

表 6－1 三相异步电动机的最高允许温度(周围环境温度为＋40 ℃)

电动机的部分		A级绝缘				E级绝缘				B级绝缘				F级绝缘				H级绝缘			
		最高允许温度(℃)		最大允许温升(℃)		最高允许温度(℃)		最大允许温升(℃)		最高允许温度(℃)		最大允许温升(℃)		最高允许温度(℃)		最大允许温升(℃)		最高允许温度(℃)		最大允许温升(℃)	
定子绕组		温度计法	电阻法	温度计法	电阻法	温度计法	电阻法	温度计法	电阻法	温度计法	电阻法	温度计法	电阻法	温度计法	电阻法	温度计法	电阻法	温度计法	电阻法	温度计法	电阻法
		95	100	55	60	105	115	65	75	110	120	70	80	125	140	85	100	145	165	105	125
转子绕组	绕线型	95	100	55	60	105	115	65	75	110	120	70	80	125	140	85	100	145	165	105	125
	鼠笼型	—	—	—	—	—	—	—	—	—	—	—	—	—	—	—	—	—	—	—	—
定子铁心		100	—	60	—	115	—	75	—	120	—	80	—	140	—	100	—	165	—	125	—
滑环		100	—	60	—	110	—	70	—	120	—	80	—	130	—	90	—	140	—	100	—
滑动轴承		80	—	40	—	80	—	40	—	80	—	40	—	80	—	40	—	80	—	40	—
滚动轴承		95	—	55	—	95	—	55	—	95	—	55	—	95	—	55	—	95	—	55	—

电动机的输出功率可根据下列公式进行换算：

(1) 当$+5\%\geqslant\frac{I_1-I_N}{I_N}\geqslant-5\%$时，只需考虑定子电流$I_1$变化的影响，即

$$I_1=\sqrt{\frac{\tau_1}{\tau_N}}I_N \tag{6-1}$$

(2) 当$+20\%\geqslant\frac{I_1-I_N}{I_N}\geqslant+5\%$时，及$-5\%\geqslant\frac{I_1-I_N}{I_N}\geqslant-20\%$时，应考虑$I_1$和定子绕组电阻$R_1$的共同变化的影响，按下式求得$I_1$：

$$\tau_e=\tau_1\left(\frac{I_N}{I_1}\right)^2\left(1+\frac{\tau_1(I_N/I_1)^2-\tau_1}{T+\tau_1+t_0}\right) \tag{6-2}$$

式中 I_1——根据温升换算的电流(A)；

I_N——电动机额定电流(A)；

τ_1——对应于I_1的温升(℃)；

τ_e——对应于I_N的温升(℃)；

T——常数，铜导线为234.5，铝导线为225；

t_0——测试结束时的冷却介质温度(℃)。

根据电流和功率成正比的关系，由上述公式可得到换算后的电动机输出功率。

3. 电动机空载电流的计算

(1) 估算法

异步电动机的空载电流可按下式估算：

$$I_0 = KI_N \tag{6-3}$$

式中 K——系数，对于Y系列电动机，见表6-2；对于 JO_2 系列电动机，见表6-3。

表6-2 Y系列异步电动机K值

P_N(kW) \ 极数	2	4	6	8
0.55	—	0.638	—	—
0.75	0.442	0.619	0.696	—
1.1	0.408	0.552	0.603	—
1.5	0.441	0.487	0.543	—
2.2	0.404	0.500	0.607	0.640
3	0.406	0.515	0.528	0.578
4	0.354	0.500	0.521	0.626
5.5	0.306	0.451	0.421	0.544
7.5	0.267	0.387	0.509	0.514
11	0.294	0.372	0.504	0.518
15	0.248	0.343	0.437	0.475
18.5	0.231	0.373	0.393	0.433
22	0.284	0.353	0.383	0.418
30	0.297	0.343	0.314	0.414
37	0.267	0.272	0.269	0.363
45	0.223	0.261	0.273	0.344
55	0.278	0.279	0.215	—
75	0.267	0.282	—	—
90	0.258	0.267	—	—

表 6-3　JO_2 系列异步电动机 K 值

P_N(kW) ＼ 极数	2	4	6	8
0.6	—	0.556	—	—
0.8	0.442	0.534	0.650	—
1.1	0.446	0.560	0.631	—
1.5	0.370	0.458	0.561	—
2.2	0.366	0.490	0.586	0.714
3	0.374	0.415	0.467	0.580
4	0.335	0.417	0.437	0.477
5.5	0.318	0.380	0.398	0.453
7.5	0.311	0.298	0.374	0.518
10	0.310	0.295	0.474	0.482
13	0.255	0.336	0.427	0.448
17	0.220	0.370	0.282	0.425
22	0.186	0.285	0.289	0.457
30	0.164	0.203	0.250	0.365
40	0.188	0.201	0.310	0.339
55	0.166	0.185	0.264	0.311
75	0.163	0.180	0.283	—
100	0.171	0.173	—	—

(2) 查表法

一般电动机在正常接法时,空载电流与额定电流之比有一定的关系。

2～100 kW 电动机为 20%～50%;2 极电动机为 20%～30%,4 极电动机为 30%～45%;6 极电动机为 35%～50%,8 极电动机为 35%～60%。电动机容量越小,极数越多(转速越低),则空载电流与额定电流的比值越大。

若是三角形接法的电动机接成星形时,则空载电流将减少为原来的 50%～58%。

电动机空载电流偏大或偏小,会增加电动机的运行损耗,同时会使输出功率减小,性能变坏。

二、三相异步电动机的技术数据

1. Y 系列三相异步电动机的技术数据

Y 系列三相异步电动机与原 JO_2 系列电动机相比,体积平均缩小 15%,重量平均减轻 12%。Y 系列电动机采用 B 级绝缘,实际运行中定子绕组的温升较小,有 10 ℃以上的温升裕度。Y 系列三相异步电动机的技术数据见表 6-4。

2. YR 系列三相异步电动机的技术数据

YR 系列小型绕线型三相异步电动机定子绕组为三角形接法,采用 B 级绝缘。YR 系列绕线型三相异步电动机的技术数据见表 6-5。

表 6-4 Y 系列电动机技术数据

型号	额定功率(kW)	满载时				堵转电流/额定电流	堵转转矩/额定转矩	最大转矩/额定转矩	外形尺寸(长×宽×高)(mm)
		电流(A)	转速(r/min)	效率(%)	功率因数				
Y801—2	0.75	1.9	2 825	73	0.84	7.0	2.2	2.2	285×235×17
Y802—2	1.1	2.6	2 825	76	0.86	7.0	2.2	2.2	285×235×17
Y90S—2	1.5	3.4	2 840	79	0.85	7.0	2.2	2.2	310×245×190
Y90L—2	2.2	4.7	2 840	82	0.86	7.0	2.2	2.2	335×245×190
Y100L—2	3.0	6.4	2 880	82	0.87	7.0	2.2	2.2	380×285×245
Y112M—2	4.0	8.2	2 890	85.5	0.87	7.0	2.2	2.2	400×305×265
Y132S1—2	5.5	11.1	2 900	85.2	0.88	7.0	2.0	2.2	475×345×315
Y132S2—2	7.5	15	2 900	86.2	0.86	7.0	2.0	2.2	475×345×315
Y160M1—2	11	21.8	2 930	87.2	0.88	7.0	2.0	2.2	600×420×385
Y160M2—2	15	29.4	2 930	88.2	0.88	7.0	2.0	2.2	600×420×385
Y160L—2	18.5	35.5	2 930	89	0.89	7.0	2.0	2.2	645×420×385
Y180M—2	22	42.2	2 940	89	0.89	7.0	2.0	2.2	670×465×430
Y200L1—2	30	56.9	2 950	90	0.89	7.0	2.0	2.2	775×510×475
Y200L2—2	37	69.8	2 950	90.5	0.89	7.0	2.0	2.2	775×510×475
Y225M—2	45	84	2 970	91.5	0.89	7.0	2.0	2.2	815×570×530

（续表）

型 号	额定功率（kW）	满 载 时				堵转电流/额定电流	堵转转矩/额定转矩	最大转矩/额定转矩	外形尺寸（长×宽×高）（mm）
		电流（A）	转速（r/min）	效率（%）	功率因数				
Y250M—2	55	102.7	2 970	91.4	0.89	7.0	2.0	2.2	930×635×575
Y160L—6	11	24.6	970	87	0.78	6.5	2.0	2.0	645×420×385
Y180L—6	15	31.6	970	89.5	0.81	6.5	1.8	2.0	710×465×430
Y200L1—6	18.5	37.7	970	89.8	0.83	6.5	1.8	2.0	775×510×475
Y200L2—6	22	44.6	970	90.2	0.83	6.5	1.8	2.0	775×510×475
Y225M—6	30	59.5	980	90.2	0.85	6.5	1.7	2.0	815×570×530
Y250M—6	37	72	980	90.8	0.86	6.5	1.8	2.0	930×635×575
Y280S—6	45	85.4	980	92	0.87	6.5	1.8	2.0	1 000×690×640
Y280M—6	55	104.9	980	91.6	0.87	6.5	1.8	2.0	1 050×690×640
Y315S—6	75	142	980	92.5	0.87	6.5	1.6	2.0	1 190×780×760
Y315M1—6	90	167	980	93	0.88	6.5	1.6	2.0	1 240×780×760
Y315M2—6	110	204	980	93	0.88	6.5	1.6	2.0	1 240×780×760
Y315M3—6	132	244	980	93.5	0.88	6.5	1.6	2.0	1 240×780×760
Y132S—8	2.2	5.8	710	81	0.71	5.5	2.0	2.0	475×345×315
Y132M—8	3	7.7	710	82	0.72	5.5	2.0	3.0	515×345×315

（续表）

型号	额定功率（kW）	满载时				堵转电流/额定电流	堵转转矩/额定转矩	最大转矩/额定转矩	外形尺寸（长×宽×高）（mm）
		电流（A）	转速（r/min）	效率（%）	功率因数				
Y160M1—8	4	9.9	720	84	0.73	6.0	2.0	2.0	600×420×385
Y160M2—8	5.5	13.3	720	85	0.74	6.0	2.0	2.0	600×420×385
Y160L—8	7.5	17.7	720	86	0.75	5.5	2.0	2.0	645×420×385
Y180L—8	11	25.1	730	86.5	0.77	6.0	1.7	2.0	710×465×430
Y280L—8	15	34.1	730	88	0.76	6.0	1.8	2.0	775×510×475
Y225S—8	18.5	41.3	730	89.5	0.76	6.0	1.7	2.0	820×570×530
Y225M—8	22	47.6	730	90	0.78	6.0	1.8	2.0	815×570×530
Y250M—8	30	33	730	90.5	0.80	8.0	1.8	2.0	930×635×575
Y280S—8	37	78.7	740	91	0.79	6.0	1.8	2.0	1 000×690×640
Y280M—8	45	93.2	740	91.7	0.80	6.0	1.8	2.0	1 050×690×640
Y315S—8	55	109	740	92.5	0.83	6.5	1.6	2.0	1 190×780×760
Y315M1—8	75	148	740	92.5	0.83	6.5	1.6	2.0	1 240×780×760
Y315M2—8	90	175	740	93	0.84	6.5	1.6	2.0	1 240×780×760
Y315M3—8	110	214	740	93	0.83	6.5	1.6	2.0	1 240×780×760
Y315S—10	45	98	585	91.5	0.76	6.5	1.4	2.0	1 190×780×760

（续表）

型　号	额定功率（kW）	满　载　时				堵转电流/额定电流	堵转转矩/额定转矩	最大转矩/额定转矩	外形尺寸（长×宽×高）（mm）
		电流（A）	转速（r/min）	效率（%）	功率因数				
Y315M2—10	55	120	585	92	0.76	6.5	1.4	2.0	1 240×780×760
Y315M3—10	75	160	585	92.5	0.77	6.5	1.4	2.0	1 240×780×760
Y280S—2	75	140.1	2 970	91.4	0.89	7.0	2.0	2.2	1 000×690×640
Y280M—2	90	167	2 970	92	0.89	7.0	2.0	2.2	1 050×690×640
Y315S—2	110	204	2 970	91	0.90	7.0	1.8	2.2	1 190×780×760
Y315M1—2	132	245	2 970	91	0.90	7.0	1.8	2.2	1 240×780×760
Y315M2—2	160	295	2 970	91.5	0.90	7.0	1.8	2.2	1 240×780×760
Y801—4	0.55	1.6	1 390	70.5	0.76	6.5	2.2	2.2	285×235×170
Y802—4	0.75	2.1	1 390	72.5	0.76	6.5	2.2	2.2	285×235×170
Y90S—4	1.1	2.7	1 400	79	0.78	6.5	2.2	2.2	310×245×190
Y90L—4	1.5	3.7	1 400	79	0.79	6.5	2.2	2.2	335×245×190
Y100L1—4	2.2	5	1 420	81	0.82	7.0	2.2	2.2	380×285×245
Y100L2—4	3.0	6.8	1 420	82.5	0.81	7.0	2.2	2.2	380×285×245
Y112M—4	4.0	8.8	1 440	84.5	0.82	7.0	2.2	2.2	400×305×265
Y132S—4	5.5	11.6	1 440	85.5	0.84	7.0	2.2	2.2	475×345×315

（续表）

型　号	额定功率(kW)	满　载　时				堵转电流/额定电流	堵转转矩/额定转矩	最大转矩/额定转矩	外形尺寸（长×宽×高）(mm)
		电流(A)	转速(r/min)	效率(%)	功率因数				
Y132M—4	7.5	15.4	1 440	87	0.85	7.0	2.2	2.2	515×345×315
Y160M—4	11.0	22.6	1 460	88	0.84	7.0	2.2	2.2	600×420×385
Y160L—4	15.0	30.3	1 460	88.5	0.85	7.0	2.2	2.2	645×420×385
Y180M—4	18.5	35.9	1 470	91	0.86	7.0	2.0	2.2	670×465×430
Y180L—4	22	42.5	1 470	91.5	0.86	7.0	2.0	2.2	710×465×430
Y200L—4	30	56.8	1 470	92.2	0.87	7.0	2.0	2.2	775×510×475
Y225S—4	37	70.4	1 480	91.8	0.87	7.0	1.9	2.2	820×570×530
Y225M—4	45	84.2	1 480	92.3	0.88	7.0	1.9	2.2	815×570×530
Y250M—4	55	102.5	1 480	92.6	0.88	7.0	2.0	2.2	930×635×575
Y280S—4	75	139.7	1 480	92.7	0.88	7.0	1.9	2.2	1 000×690×640
Y280M—4	90	164.3	1 480	93.5	0.89	7.0	1.9	2.2	1 050×690×640
Y315S—4	110	202	1 480	93	0.89	7.0	1.8	2.2	1 190×780×760
Y315M1—4	132	242	1 480	93	0.89	7.0	1.8	2.2	1 240×780×760
Y315M2—4	160	294	1 480	93	0.89	7.0	1.8	2.2	1 240×780×760
Y90S—6	0.75	2.3	910	72.5	0.70	6.0	2.0	2.0	310×245×190

（续表）

型号	额定功率(kW)	满载时				堵转电流/额定电流	堵转转矩/额定转矩	最大转矩/额定转矩	外形尺寸(长×宽×高)(mm)
		电流(A)	转速(r/min)	效率(%)	功率因数				
Y90L—6	1.1	3.2	910	73.5	0.72	6.0	2.0	2.0	335×245×190
Y100L—6	1.5	4	940	77.5	0.74	6.0	2.0	2.0	380×285×245
Y112M—6	2.2	5.6	940	80.5	0.74	6.0	2.0	2.0	400×305×265
Y132S—6	3.0	7.2	960	83	0.76	6.5	2.0	2.0	475×345×315
Y132M1—6	4.0	9.4	960	84	0.77	6.5	2.0	2.0	515×345×315
Y132M2—6	5.5	12.6	960	85.3	0.78	6.5	2.0	2.0	515×345×315
Y160M—6	7.5	17	970	86	0.78	6.5	2.0	2.0	600×420×385

表 6-5 YR 系列(IP44)电动机技术数据

型号	额定功率(kW)	满载时				最大转矩/额定转矩	转子		重量(kg)
		转速(r/min)	电流(A)	效率(%)	功率因数		电压(V)	电流(A)	
YR132S1—4	2.2	1 440	5.3	82.0	0.77	3.0	190	7.9	60
YR132S2—4	3	1 440	7.0	83.0	0.78	3.0	215	9.4	70
YR132M1—4	4	1 440	9.3	84.5	0.77	3.0	230	11.5	80
YR132M2—4	5.5	1 440	12.6	86.0	0.77	3.0	272	13.0	95
YR160M—4	7.5	1 460	15.7	87.0	0.83	3.0	250	19.5	130
YR160L—4	11	1 460	22.5	89.5	0.83	3.0	276	25.0	155
YR180L—4	15	1 465	30.0	89.5	0.85	3.0	278	34.0	205
YR200L1—4	18.5	1 465	36.7	89.0	0.86	3.0	247	47.5	265
YR200L2—4	22	1 465	43.2	90.0	0.86	3.0	293	47.0	290
YR225M2—4	30	1 475	57.6	91.0	0.87	3.0	360	51.5	380
YR250M1—4	37	1 480	71.4	91.5	0.86	3.0	289	79.0	440
YR250M2—4	45	1 480	85.9	91.5	0.87	3.0	340	81.0	490
YR280S—4	55	1 480	103.8	91.5	0.88	3.0	485	70.0	670
YR280M—4	75	1 480	140	92.5	0.88	3.0	354	128.0	800

（续表）

型号	额定功率(kW)	满载时				最大转矩/额定转矩	转子		重量(kg)
		转速(r/min)	电流(A)	效率(%)	功率因数		电压(V)	电流(A)	
YR132S1—6	1.5	955	4.17	78.0	0.70	2.8	180	5.9	60
YR132S2—6	2.2	955	5.96	80.0	0.70	2.8	200	7.5	70
132M1—6	3	955	8.20	80.5	0.69	2.8	206	9.5	80
132M2—6	4	955	10.7	82.0	0.69	2.8	230	11.0	95
YR160M—6	5.5	970	13.4	84.5	0.74	2.8	244	14.5	135
YR160L—6	7.5	970	17.9	86.0	0.74	2.8	266	18.0	155
YR180L—6	11	975	23.6	87.5	0.81	2.8	310	22.5	205
YR200L1—6	15	975	31.8	88.5	0.81	2.8	198	48.0	280
YR225M1—6	18.5	980	38.3	88.5	0.83	2.8	187	62.5	335
YR225M2—6	22	980	45.0	89.5	0.83	2.8	224	61.0	365
YR250M1—6	30	980	60.3	90.0	0.84	2.8	282	66.0	450
YR250M2—6	37	980	73.9	90.5	0.84	2.8	331	69.0	490
YR280S—6	45	985	87.9	91.5	0.85	2.8	362	76.0	680
YR280M—6	55	985	106.9	92.0	0.85	2.8	423	80.0	730

（续表）

型号	额定功率 (kW)	满载时				最大转矩/额定转矩	转子		重量 (kg)
		转速 (r/min)	电流 (A)	效率 (%)	功率因数		电压 (V)	电流 (A)	
YR160M—8	4	715	107	82.5	0.69	2.4	216	12.0	135
YR160L—8	5.5	715	14.1	83.0	0.71	2.4	230	15.5	155
YR180L—8	7.5	725	18.4	85.0	0.73	2.4	255	19.0	190
YR200L1—8	11	725	26.6	86.0	0.73	2.4	152	46.0	280
YR225M1—8	15	735	34.5	88.0	0.75	2.4	169	56.0	265
YR225M2—8	18.5	735	42.1	89.0	0.75	2.4	211	54.0	390
YR250M1—8	22	735	48.1	89.0	0.78	2.4	210	65.5	450
YR250M2—8	30	735	66.1	89.5	0.77	2.4	270	69.0	500
YR280S—8	37	735	78.2	91.0	0.79	2.4	281	81.5	680
YR280M—8	45	735	92.9	92.0	0.80	2.4	359	76.0	800

第二节　电动机的功率选择

一、电动机功率选择的原则

1. 电动机功率计算公式

$$P=\frac{Mn}{9\,555} \tag{6-4}$$

$$P=\frac{Fv}{\eta}\times 10^{-3} \tag{6-5}$$

$$P=\frac{M\omega}{1\,000} \tag{6-6}$$

式中　P——电动机功率(kW)；

M——电动机转矩(N·m)；

n——电动机转速(r/min)；

F——作用力(N)；

v——运动速度(m/s)；

η——传动效率；

ω——电动机角速度(rad/s)。

2. 电动机功率选择的基本原则

电动机的定额与工作制有直接关系。根据国标电动机基本技术要求电动机运行分为8类工作制(S1～S8)，从发热角度可将电动机分为连续定额、短时定额和周期工作定额三种。

电动机的额定功率是指其在定额运行时，正常的冷却条件下，周围介质温度为 40 ℃时所能承担的最大负荷功率。

所选电动机功率，必须能带动最大可能出现的负荷，并做到经济合理与节能。

二、不同环境温度时电动机功率的计算

电动机的额定功率以周围环境温度为＋40 ℃来标定，当环境温度为＋40 ℃时，电动机能以其额定功率连续运行而温升不超出允许范围；电动机在非标准环境温度下运行时，其功率应作相应修正，修正的近似公式为

$$P_t = P_N \sqrt{\frac{\tau_t}{\tau_e}(m+1) - m} \tag{6-7}$$

式中 P_t——当周围环境温度为 t 时，电动机的功率(kW)；

P_N——电动机额定功率(kW)；

τ_t——当周围环境温度为 t 时，电动机的允许温升(℃)；

τ_e——当周围环境温度为＋40 ℃时，电动机的允许温升(℃)，视电动机绝缘等级而异；

m——电动机空载损耗 P_0 与铜耗 P_{Cu} 之比，$m = P_0 / P_{Cu}$，见表 6-6。

表 6-6　电动机的 m 值

电动机类型	m 值	
复激电动机	低速	0.5
	高速	1.0

（续表）

电动机类型	m 值	
并激电动机	低速	1.0
	高速	2.0
普通工业用感应电动机	0.5～1.0	
吊车用感应电动机	0.5～1.5	
冶金用小型绕组型异步电动机	0.45～0.6	
大型绕线型异步电动机	0.9～1.0	

上式有三种情况：

（1）当 $\tau_t > \dfrac{m\tau_e}{m+1}$ 时，根号内的数值为正，表示在这种温升下，电动机能发挥出 P_t 的功率。

（2）当 $\tau_t = \dfrac{m\tau_e}{m+1}$ 时，P_t 等于零，表示在这种温升下，电动机由于它的空载损耗 P_0 已经使其发热达到极限程度，因而不能再带负载运行了。

（3）$\tau_t < \dfrac{m\tau_e}{m+1}$ 时，根号内的数值为负，P_t 变成一个虚数，表示在这种温升下，电动机即使空载运行也是不可能的。

第三节 电动机启动装置的选择

一、异步电动机各种启动方式的比较

异步电动机各种启动方式的比较见表 6－7。

表 6-7　各种启动方式的比较

启动方式	全压	自耦变压器降压	星-三角换接	软启动	变频启动
电动机端子电压	U_N	KU_N	U_N	$(0.3\sim1)U_N$	$0\sim U_N$
电动机绕组电流	I_q	KI_N	$\frac{1}{\sqrt{3}I_q}$	$(0.3\sim1)I_q$	$0\sim I_N$
电动机启动转矩	M_q	K^2M_q	$\frac{1}{3M_q}$	$(0.3\sim1)M_N$	$0\sim M_N$
配电系统总电流	I_q	K^2I_q	$\frac{1}{3I_q}$	$(0.3\sim1)I_N$	$0\sim I_N$
优缺点及应用范围概述	启动电流大	启动电流小	启动电流小	启动电流较大	启动电流大
	启动转矩大	启动转矩较大	启动转矩小	启动转矩较大	启动转矩大
	能频繁启动	不能频繁启动	能频繁启动	能频繁启动	能频繁启动
	投资最省	价格较高	投资较省	价格较高	价格昂贵
	应用最广	应用较广	应用较广	设备较复杂	设备复杂

注：U_N——电动机额定电压；I_N——电动机额定电流；I_q——电动机启动电流；
M_N——电动机额定转矩；M_q——电动机启动转矩；K——启动电压/额定电压。

几种降压启动器的主要技术性能见表 6-8。

表 6-8 几种降压启动器的主要技术性能

启动器名称	型号	可控制电动机的功率（kW）	启动时间	备注
1. 星-三角启动器	QX_1	15、30	15 kW，<15 s 30 kW，<25 s	手动操作，无任何保护
	QX_3	15、30	最高操作频率为 30 次/h，且两次操作的间隔时间不小于 90 s	自动操作，有过载及失压保护
2. 自耦降低启动器	QJ13	11～75	<30～60 s	手动操作，有过载及失压保护
	XJ01	15～300	<120 s	自动操作，有过载及失压保护
3. 延边三角形启动器	XJ1	11～190	最高操作频率为 30 次/h	自动操作，有过载及失压保护，可兼作星-三角降压起动器

（续表）

启动器名称	型号	可控制电动机的功率（kW）	启动时间	备注
4. 电阻降压启动器	QJ1	11～40	每小时通电时间不得大于20 s	手动操作，有过载及失压保护
	QJ7	22	手动操作，有过载及失压保护	自动操作，有过载及失压保护
5. 电阻降压启动器	BU1	45～500	在完全冷却的情况下允许连续启动2～3次，但每两次操作的间隔时间不得小于两次启动时间，而且每次的停顿时间不得超过3 s	手动操作，有失压保护
6. 频敏变阻器	BP1、BP2、BP4	2.2～2 240	允许连续启动2～3次，但总启动时间不得超过120 s	

二、Y系列异步电动机降压启动设备的选择

异步电动机降压启动时的电气设备及连接导线的选择见表6-9。

表6-9 Y系列电动机降压启动时的电气设备选型表

电动机功率(kW)		5.5	7.5	11	15	18.5
设备名称	型号	规格				
闸刀开关 熔体额定电流(A) 星-三角启动器	HK1 QX1(QX3)	30/3 15 13 kW	30/3 20 13 kW	60/3 30 13 kW	60/3 40 15 kW	60/3 50 30 kW
闸刀开关 熔体额定电流(A) 自耦减压启动器	HK1(HH3) QJ3	30/3 25～30 11 kW	30/3 25～30 11 kW	60/3 30～40 11 kW	60/3 40～50 15 kW	60/3 50～60 20 kW
断路器 热元件额定电流(A) 星-三角启动器	DZ5 QX1		25/330 20 13 kW	50/330 25 13 kW	50/330 40 15 kW	50/330 40 30 kW
电流表	1T—A	20 A	30 A	30 A	30 A	50 A
绝缘导线(mm^2)	BLX BLV	2.5	2.5	4	6	10
钢管直径(mm)		G15	G15	G20	G20	G25

（续表）

电动机功率（kW）		22	30	37	45	55	75
设备名称	型号	规格					
闸刀开关	HD13	100/31	100/31	200/31	200/31	200/31	200/31
熔断器（A）	RTO	100	100	100	200	200	200
熔体额定电流（A）		50	80	100	110	120	150
星-三角启动器	QX4	30 kW	30 kW	55 kW	55 kW	55 kW	125 kW
断路器	DZ10	100/330	100/330				
热元件额定电流（A）		50	50				
星-三角启动器	QX1（QX3）	30 kW	30 kW				
铁壳开关	HH3	100/3	100/3	200/3	200/3	200/3	
熔体额定电流（A）		60～80	80～100	125～160	140～160	160～200	
自耦减压启动器	QJ3	28 kW	40 kW	40 kW	50 kW	55 kW	
闸刀开关	HD13		100/30	200/30	200/30	200/30	400/30
熔断器（A）	RM10		100	200	200	200	350
熔体额定电流（A）			80～100	125～160	140～160	160～200	220～260
自耦减压启动器	QJ3		40 kW	40 kW	50 kW	55 kW	75 kW
电流表	1T1—A	75 75/5 A	100 100/5 A	150 150/5 A	150 150/5 A	200 200/5 A	200 200/5 A
电流互感器	LQG—0.5	75/5 A	100/5 A	150/5 A	150/5 A	200/5 A	200/5 A
绝缘导线（mm^2）	BLX BLV	16	25	35	35	50	95
钢管直径（mm）		G25	G32	G40	G40	G50	G75

三、磁力启动器的选择

磁力启动器由交流接触器和热继电器组成，是直接启动电动机的电器，它具有过载和失压保护功能。

1. 磁力启动器线路

磁力启动器的型号很多，但其线路大致相同。

(1) QC10、QC12 型不可逆启动器线路，见图 6-1。图

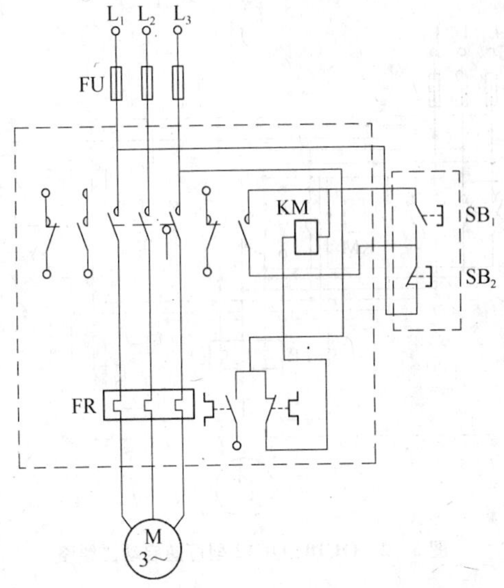

图 6-1　QC10、QC12 型不可逆启动器线路

6－1中，热继电器FR作电动机的过载保护用。当电源电压低于额定电压的85%或电源失电时，启动器便自动跳闸，以保护电动机不被烧毁或在电压突然恢复时造成电动机的自启动。

（2）QC10、QC12型可逆启动器线路，见图6－2。图6－2中，SB_1为正转启动按钮；SB_2为反转启动按钮；SB_3为停止按钮；KM_1为正转接触器；KM_2为反转接触器。正、反转由按钮触点和接触器触点相互连锁，以提高电路的可靠性。

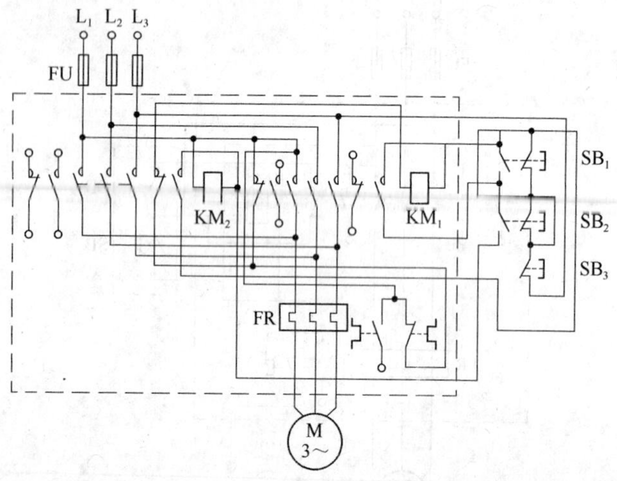

图6－2 QC10、QC12型可逆启动器线路

2. 磁力启动器的技术数据

磁力启动器的产品有 QC1、QC8、QC10、QC12、QC0、QC25 系列等。

QC25 系列磁力启动器的技术数据见表 6－10。

3. 磁力启动器的主要技术性能

(1) 机械寿命

在额定条件下不低于 300 万次，电寿命不低于 60 万次，其热继电器的寿命不低于 1 000 次过载动作。

(2) 操作频率

① 在额定条件下控制鼠笼型异步电动机，正常启动功率因数为 0.35～0.4，TD＝40％，额定电压时接通 6 倍额定电流，17％额定电压下分断额定电流，其操作频率不低于 600 次/h(不带热继电器)；在减轻负载时可提高到 1 200 次/h。

② 一般在带热继电器时，不应超过 60 次/h。

(3) 启动器的接通和分断能力

与组成启动器的交流接触器相同；在工作环境恶劣的场合，宜适量降低。

(4) 具有过载保护特性

带热继电器的启动器，允许过载不超过 5％(视电动机的过载能力而定)，一般过载 20％时，在 20 min 内即动作。

四、星-三角启动器的选择

星-三角启动器在启动时将电动机的定子绕组接成星形，正常运转时接成三角形，以减小启动电流。启动器有手动式

表 6－10　QC25 系列电磁启动器技术数据

型号	额定绝缘电压(V)	额定工作电压(V)	约定发热电流(A)	额定工作电流(A)		额定控制功率(kW)		辅助触头对数	配用接触器型号	配用热继电器	
				IP00	IP40、IP55	IP00	IP40、IP55			型号	电流调节范围(A)
QC25—4	660	660	10	5.2	5.2	4	4	2动合、2动断	CJ20—10	JR20—10	0.1～0.13～0.15、0.15～0.19～0.23、0.23～0.29～0.35、0.35～0.44～0.53、0.53～0.67～0.8、0.8～1～1.2、1.2～1.5～1.8、1.8～2.2～2.6、2.6～3.2～3.8、3.2～4～4.8、4～5～6、5～6～7、6～7.2～8.4、7～8.6～10、8.6～10～11.6
		380		9	9						
		220				2.2	2.2				
QC25—7.5		660	16	9	9	7.5	7.5				
		380		16	16						
		220				4.5	4.5				
QC25—11		660	25	14.5	14.5	13	13		CJ20—16	JR20—16	3.6～4.5～5.4、5.4～6.7～8、8～10～12、10～12～14、12～14～16、14～16～18
		380		25	25	11	11		CJ20—25	JR20—25	7.8～9.7～11.6、11.6～14.3～17、17～21～25、21～25～29
		220				5.5	5.5				
QC25—22	660	660	40	25	25	22	22	2动合、2动断	CJ20—40	JR20—63	16～20～24、24～30～36、32～40～47、40～47～55
		380		45	45						
		220				11	11				
QC25—30		660	63	40	25	35	22			JR20—63	47～55～62、55～63～71
		380		60	60	30	30		CJ20—63		
		220				17	17				
QC25—50		660	100	60	40	50	35			JR20—160	33～40～47、47～55～63、63～74～84、74～86～98、85～100～115、100～115～130、115～132～150、130～150～170、144～160～176
		380		100	100		50		CJ20—100		
		220				28	25				
QC25—75		660	160	100	100	85	50				
		380		150	150	75	75		CJ20—160		
		220				43	43				

和自动式两种。手动式有操作手柄,人工操作;自动式为由时间继电器控制三只交流接触器的工作状态变换来实现电动机定子绕组的接线方式。通常均有过载及失压保护。

星-三角启动器只能用于定子绕组为三角形接线的鼠笼型异步电动机的启动。

电动机绕组接成 Y 形启动时的电流要比接成三角形时的启动电流小 2/3,从而有效地限制启动电流。但启动转矩却随之减少到 1/3。

星-三角启动器多用于启动设备的转矩不大于电动机启动转矩的 1/3、功率不大于 125 kW 的三相鼠笼型异步电动机。

1. 星-三角降压启动线路

星-三角降压启动线路若设计时考虑不周(如未考虑接触器有剩磁、油垢等滞释 0.1 s 左右的可能,对于需反复启动的电动机接触器断开时产生的飞弧等),有可能造成几只接触器同时得电,造成相间短路;反复启动的电动机,其转换过程不可靠。有的线路,当时间继电器失灵时,电动机将长期处在启动状态(星形接线)下运行,容易使电动机烧毁。

(1) 按钮控制星-三角降压启动线路,如图 6－3 所示。它可以实现远距离控制。

工作原理:合上电源开关 QS,按下启动按钮 SB_1,接触器 KM_1 和 KM_2 得电吸合并自锁。此时电动机的三相绕组的首端 U_1、V_1、W_1,通过闭合的 KM_1、主触点分别接入 L_1、L_2、L_3,即 U、V、W 相电源,其尾端 U_2、V_2、W_2 由 KM_3 主触点连接在一起,电动机绕组在星形接法下降压启动。当电动机转速趋于正常转速时,按下按钮 SB_2,其常闭触点打开,接触

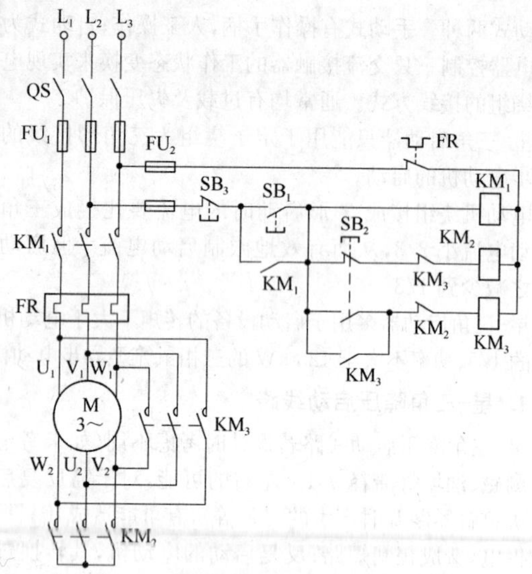

图 6-3　按钮控制星-三角降压启动线路

器 KM_2 失电释放，其常闭辅助触点闭合，而 SB_2 的常开触点闭合，接触器 KM_3 得电吸合，电动机三相绕组的尾端 U_2 与 V_1 连接，V_2 与 W_1 连接，W_2 与 U_1 连接，电动机在三角形接线下全压运行。欲使电动机停止运行，只要按下停止按钮 SB_3，则接触器 KM_1 和 KM_3 失电释放，电动机停转。

（2）自动控制星-三角降压启动线路

自动控制星-三角降压启动线路是通过时间继电器控制实现星-三角转换的。自动控制星-三角降压启动器有 QX3、

QX4 系列等。

图 6－4 为 QX3 系列自动星-三角降压启动器线路。

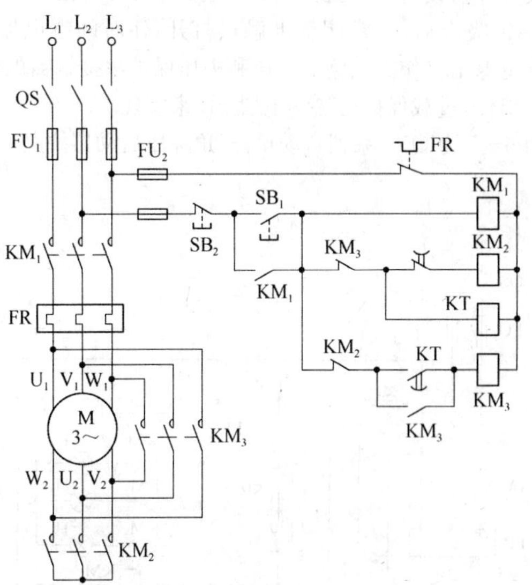

图 6－4　QX₃ 系列自动星-三角降压启动器线路

工作原理:合上电源开关 QS,按下启动按钮 SB_1,接触器 KM_1 得电吸合并自锁,同时接触器 KM_2 也得电吸合,电动机三相绕组在星形接法下降压启动。在 KM_1 和 KM_2 吸合的同时,时间继电器 KT 通过接触器 KM_3 的常闭辅助触点通电计时。

经过一段延时后(这时电动机已趋于正常转速),时间继电器 KT 常闭触点打开，接触器 KM_2 失电释放，其常闭辅助触点闭合，同时时间继电器的常开触点闭合，使接触器 KM_3 得电吸合并自锁，将电动机三相绕组接成三角形在全压下运行。KM_3 吸合后，其常闭辅助触点打开，使时间继电器 KT 断电复位退出工作。电路的欠压和失压保护由接触器的电磁机构来担任，过载保护由热继电器 FR 来实现。

图 6-5 为 QX4 系列自动星-三角降压启动器线路。

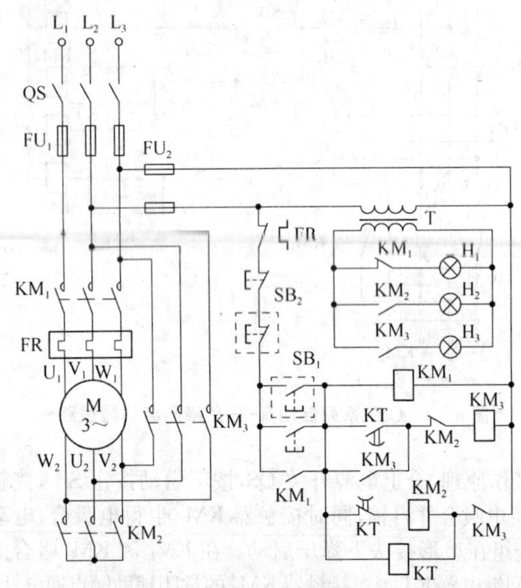

图 6-5　按钮控制星-三角降压启动线路

QX4 系列自动星-三角降压启动器与 QX3 系列基本相同。图中虚框中按钮为远控用。图中 H_1 为电源，即停机指示灯，H_2 为启动指示灯，H_3 为运行指示灯。

2. 常用星-三角启动器的技术数据

QX2 系列和 QJ3X 系列手动星-三角启动器的技术数据见表 6-11 和表 6-12。

表 6-11　QX2 系列手动星-三角启动器技术数据

启动器容量(kW)	13		30	
电动机最大功率(kW)	13		30	
额定电压(V)	380	500	380	500
触头工作电流(A)	16	12	40	26

表 6-12　QJ3X 系列手动星-三角启动器技术数据

型号	电动机最大功率(kW)		不带油重(kg)	油重(kg)
	220 V	380 V		
QJ3X—40	20	30	23	5.5
QJ3X—80	40	55	30	7.5
QJ3X—150	75	125	36	8.5

QX3 系列和 QX4 系列自动星-三角启动器的技术数据见表 6-13 和表 6-14。

表 6-13　QX3 系列自动星-三角启动器技术数据

型号	电动机最大功率 (kW)			热继电器的热元件额定电流 (A)	热继电器整定范围 (A)	吸引线圈消耗功率	
	220 V	380 V	500 V			启动 (V·A)	正常工作
QX3—13	7.5	13	13	11 16 22	6.8～11 10～16 14～22	280	44 V·A18 W
QX3—30	16	30	30	32 45	20～32 28～45	370	64 V·A24 W

表 6-14　QX4 系列自动星-三角启动器技术数据

型号	电动机最大功率 (kW)	额定电流 (A)	热元件整定电流近似值 (A)	时间继电器整定近似值 (s)
QX4—17	13	26	15	11
	17	33	19	13
QX4—30	22	42.5	25	15
	30	58	34	17
QX4—55	40	77	45	20
	55	105	61	24
QX4—75	75	142	85	30
QX4—125	125	260	100～160	14～60

当电动机绕组接成三角形时，启动器的热继电器是接在三角形内，故表中热元件选择及整定应以被控电动机额定线电流的 $1/\sqrt{3}$ 为依据；启动器最高操作频率为每小时 30 次，二次连续启动的间隔时间不得小于 90 s。

启动器接触器线圈能保证在其额定电压的 85%～105% 内正常工作，其释放电压约为额定电压的 50%或以下。

3. 启动时间的计算

星-三角法或自耦变压器法启动异步电动机时，从启动到切换为全电压运行的时间，可由下式计算：

$$t = \frac{\pi n J}{30 M_q} \tag{6-8}$$

式中　t——启动时间(s)；

n——切换终止时的电动机转速，一般取 $n = 0.7 \sim 0.8 n_N$(r/min)；

n_N——电动机额定转速(r/min)；

J——转动惯量（包括电动机和负载的总转动惯量）($N \cdot m^2$)；

M_q——平均启动转矩($N \cdot m$)，$M_q = 0.45 \sim 0.5(M_s + M_{max})$；

M_s——转差率 $s = 1$ 时的启动转矩($N \cdot m$)；

M_{max}——电动机的最大转矩($N \cdot m$)。

M_s 和 M_{max} 均为电动机在额定工况下的数据。

五、自耦降压启动器的选择

在自耦变压器降压启动（简称自耦降压启动）线路中，电动机启动电流的限制是依靠自耦变压器的降压作用来实现的。电动机启动时,定子绕组得到的电压是自耦变压器的二次电压;启动完毕,自耦变压器从电路里退出,电源额定电压直接加在定子绕组上,电动机进入全压正常运行。自耦变压器二次侧一般有几个抽头,可以根据具体情况选择不同的变压比调节电动机启动电流和启动转矩。

自耦降压启动方式对运行时为星形接线或三角形接线的鼠笼型异步电动机均适应。通常用于控制 320 kW 以下的电动机作不频繁启动、停止使用,具有过载和失压等保护功能。

自耦降压启动器的启动电流和启动转矩有如下关系:

$$I_{1q} = K^2 I_{qN}, M_q = K^2 M_{qN} \tag{6-9}$$

式中 I_{1q}——降压启动时自耦变压器的一次侧电流(A);

I_{qN}——在额定电压下的启动电流(A);

K——自耦变压器的变化,$K = U_2/U_1 < 1$;

M_q——降压启动时电动机的启动转矩(N·m);

M_{qN}——在额定电压下的启动转矩(N·m)。

1. 自耦降压启动器线路

(1) 手动控制自耦降压启动线路

QJ3 系列手动控制自耦降压启动线路如图 6-6 所示。

工作原理:合上电源开关 QS,将操作手柄推至“启动”位置,三相交流电便通过自耦变压器降压后与电动机相连。待启动完毕后,把操作手柄拉向“运行”位置,自耦变压器退出运行,电动机直接接到三相电源上作全压正常运行。此时脱扣

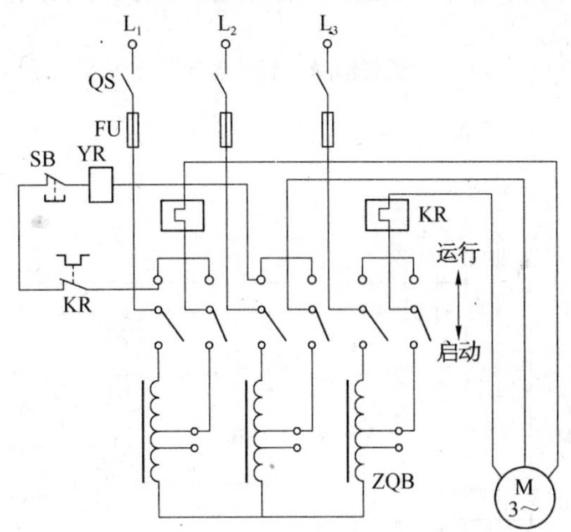

图 6－6 QJ3 系列手动自耦降压启动器线路

线圈 YR 得电吸合，通过连锁机构保持操作手柄在“运行”位置。停机时，按下停止按钮 SB 即可。

（2）自动控制自耦降压启动线路

自动控制自耦降压启动线路是通过时间继电器控制实现自耦变压器接入与退出转换的。自动控制自耦变压器降压启动器有 XJ 系列、XJ10 系列和 XJ01 系列等。这三种系列的线路结构基本相同。

XJ01 系列自耦降压启动器适用于 380 V、容量在 300 kW

及以下的电动机作降压启动用。启动器具有过载、失压等保护功能。

XJ01—14～20 型自耦降压启动器线路如图 6－7 所示。

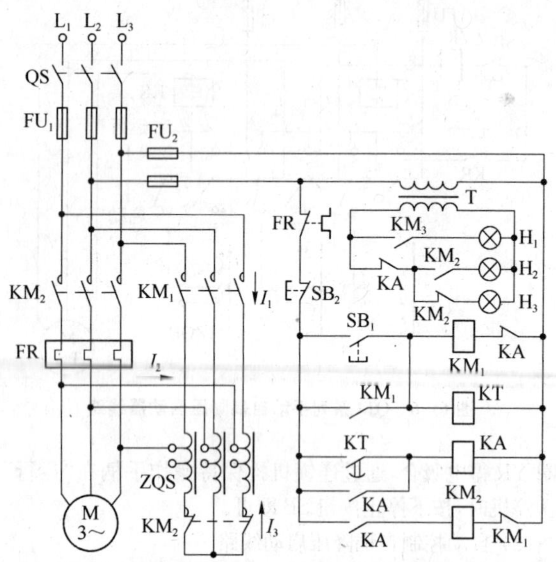

图 6－7　XJ01—14～20 型自耦降压启动器线路

XJ01—28～75 型自耦降压启动器线路如图 6－8 所示。

主回路中采用两只(图 6－7)和三只(图 6－8)交流接触器自动切换，KM_1(图 6－7)和 KM_1、KM_2(图 6－8)为启动

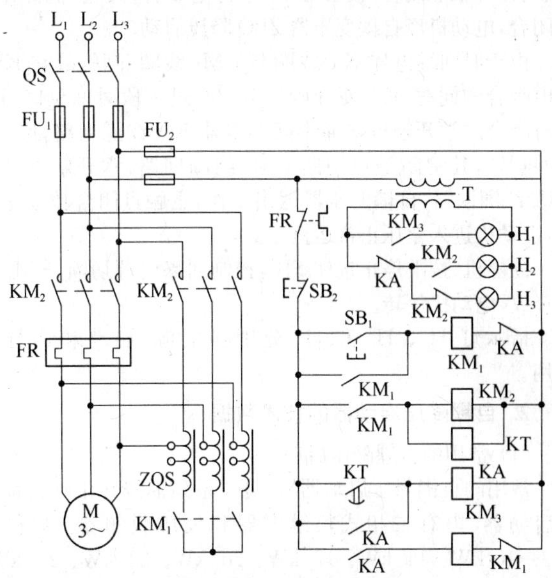

图 6－8　XJ01—28～75 型自耦降压启动器线路

接触器，KM_2（图 6－7）和 KM_3（图 6－8）为运行接触器。启动时间由时间继电器 KT 决定（5～120 s 可调）。这两种启动器的工作原理基本相同，现以 XJ01—28～75 型为例叙述如下：

工作原理：合上电源开关 QS，控制回路电源接通，电源指示灯 H_3 亮。按下启动按钮 SB_1，接触器 KM_1 得电吸合，其主、辅常开触点闭合，接触器 KM_2 得电吸合，其主、辅常开触点闭合，电动机经自耦变压器 ZBQ 降压启动。

由于时间继电器 KT 线圈与 KM_2 线圈并联，故在 KM_2 得电吸合的同时，KT 便开始延时。经过一段时间延时，KT 延时闭合的常开触点接通中间继电器 KA 线圈回路，KA 吸合并自锁，其常闭触点切断 KM_1 线圈回路，常开触点接通 KM_3 线圈回路，自耦变压器退出工作，主触点闭合接通主电路，电动机进入全压正常运行。

欲停机，按下停止按钮 SB_2，控制回路电源切断，KM_3 失电释放，电动机停转。

指示灯 H_3、H_2 和 H_1 分别作电源、启动和运行指示用。

2. 自耦降压启动器的技术数据

(1) 常用的自耦降压启动器

常用的自耦降压启动器有：QJ3 系列油浸式手动自耦降压启动器，内有二相式热继电器和失压脱扣器。规格有 QJ3—10 kW、14 kW、17 kW、20 kW、22 kW、28 kW、30 kW、40 kW、45 kW、55 kW、75 kW 等。

QJ10 系列空气式手动自耦降压启动器，与 QJ3 系列相比，省去了油和油箱，采用了 JR16—3D 型带断相保护的热继电器。规格有 QJ10—10 kW、13 kW、17 kW、22 kW、30 kW、40 kW、55 kW、75 kW 等。还有 QJ01 系列，规格完整。

XJ01 系列自动控制自耦降压启动器，保护性能完善。规格完整，有 XJ01—14 kW、20 kW、28 kW、40 kW、55 kW、75 kW、80 kW、95 kW、100 kW、110 kW、115 kW、125 kW、

130 kW、135 kW、150 kW、155 kW、160 kW、180 kW、190 kW、200 kW、210 kW、220 kW、225 kW、260 kW、280 kW、300 kW 等。

自动控制自耦降压启动线路是通过时间继电器控制实现自耦变压器接入与退出转换的。这类启动器还有 XJ 系列、XJ10 系列等。它们的线路结构基本相同。

QJW6—22 型无触点降压启动器，采用双向晶闸管降压，可用于鼠笼型异步电动机的降压启动与停止，也可用于绕线型异步电动机的启、停和调速，也可用于其他负荷的降压调节。额定电流 80 A，可控制 22 kW 鼠笼型电动机或 40 kW 绕线型电动机。

QJ10、QJ10D 系列自耦降压启动器的技术数据见表 6 - 15。

（2）新产品 JJ3B 型自耦降压启动器

该产品采用软切换启动，在整个启动过程中消除了二次冲击电流，其启动电流与软启动相似，而启动转矩较软启动的大。

传统的自耦降压启动器在启动过程中采用二次切换技术，如电压从 65%切换到 100%时有一个断电过程，使电网产生二次冲击，这对电动机和生产机械均产生不良影响。而第二次冲击电流可能比第一次更大，对于风机、水泵容易产生破坏性的自激现象。而 JJ3B 型启动-运行转换方式是采用电流转换，当启动电流下降到 $1.3I_N$，即相当于 90% n_N 时，由降压启动转换到全压运行。电流继电器的整定电流可在 1.3～$2I_N$ 范围内调整。启动机有可控制电动机功率从 15～315 kW 的多种规格。

表 6-15　QJ10、QJ10D 系列自耦降压启动器技术数据

型　号	额定电压（V）	电动机额定电流（A）	被控电动机功率（kW）	自耦变压器功率（kW）	热继电器整定电流（A）	最大启动时间（s）	重量（kg）	短路保护配合熔断器型号
QJ10—10	380	20.5	10	10	20.5	30	50	NT00—63
QJ10—13		25.7	13	13	25.7			
QJ10—17		34	17	17	34	40		NT00—80
QJ10—22		43	22	22	43		75	NT00—100
QJ10—30		58	30	30	58			NT00—125
QJ10—40		77	40	40	77	60		NT00—160
QJ10—55		105	55	55	105		95	NT1—200
QJ10—75		142	75	75	142			NT1—224
QJ10D—11		24.6	11	11	24.6	30		NT00—63
QJ10D—15		31.4	15	15	31.4			NT00—80
QJ10D—18.5		37.6	18.5	18.5	37.6			NT00—100

（续表）

型　号	额定电压（V）	电动机额定电流（A）	被控电动机功率（kW）	自耦变压器功率（kW）	热继电器整定电流（A）	最大启动时间（s）	重量（kg）	短路保护配合熔断器型号
QJ10D—22	380	43	22	22	43	40		
QJ10D—30		58	30	30	58			NT00—125
QJ10D—37		71.8	37	37	71.8			NT00—160
QJ10D—45		85.2	45	45	85.2	60		NT1—200
QJ10D—55		105	55	55	105			
QJ10D—75		142	75	75	142			NT1—224

注：① 启动用自耦变压器为短时工作制。

② 表中规定的最长启动时间，系指一次或数次连续启动时间的总和。当达到规定启动时间后，再次启动前的冷却间隔时间不少于 4 h。如果启动时间的总和少于规定值时，则冷却间隔时间可相应缩短。

自耦降压启动器的机械寿命，手动和自动式为 10 000 次，电磁式可达 100 000 次；电寿命在规定的操作条件下应不少于上述机械寿命的 1/2。其通电间隔为 60 s，通电时间不超过 0.3 s。

启动器主触头的通断能力，在电压为额定值的 105%、$\cos\varphi$ 不大于 0.4 时，能承受 8 倍额定电流 20 次接通与分断，每次时间间隔为 30 s，通电时间不大于 0.5 s，之后仍能继续工作。

启动自耦变压器为短时工作制，当电动机接在 65% 或 80% 额定电压比抽头时，其连续负载时间应符合表 6-16 的规定。如再次承受负载时，需冷却 4 h 以上。这样保证自耦变压器的温升不会超过 130 ℃。

表 6-16　自耦降压启动器承载时间

可供启动的电动机额定功率(kW)	一次或数次连续负载时间的总和(s)	可供启动的电动机额定功率(kW)	一次或数次连续负载时间的总和(s)
10～13	30	100～125	80
17～30	40	132～320	100
40～75	60		

3. 自耦降压启动器中交流接触器的选择

自耦降压启动器中各交流接触器的电流分配如图 6-8 所示。KM_3 为主交流接触器，即运转交流接触器，它应按连续工作制考虑。KM_1 和 KM_2 为启动用交流接触器，属于短时工作制。

流过各接触器的电流计算如下：

$$I_1 = R^2 I_{qN} \tag{6-10}$$

$$I_3 = k(1-k) I_{qN} \tag{6-11}$$

假设电动机的额定功率为 75 kW，额定电压 U_N 为 380 V，额定电流 I_N 为 142 A，启动电流为额定电流的倍数 K 为 6，则当 $k = n\% = 80\%$ 时，

$$I_1 = k^2 K I_N = 0.8^2 \times 6 \times 142 = 545 \text{ A}$$

$$I_3 = k(1-k) K I_e = 0.8 \times (1-0.8) \times 6 \times 142 = 136 \text{ A}$$

当 $k = n\% = 65\%$ 时

$I'_1 = 0.65^2 \times 6 \times 142 = 360$ A，可见 $I'_1 < I_1$

$I'_3 = 0.65 \times (1-0.65) \times 6 \times 142 = 194$ A，可见 $I'_3 > I_3$

KM_3 按连续工作制，其额定电流选择与电动机额定电流 I_e 相同，可选用 160 A 交流接触器。KM_1 和 KM_2 都是短时工作制，从发热的角度看，它们的额定电流可选较小，但它们应能通断 I'_3 和 I_1 启动电流。故 KM_1 的额定电流应为 $I'_3/K = 194/6 = 32$ A；KM_2 的额定电流应为 $I_1/K = 545/6 = 91$ A。因此 KM_1 可选用 40 A、KM_2 可选用 100 A 交流接触器。

六、异步电动机电阻降压启动

鼠笼型三相异步电动机电阻降压启动，适用于中等功率的电动机要求平稳启动的场合。启动时，电动机定子绕组串

入降压电阻 R,启动完毕后,交流接触器主触点闭合,短接降压电阻,电动机接入全电压正常运行。

采用电阻降压启动的电动机,启动时加在定子绕组上的电压约为全电压的 0.5 倍,所以其启动转矩约为额定电压下启动转矩的 0.25 倍。另外,启动电阻上的能耗也较大,因此只适用于对启动转矩要求不高的场合。电阻降压启动法具有软启动的特点。

1. 启动时一相绕组串入降压电阻 R 的方法

这种方法,被串入电阻 R 的一相电流可减小,但其他两相电流还是很大,故只适用于对启动电流要求不严而需要“软启动”的场合。

降压电阻 R 可按下式计算:

$$R = K\frac{\sqrt{3}U_N}{I_q} \tag{6-12}$$

$$I_q = K_q I_N \tag{6-13}$$

式中 R——降压电阻(Ω);

U_N——电动机额定电压(V);

I_q——未串降压电阻时电动机的启动电流(A);

I_N——电动机额定电流(A);

K_q——电动机启动电流为额定电流的倍数;

K——启动转矩系数,可由表 6-17 查得。

在表 6-17 中,$k = M'_q/M_q$,M'_q 为所需要的软启动转矩,M_q 为原启动转矩。

表 6-17　启动转矩系数 *K* 值

k	0.2	0.3	0.4	0.5	0.6	0.7	0.8	0.9	1.0
K	1.5	1.0	0.8	0.6	0.4	0.25	0.15	0.1	0

2. 启动时三相绕组串入降压电阻 *R* 的方法

线路如图 6-9 所示。工作原理：合上电源开关 QS，按下启动按钮 SB_1，启动接触器 KM_1 得电吸合并自锁，降压启动

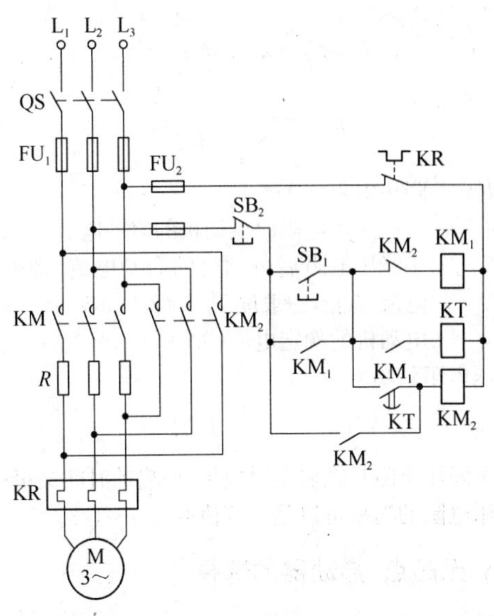

图 6-9　电阻降压启动线路

电阻 R 串入定子回路，电动机降压启动。在 KM_1 吸合的同时，其常开辅助触点闭合，时间继电器 KT 线圈通电，经过 5～10 s 延时后，其延时闭合常开触点闭合，运行接触器 KM_2 得电吸合并自锁，电动机经 KM_2 主触点接入全电压进入正常运行状态。同时 KM_2 的常闭辅助触点断开，KM_1 失电释放，电阻 R 从定子回路切除。KM_1 常开辅助触点断开，时间继电器 KT 失电复位。

降压电阻 R 可按下式计算：

$$R = \frac{220}{I_q}\sqrt{\left(\frac{I_q}{I'_q}\right)^2 - 1} \qquad (6-14)$$

或

$$R = 190 \times \frac{I_q - I'_q}{I_q I'_q} \qquad (6-15)$$

式中 R——降压电阻(Ω)；

I_q——未串降压电阻时电动机的启动电流(A)；

I'_q——串降压电阻后电动机的启动电流[即允许启动电流(A)]，一般取 $I'_q = (2 \sim 3) I_N$；

I_N——电动机的额定电流(A)。

降压电阻的功率为

$$P = I'^2_q R$$

由于降压电阻只在启动时应用，而启动时间又很短，所以实际选用电阻的功率可以是计算值的 1/4～1/3。

七、无触点、启动器的选择

无触点启动器是利用晶闸管的导通角可变特性来控制电

路的无触点、无火花启动设备。以 QWJ2 系列无触点启动器为例，它适用于交流 50 Hz、额定电压至 380 V、额定功率 132 kW 及以下的三相异步电动机，作为直接或降压启动和节电运行之用。其启动特性平滑、无冲击、无火花、节电效果明显，保护功能齐全，具有过负载、过电流、短路、断相、欠压等多种保护功能，有显示装置。

QWJ2 系列节电型无触点启动器采用防滴式外壳，挂墙式安装。一、二次回路采用插接件连接，便于零部件更换和维修，采用风冷式散热，有专设风道，使晶闸管散热良好，又使元件免受尘埃侵入。整机采用晶闸管模块及集成电路元件、体积小。

1. 技术数据

QWJZ 系列无触点启动器的技术数据见表 6－18。

2. QWJ2 系列无触点启动器的保护特性

(1) 当电动机电流 $\geqslant 1.2I_N$ 时，其动作时间 $t \leqslant 10$ min；当电动机电流 $\geqslant 8I_N$ 时，$t \leqslant 100$ ms。

第四节 电动机的制动与调速装置

一、异步电动机常用制动方式的比较

为了防止电动机停机后由于设备机械的惯性作用而产生滑行，应采取制动控制，以便使电动机迅速而准确停机。常用的制动方式有机械制动(包括电磁抱闸)、反接制动、发电制动和能耗制动等。

表 6－18　QWJ2 系列节电型无触点启动器技术数据

型号	额定电压 U_N(V)	约定发热电流 (A)	额定电流 I_N(A)		控制电动机额定功率 (kW)	启动特性			保护动作特性	
			三线接法	六线接法		启动电压调整范围	启动时间 (s)	最大启动电流	电动机启动电流	动作时间
QWJ2—10	380	10	2.75	1.3	1	0～100% U_N	1～120	$\leqslant 3I_N$	$\geqslant 1.2I_N$ $\geqslant 8I_N$	$\leqslant$10 min $\leqslant$100 ms
			3.65	1.8	1.5					
			5.03	2.6	2.2					
			6.82	3.5	3					
			8.77	4.6	4					
			—	6.5	5.5					
			—	9	7.5					
QWJ2—20		20	11.6	—	5.5					
			15.4	—	7.5					
			—	13	11					
			—	18	15					

（续表）

型号	额定电压 U_N(V)	约定发热电流 (A)	额定电流 I_N(A)		控制电动机额定功率 (kW)	启动特性			保护动作特性	
			三线接法	六线接法		启动电压调整范围	启动时间 (s)	最大启动电流	电动机启动电流	动作时间
QWJ2—40	380	40	22.6	—	11	0～100% U_N	1～120	$\leqslant 3I_N$	$\geqslant 1.2I_N$ $\geqslant 8I_N$	$\leqslant$10 min $\leqslant$100 ms
			30.3	—	15					
			34	22	18.5					
			—	26	22					
			—	33	30					
QWJ2—6		60	42.5	—	22					
			57	—	30					
			—	40	37					
			—	49	45					
			—	60	55					

（续表）

型号	额定电压 U_N(V)	约定发热电流 (A)	额定电流 I_N(A)		控制电动机额定功率 (kW)	启动特性			保护动作特性	
			三线接法	六线接法		启动电压调整范围	启动时间 (s)	最大启动电流	电动机启动电流	动作时间
QWJ2—100	380	100	70	—	37	0～100% U_N	1～120	$\leqslant 3I_N$	$\geqslant 1.2I_N$ $\geqslant 8I_N$	≤10 min ≤100 ms
			84.2	—	45					
			—	80	75					
QWJ2—150		150	103	—	55					
			140	—	75					
			—	94.7	90					
			—	110.8	110					
QWJ2—200		200	164	—	90					
			205	—	110					
			—	142	132					

注：(1) 对表中六线接法、三线接法电动机而言，其额定电流 I_N 值表示启动器控制电动机的相电流值。

(2) 当主电路出现任一相断相时，启动器断相指示灯亮，电动机停止运行。

(3) 当电网电压低于 75% U_N 时，启动器停止工作。

(4) 当主电路出现短路故障时，机内熔断器迅速熔断，关闭电动机。

机械制动是利用摩擦阻力来达到制动目的的，其中应用最多的是电磁抱闸制动器。电磁抱闸制动的特点是行程小，机械部分的冲击小，能承受频繁动作。

反接制动，就是在断电的同时，把输入电源的相序变换一下，改变电动机定子旋转磁场的方向，使转子产生一个逆旋转的制动力矩。经过短暂的时刻，再把输入的电源切断，电动机就会很快停止转动。

能耗制动又称动力制动，是指在供电电源切断后，立即向电动机定子绕组通以直流电流，以形成一个固定(静止)的磁场，消耗因惯性仍按原方向转动的转子功能，使电动机减速停转。

反接制动与能耗制动的优点比较见表6-19。

表6-19 反接制动与能耗制动的比较

制动方式 比较项目	反接制动	能耗制动
制动设备	速度继电器	直流电源
制动效果	制动力强，准确性差，冲击强烈	制动准确、平稳
优缺点	制动迅速，但冲击强烈，易损坏传动零件，不宜经常制动	能量损耗小，可方便地调节制动转矩，低速时制动效果差
适用范围	一般适用于铣、镗、中型车床的主轴控制中	磨床、立铣等机床，电动机容量较大和启动频繁的场合

发电机制动又称再生制动。发电机制动是发生在电动机转速高于旋转磁场同步转速的时候(如起重设备当重物下降时就可能发生),转子导体产生感应电流,并在旋转磁场的作用下产生一个反旋转方向的制动力矩,电动机便处于发电制动的状态下运转。这种制动方式,可限制重物下降的速度,并可将储藏的机械能或位能转变为电能,反馈到电网。

二、变频器的运行环境条件

变频器只有在规定的环境下才能安全可靠地工作。若环境条件中有不满足其要求的,则应采取相应的改善措施。变频器的运行环境条件规定见表6-20。

表6-20 变频器的运行环境条件

环境条件	具体规定
环境温度	-10~+50℃。超过此温度范围,电子元器件容易损坏,功能易失灵。应注意通风散热
相对湿度	20%~90%,不结露,无冰冻。否则容易破坏电气绝缘或腐蚀电路板,击穿电子元器件
无灰尘、腐蚀性气体、可燃性气体或油雾	不受日光直晒;否则会腐蚀电路板及电子元器件,并有可能引起火灾事故
海拔	海拔1 000 m以下:海拔越高,气压下降;容易破坏电气绝缘,在1 500 m耐压降低5%,3 000 m耐压降低20%

（续表）

环境条件	具 体 规 定
振动	振动小于 0.6 g，振动过大会使变频器紧固件松动，继电器、接触器等器件误动作，损坏电子元器件
供电电源要求	交流输入电源：电压持续波动不超过±10%，短暂波动不超过+15%～-10%；频率波动不超过±2%，频率的变化速率每秒不超过±1%；三相电源的负序分量不超过正序分量的 15%
	直流输入电源：电压波动范围为额定值的+5%～-7.5%蓄电池组供电时的电压波动范围为额定值的±15%；直流电压纹波不超过额定电压值的 15%

三、变频器的选用及技术数据

1. 变频器的种类

(1) 按变换频率的方法分类

有交-直-交变频器、交-交变频器。

(2) 按电压等级分类

有低压变频器和高压变频器。

低压变频器的电压等级为 380～460 V 以下。单相为 220～240 V，三相为 220 V 或 380～460 V；容量从 0.2～280～500 kW，一般称为中小容量变频器。

高压变频器的电压等级为 3 kV、6 kV 和 10 kV。有高压中、小容量变频器和高压大容量变频器。

(3) 按变频器的控制方式分类

① 第一代以$U/f=C$,正弦脉宽调制(SPWM)控制方式。

② 第二代以电压空间矢量(磁通轨迹法),又称 SVPWM 控制方式。

③ 第三代以矢量控制(磁场定向法),又称 VC 控制方式。

④ 第四代以直接转矩控制,又称 DTC 控制方式。

四种控制方式的基本参数见表 6-21。

表 6-21 四种控制方式比较

控制方式	$U/f=C$控制		电压空间矢量控制	矢量控制		直接转矩控制*
反馈装置	不带PG	带PG或PID调节器	不要	不带PG	带PG或编码器	不要
速比i	<1∶40	1∶60	1∶100	1∶100	1∶1 000	1∶100
启动转矩(在3 Hz)	150%	150%	150%	150%	零转速时为150%	零转速时为>150%~200%
静态速度精度(%)	±(0.2~0.3)	±(0.2~0.3)	±0.2	±0.2	±0.02	±0.2
适用场合	一般风机、泵类等	较高精度调速,控制	一般工业上的调速或控制	所有调速或控制	伺服拖动、高精传动、转矩控制	重载启动、启重负载转矩控制系统,恒转矩波动大负载

注:*直接转矩控制,在带PG或编码器后i可拓宽1∶1 000,静态速度精度可达±0.01%。

2. 变频器的选用原则

目前市场上的变频器的种类很多，有我国成都佳灵电气制造公司产的，有德国、英国、美国、瑞典、日本、中国台湾等公司产的，且同一公司又有许多不同型号，价格相差也很大。选用变频器时不要认为档次越高越好，而应按拖动负载的特性选择合适的变频器，满足使用要求就可，以便做到量才使用，经济实惠。

另外，变频器的容量选择与电动机容量能否充分发挥密切相关。变频器容量选择过小，则电动机潜力就不能充分发挥；相反，变频器容量选择过大，变频器的余量就显得没有意义，且增加了不必要的投资。

3. 国产变频器的技术数据

如成都佳灵公司生产的全数字通用型电力变频器 JP6C—T 规格性能见表 6－22。

表 6－22　JP6C—T 型全数字式电力变频器规格性能

容量(kV·A)	2	4	6	10	15	25	35	50	60	100	150	200	230
输出电流(A)	3	6	9	15	23	38	53	76	91	152	228	304	350
适用电动机(kW)	0.75	2.2	3.7	5.5	7.5	15	18.5	30	37	55	90	132	160
输入电源	三相 380 V(＋10%～－15%)、50/60 Hz												
输出频率(Hz)	0.5～0.6；0.5～50；1～120；3～240；最高 400												
输出电压(V)	380												
控制方式	磁通控制正弦波 PWM												

(续表)

频率精度	最高频率的±0.1%(25 ℃±10 ℃)
过载能力	电流为额定值的 1.5 倍时为 1 min(50 kV·A 以下);电流为额定值的 1.3 倍时为 30 s(50 kV·A 以上)
变换效率	额定负载时约为 95%
保护功能	过流、过载、过压、失速、缺相
显示	51 种显示功能
外端子功能	转速、电压、力矩、闭环、正转、反转、启动、停止、故障信号、转速预置
设置场所	室内(无尘埃、无腐蚀性气体)
环境温度	-10～+40℃
相对湿度	90%以下(无凝露)
振动	0.5 g 以下

第五节　电动机保护

一、异步电动机保护方式及规定

1. 异步电动机的保护方式及选择

三相异步电动机的保护方式很多,按照保护装置安装方式分为安装在电动机外部(即外测法)保护装置和安装在电动机内部(即内测法)保护装置,见表 6－23。

表 6－23　电动机保护装置按照安装方式分类

<table>
<tr><th>安装位置</th><th colspan="2">保护方式</th></tr>
<tr><td rowspan="3">安装在电动机内部(内测法)</td><td colspan="2">盘式温度继电器</td></tr>
<tr><td rowspan="2">温度继电器</td><td>速动双金属片</td></tr>
<tr><td>正温度系数热敏电阻</td></tr>
<tr><td rowspan="9">安装在电动机外部(外测法)</td><td colspan="2">感应型过流继电器</td></tr>
<tr><td colspan="2">双金属(过流)继电器</td></tr>
<tr><td rowspan="2">电动机用自动开关</td><td>双金属脱扣</td></tr>
<tr><td>电磁脱扣</td></tr>
<tr><td colspan="2">电子式保护装置</td></tr>
<tr><td colspan="2">熔断器</td></tr>
<tr><td colspan="2">各种断相保护装置</td></tr>
<tr><td colspan="2">红外线保护装置</td></tr>
<tr><td colspan="2">轴承保护装置</td></tr>
</table>

外测法保护电动机,一般检测信号都采样于电流或电压,是间接检测方法,不是直接测量电动机绕组温度,所以可靠性较检测信号直接取自绕组温度的内测法差些。

各类电动机保护装置各有其特点,表 6－24 列出各类电动机保护装置保护性能比较。

表 6-24　各类电动机保护装置性能比较

	名称	过载	直接断相	受潮	过压欠压	堵转	短路	机械故障	绝缘老化	供变低压侧断相	供变高压侧断相	内部断相	Ⅰ级	Ⅱ级
	故障率(%)	25	30	6	3	18	5	6	2	1	1	3		
内测法	温度保护器	○	√	○	○	√	○	○	○	√	×	√	×	×
	温度传感保护器	○	○	○	○	○	○	○	○	○	○	○	○	○
外测法	熔断器	×	×	×	×	×	○	×	×	×	×	×	×	×
	普通热继电器	○	√	×	√	√	×	×	×	×	×	×	×	×
	D型热继电路	○	○	×	√	√	×	×	×	×	×	×	√	×
	断相保护器	√	○	×	×	×	×	×	×	×	×	√	○	×
	多功能保护器	○	○	√	√	○	○	√	○	√	√	○	○	×

注：○起保护作用，√不可靠，×不起保护作用。

热继电器保护的优缺点：热继电器作为电动机过载保护具有结构简单、价廉、使用方便等特点。但热继电器的动作直接与电动机的定子电流有关，而电动机发热有一部分与定子电流无关，热继电器不能反映通风损坏、转子过热、电压上升或不对称引起铁耗增加等造成的故障，而且热继电器还受周围环境温度的影响，有可能使它发生误动作。

然而，目前中小容量的电动机仍然广泛使用热继电器作过载保护。今后在一定时期内，热继电器保护仍然是一种普遍应用的保护方式之一。

2. 有关电动机保护的标准与规定

(1) 电动机的保护

交流电动机应装设短路保护和接地故障保护，并应根据具体情况分别装设过载保护、断相保护和低电压保护。同步电动机尚应装设失步保护。

(2) 数台电动机共用一套短路保护电器的条件

每台交流电动机应分别装设相间短路保护，但符合下列条件之一时，数台交流电动机可共用一套短路保护电器。

① 总计算电流不超过 20 A，且允许无选择地切断时。

② 根据工艺要求，必须同时启停的一组电动机，不同时切断将危及人身设备安全时。

(3) 电动机保护曲线及整定值的规定

当交流电动机正常运行、正常启动或自启动时，短路保护器件不应误动作。为此，应符合下列规定。

① 正确选择保护电器(熔断器、低压断路器和过电流继电器)的使用类别。

② 熔断体的额定电流应大于电动机的额定电流。当电动机频繁启动和制动时，熔断体的额定电流应再加大 1～2 级。

③ 瞬动过电流脱扣器或过电流继电器瞬动元件的整定电流，应取电动机启动电流的 2～2.5 倍。

(4) 电动机接地故障保护规定

交流电动机的接地故障保护应符合下列规定。

① 每台电动机应分别装设接地故障保护，但共用一套短路保护电器的数台电动机，可共用一套接地故障保护器件。

② 接地故障保护应符合现行国家标准《低压配电设计规范》的规定。

③ 当电动机的短路保护器件满足接地故障保护要求时，应采用短路保护兼作接地故障保护。

(5) 电动机过载保护装设规定

交流电动机的过载保护装设应符合下列规定。

① 运行中容易过载的电动机、启动或自启动条件困难而要求限制启动时间的电动机，应装设过载保护。额定功率大于 3 kW 的连续运行电动机，宜装设过载保护；但断电导致损失比过载更大时，不宜装设过载保护，或使过载保护动作于信号。

② 短时工作或断续周期工作的电动机，可不装设过载保护，当电动机运行中可能堵转时，应装设保护电动机堵转的过载保护。

(6) 电动机断相保护规定

交流电动机的断相保护应符合下列规定。

① 连续运行的三相电动机，当采用熔断器保护时，应装设断相保护；当采用低压断相断路器保护时，宜装设断路器保护；当低压断路器兼作电动机控制电器时，可不装设断相保护。

② 短时工作或断续周期工作的电动机或额定功率不超过 3 kW 的电动机，可不装设断相保护。

③ 断相保护器件宜采用断相保护热继电器，也可采用温

度保护或专用的断相保护装置。

(7) 电动机低电压保护规定

交流电动机的低电压保护应符合下列规定。

① 按工艺或安全条件不允许自启动的电动机或为保证重要电动机自启动而需要切除的次要电动机,应装设低电压保护。

次要电动机宜装设瞬时动作的低电压保护。不允许自启动的重要电动机,应装设短延时的低电压保护,其时限可取0.5～1.5 s。

② 需要自启动的重要电动机,不宜装设低电压保护,但按工艺或安全条件在长时间停电后不允许自启动时,应装设长延时的低电压保护,其时限可取 9～20 s。

③ 低电压保护器件宜采用低压断路器的欠电压脱扣器或接触器的电磁线圈;必要时,可采用低电压继电器和时间继电器。

当采用电磁线圈作低电压保护时,其控制回路宜由电动机主回路供电;当由其他电源供电,主回路失压时,应自动断开控制电源。

④ 对于不装设低电压保护或装设延时低电压保护的重要电动机,当电源电压中断后在规定的时限内恢复时,其接触器应维持吸合状态或能重新吸合。

二、异步电动机保护电器的选用及整定

熔断器、断路器、热继电器及过电流继电器是三相异步电动机的主要保护电器元件。它们的选用及整定见表 6－25。

表 6-25 主要保护方式的电器元件选用及整定

元件类型	功能说明	选用及整定
1. 熔断器	作长期工作制电动机的启动及短路保护，一般不作过载保护	(1) 直接启动的笼型电动机熔体额定电流 I_{Nr}按启动电流 I_q 和启动时间 t_q 选取： $I_{Nr} = KI_q$ 式中系数按启动时间选择： $K = 0.25 \sim 0.35$(在 $t_q < 3$ s时) $K = 0.4 \sim 0.8$(在 $t_q = 3 \sim 6$ s时) (2) 降压启动的笼型电动机熔体额定电流 I_{Nr} 按电动机额定电流 I_{Nd} 选取： $I_{Nr} = 1.05 I_{Nd}$
2. 断路器	作电动机的过载及短路保护，并可不频繁地接通及分断电路	① 断路器的额定电流 I_{Nr} 按电动机额定电流 I_{Nd}或线路计算电流 I_j 选取： $I_{Nz} \geqslant I_j$ ② 延时动作的过电流脱扣器的额定电流 I_{TN}按电动机额定电流 I_{Nd}选取： $I_{TN} = (1.1 \sim 1.2) I_{Nd}$ ③ 瞬时动作的过电流整定值 I_{zd}应按大于电动机的启动电流 I_q 选取： $I_{zd} = (1.7 \sim 2.0) I_q$ 动作时间必须大于电动机启动或最大过载时间

（续表）

元件类型	功能说明	选用及整定
2. 断路器		对于可调式过电流脱扣器其瞬动整定值的调节范围为（3～6）或（8～12）倍脱扣器额定电流 I_{Te}，不可调式为（5～10）倍
3. 热继电器	作长期或间断长期工作制交流异步电动机的过载保护和启动过程的过热保护，不宜作重复短时工作制的笼型和绕线型异步电动机的过载保护	按电动机额定电流 I_{Nd} 选择热元件整定电流 I_{zd}，即 $I_{zd}=(0.95\sim1.05)I_{Nd}$ 在长期过载 20%时应可靠动作，此外，热继电器的动作时间必须大于电动机启动或长期过载时间
4. 过电流继电器	用于频繁操作的电动机启动及短路保护	① 继电器额定电流 I_{Nj} 应大于电动机额定电流 I_{Nd}，即 $I_{Nj}>I_{Nd}$ ② 动作电流整定值 I_{jd} 对交流保护电器，按电动机启动电流 I_q 选取： $I_{jd}=(1.1\sim1.3)I_q$ 对直流继电器，按电动机最大工作电流 I_{dmax} 选取： $I_{jd}=(1.1\sim1.5)I_{dmax}$

三、异步电动机启动、保护设备及导线的选择

Y 系列三相异步电动机的启动、保护设备及连接导线的选择，见表 6－26。其他系列异步电动机也可参照此表选择。

表 6－26　Y 系列电动机启动、保护设备及导线选择

型号	功率 (kW)	额定电流 (A)	启动电流 (A)	轻载全压启动 熔管电流/熔体电流(A) RL1	RM10	RT1C	RT0	壳开关 (A)	磁力启动器等级热元件额定电流(A) QC8	QC10	QC12	断路器 型号	脱扣器整定电流(A)	绝缘导线截面(mm²)钢管直径(mm) 35 ℃
Y														
801—4	0.55	1.6	10	15/4	15/6	20/6	50/10	15/5	2/6 2.4	2/6 2.4	2/H 2.4	Z5 20/330	2	2.5 G15
801—2	0.75	19	13	15/5				15/10					3	
802—4		2.1	14			20/10								
90S—6		2.3	14											
802—2	1.1	2.6	18	15/6					2/6 3.5	2/6 3.5	2/H 3.5			
90S—4		2.7	18											
90L—6		3.2	19	15/10									4.5	
90S—2	1.5	3.4	24		15/10	20/15								
90L—4		3.7	24						2/6 5	2/6 5	2/H 5			
100L—6		4.0	24											
90L—2	2.2	4.7	33	15/15	15/15		50/15							
100L1—4		5.0	35	60/20		20/20		15/15					6.5	
112M—6		5.6	34	15/15					2/6 7.2	2/6 7.2	2/H 7.2			
132S—8		5.8	32											
100L—2	3.0	6.4	45	60/20	60/20	20/20	50/20	15/15	2.6 7.2	2.6 7.2	2/H 7.2		10	2.5 G15
100L2—4		6.8	48			30/25								
132S—6		7.2	47											
132M—8		7.7	43											

（续表）

型号	功率(kW)	额定电流(A)	启动电流(A)	轻载全压启动								断路器		绝缘导线截面(mm^2)钢管直径(mm)
				熔管电流/熔体电流(A)				壳开关(A)	磁力启动器等级热元件额定电流(A)			型号	脱扣器整定电流(A)	
Y				RL1	RM10	RT10	RT0		QC8	QC10	QC12			35 ℃
112M—2	4.0	8.2	57	60/30	60/25	30/25	50/30	30/20	2/6 11	2/6 11	2/H 11	DZ5 20/330	10	2.5 G15
112M—4		8.8	62										15	
132M1—6		9.4	61				50/20							
160M1—8		9.9	59											
132S1—2	5.5	11	78	60/35	60/35	30/30	50/30	30/25	3/6 11	3/6 11	3/H 11			
132S—4		12	81											
132M2—6		13	82						3/6 16	3/6 16	3/H 16			
160M2—8		13	80											
132S2—2	7.5	15	105	60/50	60/45	60/40	50/40	30/30					20	
132M—4		15	108											
160M—6		17	111						3/6 24	3/6 24	3/H/22	DZ5 50/330		4 G20
160L—8		18	97	60/40										
160M1—2	11	22	153	100/80	60/45	60/50	50/50	60/40	4/6 24	4/6 24	4/H 22	DZ5 50/330	25	6 G20
160M—4		23	158											
160L—6		25	160						4/6 33	4/6 33	4/H 32		30	
180L—8		25	151											
160M2—2	15	29	206		100/80	60/60	100/60	60/60					40	
160L—4		30	212						4/6	4/6	4/H			10/G25
180L—6		32	205											
200L—8		34	205											

（续表）

型号 Y	功率(kW)	额定电流(A)	启动电流(A)	轻载全压启动 熔管电流/熔体电流(A) RL1	RM10	RT10	RT0	壳开关(A)	磁力启动器等级热元件额定电流(A) QC8	QC10	QC12	断路器 型号	脱扣器整定电流(A)	绝缘导线截面(mm²) 钢管直径(mm) 35 ℃
160L—2	18.5	36	249	100/80	100/80	100/80	100/80	100/80	45	45	45	DZ10 100/330	40	10 G25
180M—4		36	251											
200L1—6		38	245						5/6 57	5/6 50	5/H 45		50	
225S—8		41	248											16 G32
180M—2	22	42	295	100/100										
180L—4		43	298											
200L2—6		45	290						5/6 86		5/H 63		60	
225M—8		48	286											
200L1—2	30	57	398		200/125	100/100	100/100	200/100	5/6 86	5/6 72	5/H 63	DZ10 100/330	80	25 G32
200L—4		57	398											
225M—6		60	387											
250M—8		63	378						6/6 86	6/6 72	6/H 85			35 G40
200L2—2	37	70	489		200/160		200/120	200/120						
225S—4		70	489											
250M—6		72	468										100	
280S—8		79	472											

（续表）

型号 Y	功率(kW)	额定电流(A)	启动电流(A)	轻载全压启动 熔管电流/熔体电流(A) RL1	RM10	RT10	RT0	壳开关(A)	磁力启动器等级热元件额定电流(A) QC8	QC10	QC12	断路器 型号	脱扣器整定电流(A)	绝缘导线截面(mm²)钢管直径(mm) 35 ℃
225M—2	45	84	587		200/200		200/150	200/150	6/6 86	6/6 100	6/H 85	DZ/10 100/330	100	50 . G20
225M—4		84	589											
280S—6		85	555						6/6 125		6/H 120	DZ10 250/330	120	
280M—8		93	559											
315S—10		98	637											
225M—2	55	103	719				200/200	200/200	6/6 125	6/6 100	6/H 120	DZ10 250/330	120	50 G50
225M—4		103	718											
280M—6		105	682						7/6 125	7/6 110			140	70 G50
315S—8		109	709											
315M2—10		120	780											
280S—2	75	140	981		350/225		400/250	300/250	7/6 176	7/6 150	7/H 160		160	95 G70
280S—4		140	978											
315S—6		142	923											120 G70
315M1—8		148	962		350/260				7/5 176		7/K 160			
315M3—10		160	1 040										200	

第六节　电动机的安全操作规定

电动机的安全操作规定见表6－27。

表6－27　电动机的安全操作规定

①操作低压刀开关时，操作者应站在开关手柄的右侧，面对电动机和拖动机械，双目注视合闸后电动机的启动、传动装置的传动和被拖动机械的传动情况，发现异常应立即拉闸停车，切勿推上合闸手柄后离开操作位置
②电动机运行时，机上不可搁置异物，风道内不准有任何杂物以防堵塞，周围环境应保持清洁，不可浇水或浇油进行冷却
③仪表的使用按仪表使用说明书中的要求执行
④电动机及其启动装置等，应与可燃物保持一定距离，使启动装置和电动机散发的热量及偶然发生的火花、电弧不致引起火灾
⑤电源控制开关，应有明显表示分开、闭合的标志以便检修人员和操作者看到停送电的状态
⑥电动机及控制板（盘）操作钮站，其他控制开关的金属外壳均应可靠接零（地）保护
⑦新安装的电动机在接线通电使用前，应进行相间及对地的绝缘电阻测试，电压在1 kV以下、容量在1 000 kW以下的绝缘电阻值不低于1 MΩ，高压电动机为1 MΩ/kV

（续表）

⑧ 电动机接线通电使用前，应认真检查电源电压与电动机铭牌上额定电压是否相符，电动机绕组接线是否正确，各接线螺丝是否紧固，电刷是否接触良好。 电动机使用前应认真检查电动机转动是否灵活，有无别劲和卡住现象，转动有无杂音，各紧固螺丝是否松动，风扇是否松动，轴承是否正常
⑨ 控制电动机使用的开关、熔断器、接触器等电器元件必须符合选择条件。 电动机使用熔断器保护时，应根据电动机的额定电流选择合格的熔丝，不得随意用铜线、铝线或铁线代替熔丝
⑩ 电动机投入运行后，三相电源电压的波动不得超过额定值的＋5％和－10％，三相电压不平衡不得超过 5％，三相电流不平衡不得超过 10％。不符合上述条件时，应当立即停车进行检查。 电动机不准长时间过载运行，过载保护要选择适当，整定值要合格，一般整定值为电动机额定电流值。 带消弧罩的控制设备或元器件未装好消弧罩，严禁通电试车，否则将会造成严重弧光短路事故。 一般全压启动的电动机容量，不得超过电源变压器容量的 15％～20％；一般超过 10 kW 的电动机应装设降压起动设备，使其启动电流不超过额定电流的 2.5 倍
⑪ 容量在 40 kW 以上的电动机，均应装设电流表；容量虽不足 40 kW，但负载重要或运行人员必须根据电动机负载调整生产工艺及有其他需要时，亦应装上指示电流表
⑫ 电动机使用低压断路器保护时，开关的脱扣器瞬时动作电流，DW 型断路器可选用 1.35 倍，DZ 型断路器可选用 1.7 倍；延时动作电流数值，应能在正常启动时不动作，过负载时可靠地动作，断路器额定电流一般为额定电流的 1.2 倍

（续表）

⑬ 在电动机投入试运行后，发现启动装置起火冒烟，或电动机振动过大，轴承发热，温度过高，电动机有异常响声，温升迅速升高，电动机转速大幅度下降，电动机所带负载破坏等，都应立即停车
⑭ 电动机必须具有综合性保护措施，如短路、接零（地）、过载、断相、失压和欠压保护等。中小型电动机的短路保护、过载保护，二者不可互相代替。 电动机离控制点较远时，应在电动机工作点附近装设事故紧急停车装置，以保证设备及操作者的安全。操作人员不能判断控制装置的分合状态或远方操作时应装设信号灯，以指示电动机的运行状态和停止状态。电动机可能与人接触的旋转部分和转动部分，都应装设防护罩，或保持不小于 1 m 的安全距离。电动机与低压配电设备的裸露带电部分距离不得小于 1 m。电动机与建筑物或其他设备应留有不低于 1 m 的维护通道
⑮ 刀开关手柄向上应为合，以免因自重垂下发生误合闸事故。各种开关控制设备、元件保护电器都应垂直安装或竖直放置使用。容量在 7 kW 以下的电动机可以使用刀开关控制。一般刀开关切断感性电流以不超过 15 A 为宜，最多不超过 20 A。 表箱、表板、配电箱、开关板、控制柜等，应牢固地安装在干燥、明亮、无震动以及便于抄表、操作和使用维护之处。安装于墙上的配电箱中心距地面高度应为 1.6～1.8 m，明装在墙上的配电板中心距地面高度为 1.8～2 m
⑯ 直流设备的接地装置不宜采用自然接地体，尤其在接地体的尺寸比较大时，由于直流的电解作用，金属部分易受侵蚀。直流电弧的熄灭比较困难，其控制开关应留有较大的裕度，而且要加强维修。对直流设备在维修之前，应进行放电。直流电动机在 4 kW 以上必须串电阻降压启动。串励电动机不能空载或轻载启动，不得用链条或皮带带动负载运行。直流电动机选用直流电设备必须有

（续表）

足够的容量，否则当电动机拖动负载时，转速会下降，电机升温，可能导致电源设备损坏。直流电动机换向控制必须串电阻，不得在全压条件下换向运行。直流电动机使用整流直流电源时，在主回路中必须装有滤波装置，否则产生谐波影响，使电机抖动、噪声增大、电流增大甚至转速升高
⑰ 电源引线及电机引线如穿金属护线管时，两端应接零（地）或加穿一根不小于相线截面 1/2 的导线作为零（地）线且管内穿线中间不得有接头

第七节　电动机的安装工艺

一、板前布线安装工艺规定

① 在电气线路上编号，可遵循以下规则：

(a) 主电路三相电源相序依次编写为 L1、L2、L3，电源控制开关的出线桩按三相电相序依次编号为 1L1、1L2、1L3。电动机三根引线按相序依次编号为 U、V、W，从下至上每经过一个电器元件的接线桩后，编号要递增，如 1U，1V，1W，2U，2V，2W，…，没有经过接线柱的编号不变。

(b) 控制电路与照明、指示电路，从左至右（或从上至下）只以数字编号，以一个串联回路内电压最大的元件线圈为中心，左侧用单号，右侧用双号（或上侧用单号，下侧用双号），号码自小排起，每经过一个接线桩编号要递增，6 号和 9 号应尽量不同时用在一个控制线路中，以免造成混乱不便判断。

② 布线前根据电器原理图绘出电气设备及电器元件布置与电气接线图。

③ 根据电气原理图中电动机容量，选择出所用电气设备、电器元件、安装附件、导线等，并进行检查。

④ 在控制板上，依据布置图固装元器件，并按电气原理图上的符号，在各电器元件的醒目处，贴上符号标志。

⑤ 所有的控制开关、安装的控制设备和各种保护电器元件，都应垂直安装或竖直放置，空气开关和电磁开关以及插入式熔断器等应装在振动不大的地方。

⑥ 板前布线工艺应注意：

(a) 布线通道尽可能少，同路并列的导线按主、控电路分类集中，单层密排，紧贴安装面布线。

(b) 同一平面导线不能交叉，非交叉不可时只能在另一导线因进入接点而抬高时，从其下空隙穿越。

(c) 布线要横平竖直，弯成直角，分布均匀和便于检修。

(d) 布线次序一般是以接触器为中心，由里向外，由低至高，先控制线路后主电路，主控制回路上下层次分明，以不妨碍后续布线为原则。

⑦ 接头、接点处理应做到：

(a) 给剥去绝缘层的线头两端套上标有与原理图编号相符的号码套管。

(b) 不论是单股线还是多股线的芯线头，插入连接端的针孔时，必须插入到底。多股导线要绞紧，同时导线绝缘层不得插入接线板的针孔，而且针孔外侧导线裸露不能超过芯线外径。螺钉要拧紧，不可松脱。

⑧ 线头与平压式接线桩的连接应注意：

(a) 单股芯线头连接时，将线头按顺时针方向弯成平压圈(俗称羊眼圈)，导线裸露不超过导线芯线外径。

(b) 软线头绞紧后以顺时针方向，圈绕螺钉一周后，回绕一圈，端头压入螺钉。外露裸导线，不超过所使用导线的芯线外径。

(c) 每个电器元件上的每个接点不能超过两个线头。

⑨ 控制板与外部连接应注意：

(a) 控制板与外部按钮、行程开关、电源负载的连接应穿护线管，且连接线用多股软铜线。电源负载也可用橡胶电缆连接。

(b) 控制板或配电箱内的电器元件布局要合理，这样既便于接线和维修，又保证安全和规整好看。

二、板后网式布线安装工艺规定

① 布线工艺上，复杂的电气控制板(箱)可采用板后布线方式，一般是用专用的绝缘穿线板，由板后穿到板前，接到电气控制设备、电器元件的接线柱上。

② 板后布线采用网式布线，就是根据两个接线柱的位置决定线路的走径，板后不分方向，也不要求横平竖直、弯成直角，以自由方式走线，只要求导线拉直即可。

③ 从板后穿到板前部分的导线，要求线路走径横平竖直、弯成直角。导线根据设计要求软线或单股硬线均可。

④ 接头、接点工艺处理均按板前布线安装要求。

三、塑料槽板布线工艺规定

① 较复杂的电气控制设备还可采用塑料槽板布线，槽板

应安装在控制板上，与电气控制设备、电器元件位置横平竖直。

② 槽板拐弯的接合处成直角，并要结合严密。

③ 将主、控回路导线自由布放到槽内，将接线端的线头从槽板侧孔穿出至电气控制设备、电器元件的线桩，布线完毕后将槽盖板扣上，槽板外的引线也要力求完美、整齐。

④ 导线选用应根据设备容量和设计要求，采用单股芯线或多股软芯线均可。

⑤ 接头、接点工艺处理均按板前布线安装要求。

四、线束布线工艺规定

① 较复杂的电力拖动控制设备，按主、控回路线路走径分别排成线束(俗称打把子线)。

② 线束(把子线)中每根导线两端分别套上线路中的同一编号。

③ 从线束(把子线)中，行至各接线桩，均应横平竖直、弯成直角，接头、接点工艺处理均按板前布线安装的要求。

第八节　三相异步电动机的检修

一、拆装三相交流异步电动机

由于维护保养和修理的需要，有时电动机需要拆装，如果拆装不当会损坏电动机的零部件，影响维护和修理的效果。

1. 拆卸异步电动机

拆卸电动机之前,必须拆除电动机与外部电气连接的连线,拆卸步骤如图 6 - 10 所示。具体操作及注意事项详见表 6 - 28。

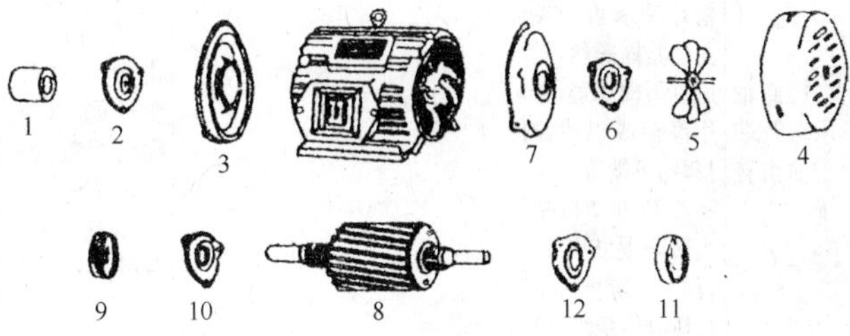

图 6 - 10　异步电动机拆卸步骤

表 6 - 28　异步电动机的拆卸步骤及注意事项

拆卸项目	拆卸步骤	图　示	注意事项
皮带轮或联轴器的拆卸	拆卸前,先在皮带轮或联轴器的轴伸端做好定位标记,然后将皮带轮或联轴器的紧固螺丝或销子松开,用拉具将皮带轮或联轴器慢慢拉下来	拉具拆卸皮带轮	拉具拉时要注意皮带轮或联轴器的受力情况,务必使合力沿轴线方向,拉具顶端不得损坏转子轴端中心孔

（续表）

拆卸项目	拆卸步骤	图　示	注意事项
拆卸轴承盖及端盖抽出转子	拆卸前先在机壳与端盖的接缝处做好标记，均匀松开轴承盖及端盖的紧固螺丝，然后拆下轴承盖，再用铜棒或铝棒敲打，卸下端盖。 小型电动机抽出转子是人工进行的，为防止人手打滑碰伤绕组，应用红钢纸板垫在绕组端部进行		用铜棒敲击端盖时避免过重，以免损伤端盖；抽出转子时，注意不能碰伤绕组
拆卸轴承	抽出转子后初步检查轴承，按右图示方法拉下轴承	电动机轴承的拆卸	拉力着力点于轴承内圈，不能拉外圈，以免损坏轴承拉具顶端不得损坏转子轴端中心孔
清洗轴承	清洗轴承时，先刮下轴承盖上的废油，用煤油或汽油洗净轴承盖上残存的油污，然后用清洁布擦干		

（续表）

拆卸项目	拆卸步骤	图 示	注意事项
检查轴承	轴承洗净后，用手旋转轴承外圈，检查其转动是否灵活，有无异常响声。如出现卡住或过松现象可在灯光照射下仔细观察一下，滚道表面、轴承架及滚珠表面有无锈迹、斑痕等		表面有锈迹、斑痕或明显异常响声的轴承不宜再用，应更换新轴承

2. 装配异步电动机

① 用吹风机或皮老虎吹净电动机内部灰尘，检查各部零件的完整性，清洗油污等。

② 装配异步电动机的步骤与图 6－10 中的拆卸步骤相反。装配前要检查定子内污物、锈是否清除，止口有无损伤，装配时应将各部件按标记复位，并检查轴承及轴承盖配合是否合适。

③ 轴承的装配可采用热套法和冷装配法。见表 6－29。

表 6-29　轴承的装配方法

装配方法	图　示	装配过程
热套法	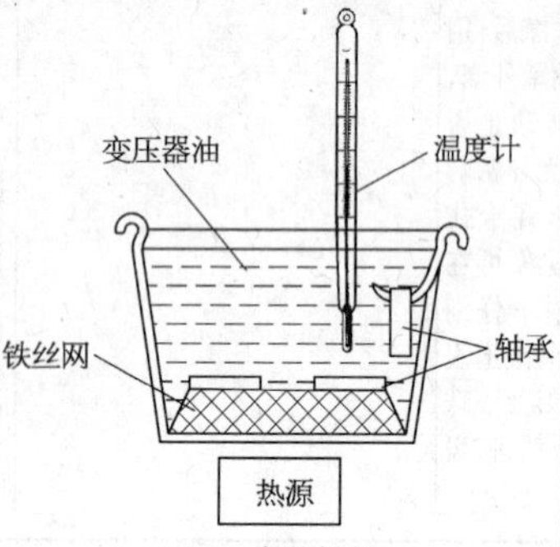 (a) 加热轴承 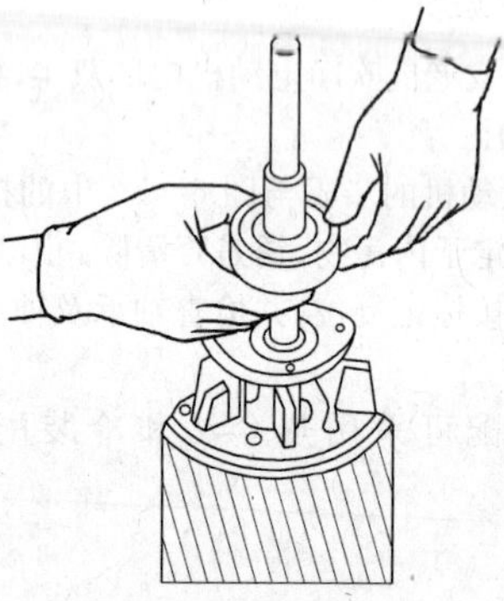 (b) 热套轴承	将轴承放入变压器油中加热至 100 ℃左右，15 min 后取出马上就套在轴上指定位置，不要敲打，轻轻自动放入即可

（续表）

装配方法	图　　示	装配过程
冷装配法	轴承的冷装配	用套筒顶住轴承内圈，用手锤敲打进去。轴承打到装配位置后，即可加入润滑脂，一般应留有1/3空隙，润滑脂根据电动机转速及使用环境选用适当牌号的

3. 拆装检修的质量要求

① 构造无损、电动机内部无积灰和油污。

② 线圈铁心和槽楔无老化、松动、变色现象。

③ 主体完整清洁，零件齐全，无松动螺丝。

④ 空载运转正常，并且空载电流在表6－30容许范围内。

JO2系列电动机虽是淘汰的老产品，但考虑到目前大多数工厂的老设备还都在使用，故将JO2系列电动机空载与满载电流比值也列入表中。

⑤ 电动机温升和轴承温度在表6－31容许范围内。

表 6-30　Y 系列和 JO2 系列电动机空载与额定电流比值(%)

功率(kW) \ 系列 \ 极数	2		4		6	
	Y	JO2	Y	JO2	Y	JO2
0.55～4	35～45	35～45	55～65	50～60	55～70	50～70
5.5～40	30～35	25～35	35～45	35～40	40～55	45～50
45 以上	25～30	18～25	25～30	20～30	30～35	25～30

功率(kW) \ 系列 \ 极数	8		10	
	Y	JO2	Y	JO2
0.55～4	55～70	55～70	—	—
5.5～40	45～55	45～55	—	—
45 以上	35～45	35～45	45～55	50～55

表 6-31　三相异步电动机的最大容许温升(环境温度为+40℃)

电动机的各部分名称	绝缘等级									
	A级		E级		B级		F级		H级	
	最大允许温升(℃)									
	温度计法	电阻法	温度计法	电阻法	温度计法	电阻法	温度计法	电阻法	温度计法	电阻法
定子绕组	55	60	65	75	70	80	85	100	105	125
绕线式转子绕组	55	60	65	75	70	80	85	100	105	125

（续表）

电动机的各部分名称	绝缘等级									
	A级		E级		B级		F级		H级	
	最大允许温升(℃)									
	温度计法	电阻法	温度计法	电阻法	温度计法	电阻法	温度计法	电阻法	温度计法	电阻法
定子铁心	60		75		80		100		125	
滑环	60		75		80		90		100	
滑动轴承	40		40		40		40		40	
滚动轴承	55		55		55		55		55	

⑥ 轴向窜动必须在表6－32规定范围内。

表6－32 滑动轴承电动机的容许轴向窜动量

电动机功率(kW)	轴向窜动量(mm)	
	向一边	向两边
10以下	0.50	1.00
10～30	0.70	1.50
30～70	1.00	2.00
70～125	1.50	3.00
125以上	2.00	4.00
轴颈直径大于200 mm的电动机	轴颈直径的2%	

二、三相异步电动机定子绕组的检修

1. 定子绕组断路故障

① 断路故障多发生于电动机绕组的端部、各绕组元件的接线头或电动机引出线端等地方，因此首先要检查这些地方。如果发现断头或接头松脱时，应把导线连接并焊牢，包上新的绝缘材料，才可使用。如果是由于绕组匝间短路、接地等故障而造成的断路，一般需要更换绕组。

对电动机断路可用兆欧表、万用表（放在低电阻挡）或用验灯等来检查。检查时，需每相分别测试，见图 6－11。

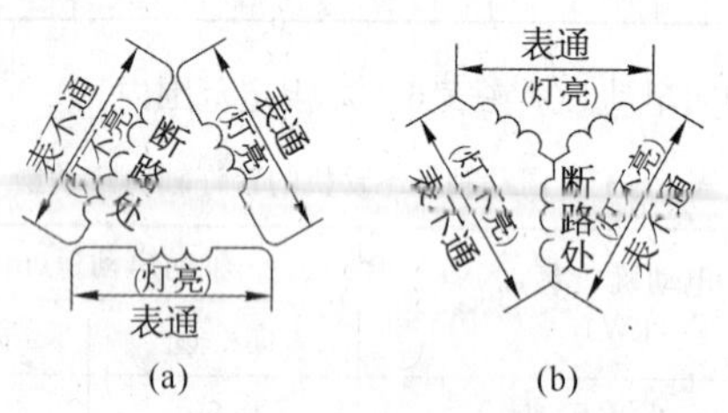

图 6－11　用兆欧表或用验灯检查定子绕组断路

(a) △接法的检验；(b) Y接法的检验

② 中等容量电动机定子绕组大多采用多根导线并绕和多支路并联，如果其中有一支路断路时，可采用三相电流平衡法或电阻法来检查。具体检查见表 6－33。

表 6-33　三相电流平衡法和电阻法检查断路故障

检查方法	图　　示	过　　程
三相电流平衡法	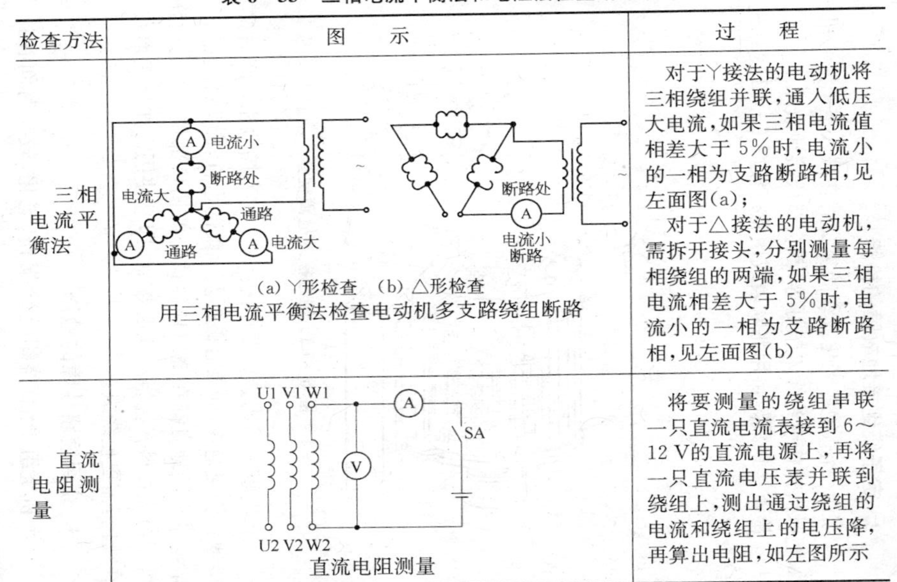(a) Y形检查　(b) △形检查 用三相电流平衡法检查电动机多支路绕组断路	对于Y接法的电动机将三相绕组并联，通入低压大电流，如果三相电流值相差大于5%时，电流小的一相为支路断路相，见左面图(a)； 对于△接法的电动机，需拆开接头，分别测量每相绕组的两端，如果三相电流相差大于5%时，电流小的一相为支路断路相，见左面图(b)
直流电阻测量	直流电阻测量	将要测量的绕组串联一只直流电流表接到6～12 V的直流电源上，再将一只直流电压表并联到绕组上，测出通过绕组的电流和绕组上的电压降，再算出电阻，如左图所示

2. 定子绕组接地故障的检修

绕组受潮、绝缘老化或线圈重绕后在嵌入定子铁心里时，如绝缘被擦伤或绝缘未垫好等，都会造成接地故障。

检查接地故障可用兆欧表或用验灯按图 6－12 逐相进行检查。

图 6－12　绕组接地故障检查

如电阻为零或验灯发亮的一相，即为接地相。然后检查接地相绕组绝缘，如果有破裂及焦痕的地方，即为接地点。一般电动机接地点都在绕组伸出铁心的槽口部位。如为擦伤，可用绝缘材料将绕组与铁心垫好，即可使用。如果接地发生在槽内，需更换绕组。

3. 绕组短路故障的检修

电机绕组受潮、绕组绝缘损伤、老化，较长时间在过电压、欠电压、过载的情况下运行或单相运行，都会使绝缘短路。

短路的情况有几种：绕组匝间短路；相邻绕组间短路；一个极相组绕组的两个端子间短路；相间短路等。

常见的检查方法见表 6－34。

表 6－34 绕组短路常见的检查方法

序号	检查方法
1.	观察法：观察电动机绕组是否有烧焦痕迹即可找出短路处
2.	利用兆欧表或万用表检查相间绝缘：如果二相间绝缘电阻为零，说明该两相短路
3.	电流平衡法：参照表 6－33 中电流平衡法，分别测量三相绕组电流，电流大的相为匝间短路

三、三相绕组头尾端的检查方法

三相绕组头尾端的检查方法见表 6－35。

四、交流电动机试验

1. 交流电动机的试验项目

下表 6－36 列出了交流电动机的试验项目

表 6-35　三相绕组头尾端的检查方法

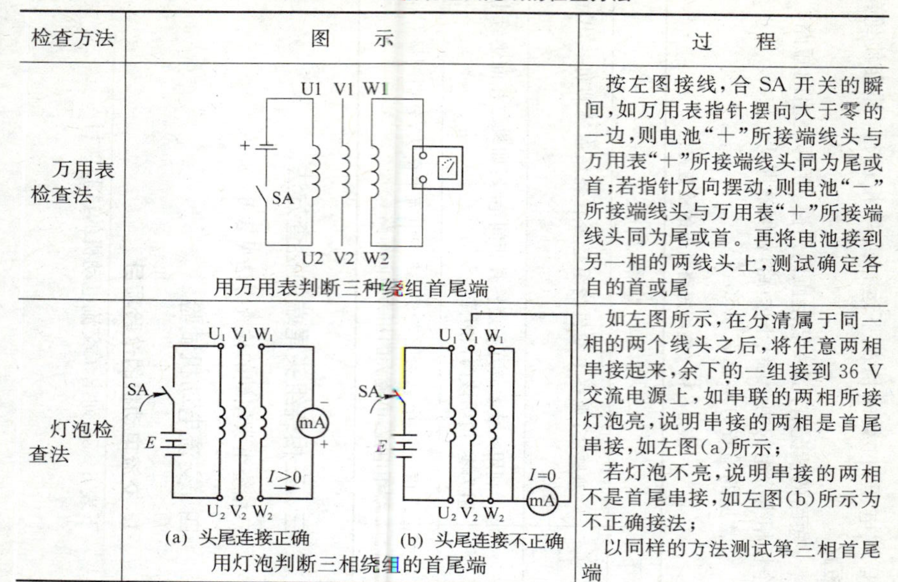

检查方法	图　示	过　程
万用表检查法	 用万用表判断三种绕组首尾端	按左图接线，合 SA 开关的瞬间，如万用表指针摆向大于零的一边，则电池“＋”所接端线头与万用表“＋”所接端线头同为尾或首；若指针反向摆动，则电池“－”所接端线头与万用表“＋”所接端线头同为尾或首。再将电池接到另一相的两线头上，测试确定各自的首或尾
灯泡检查法	 (a) 头尾连接正确 (b) 头尾连接不正确 用灯泡判断三相绕组的首尾端	如左图所示，在分清属于同一相的两个线头之后，将任意两相串接起来，余下的一组接到 36 V 交流电源上，如串联的两相所接灯泡亮，说明串接的两相是首尾串接，如左图(a)所示； 若灯泡不亮，说明串接的两相不是首尾串接，如左图(b)所示为不正确接法； 以同样的方法测试第三相首尾端

表 6-36　交流电动机的试验项目

序号	试 验 项 目
1	测量绕组的绝缘电阻和吸收比
2	测量绕组的直流电阻
3	定子绕组的直流耐压试验和泄漏电流测量
4	定子绕组的交流耐压试验
5	绕线型电动机转子绕组交流耐压试验
6	同步电动机转子绕组的交流耐压试验
7	测量可变电阻器、启动电阻器、灭磁电阻器的绝缘电阻
8	测量可变电阻器、启动电阻器、灭磁电阻器的直流电阻
9	测量电动机轴承的绝缘电阻
10	检查定子绕组极性及其连接的正确性
11	电动机空载转动检查和空载电流测量
12	其他试验

注：对于电压为 1 000 V 以下，功率为 100 kW 以下的电动机，可按上述 1、7、10、11 项进行试验。

2. 具体试验要求

① 测量绕组的绝缘电阻和吸收比：测量绕组之间和绕组对外壳的绝缘电阻。对于额定电压在 1 000 V 以下的低压电动机，选用 500 V 或 1 000 V 兆欧表；高压电动机，选用 1 000～2 500 V 兆欧表。绝缘电阻应符合下列规定：

(a) 额定电压为1 000 V以下,常温下绝缘电阻值不应低于0.5 MΩ;额定电压为1 000 V及以上,在运行温度时的绝缘电阻值,定子绕组不应低于每千伏1 MΩ,转子绕组不应低于每千伏0.5 MΩ;

(b) 1 000 V及以上的电动机应测量吸收比。吸收比$R_{60''}/R_{15''}$不应低于1.2,中性点可拆开的应分相测量。

② 测量绕组的直流电阻:用单臂电桥(绕组电阻大于2 Ω时)或双臂电桥(绕组电阻小于2 Ω时)测量每相绕组的直流电阻。要求电动机各相绕组直流电阻值相互差别不应超过其最小值的5%,即

$$\frac{R_{max}-R_{min}}{R_{pj}}<5\%$$

$$R_{pj}=\frac{R_U+R_V+R_W}{3} \tag{6-16}$$

式中 R_{max}——最大一相绕组的直流电阻;

R_{min}——最小一相绕组的直流电阻;

R_{pj}——三相绕组的平均直流电阻。

对于1 000 V以上或100 kW以上的电动机,相互差别不应超过2%。中性点未引出的电动机可测量线间直流电阻,其相互差别不应超过1%。

③ 定子绕组直流耐压试验和泄漏电流测量:1 000 V以上及1 000 kW以上、中性点连线已引出至出线端子板的定子绕组应分相进行直流耐压试验。试验电压为定子绕组额定电压的3倍。在规定的试验电压下,各相泄漏电流的值不应大

于最小值的100%；当最大泄漏电流在20 μA以下时，各相间应无明显差别；泄漏电流不应随时间延长而增大。

试验电压应按每级0.5倍额定电压分阶段升高，每阶段停留1 min，并记录泄漏电流。

④ 定子绕组的交流耐压试验：在绕组绝缘满足第(1)条的要求后，即可进行交流耐压试验。

试验应从不超过试验电压全值的一半开始，逐渐地升高到试验电压全值。这一过程所需时间应不少于10 s。然后维持全电压值1 min，再降至全电压值的一半时切断电源。

交流耐压试验电压应符合表6-37的规定。

表6-37 电动机定子绕组交流耐压试验电压

额定电压(kV)	<1	3	6	10
试验电压(kV)	1	5	10	16

⑤ 绕线型电动机转子绕组的交流耐压试验：转子绕组的交流耐压试验电压，应符合表6-38的规定。

表6-38 绕线型电动机转子绕组交流耐压试验电压

转子工况	试验电压(V)	转子工况	试验电压(V)
不可逆的	$1.5U_k+750$	可逆的	$3.0U_k+750$

注：U_k为转子静止时，在定子绕组上施加额定电压，转子绕组开路时测得的电压。

⑥ 同步电动机转子绕组的交流耐压试验：试验电压值为

额定励磁电压的7.5倍，且不应低于1 200 V，但不应高于出厂试验电压值的75%。

⑦ 测量可变电阻器、启动电阻器、灭磁电阻器的绝缘电阻：当与回路一起测量时，绝缘电阻值不应低于0.5 MΩ。

⑧ 测量可变电阻器、启动电阻器、灭磁电阻器的直流电阻：所测直流电阻值与产品出厂数值比较，其差值不应超过10%；调节过程中应接触良好，无开路现象，电阻值的变化应有规律性。

⑨ 测量电动机轴承的绝缘电阻：当有油管路连接时，应在油管安装后，采用1 000 V兆欧表测量，绝缘电阻不应低于0.5 MΩ。

⑩ 检查定子绕组的极性及其连接的正确性：极性及连接应正确。中性点未引出者可不检查极性。

⑪ 电动机空载电流检查和空载电流测量：空载运行时间可为2 h，听声音，并记录电动机的空载电流和转速。在三相对称电压下，三相电流间差别不应超过±5%。如果超过此值或空载电流过大，则可能是由绕组接线错误、短路、铁心损伤、定子与转子间的空隙超过要求值、装配不良、轴承中润滑脂过多等引起。

⑫ 匝间绝缘试验：在空载情况下，把电源电压提高到额定电压的130%，运行5 min，检查匝间有无击穿及短路现象，以判断匝间绝缘情况。

此外，根据需要，还有短路试验、超速试验、温升试验及绕线型电动机开路电压试验等。

第七章

低压电器

第一节　概　述

一、分类与型号

1. 分类

凡用于额定电压在交流 1 200 V 和直流 1 500 V 以下的电路中起通断、保护、控制或调节作用的电器，称为低压电器。

由于有交、直流之分，有电压、电流、工作制不同，又有级数、操作方式、防护等级使用类别以及使用环境条件等不同原因，低压电器的品种复杂，规格繁多。一般可分为 13 大类，见表 7－1。

表 7－1　低压电器分类

序号	名　称	具 体 内 容
1	刀开关和刀形转换开关	包括刀开关、负荷开关、熔断器式刀开关、刀形转换开关以及组合开关等
2	熔断器	主要包括螺旋式熔断器、密闭管式熔断器、快速熔断器等

（续表）

序号	名　称	具体内容
3	断路器	主要包括灭磁断路器、快速断路器、框架式断路器以及塑料外壳式等
4	控制器	主要包括鼓形控制器、平面控制器以及凸轮控制器等
5	接触器	主要包括高压接触器、交流接触器、真空接触器、灭磁接触器、中频接触器，时间接触器以及直流接触器等
6	启动器	主要包括按钮式启动器、电磁式启动器、减压启动器、手动启动器、油浸启动器、星三角启动器以及综合启动器等
7	控制继电器	主要包括漏电继电器、电流继电器、热继电器、时间继电器、温度继电器以及中间继电器等
8	主令电器	主要包括按钮、接近开关、主令控制器、主令开关、脚踏开关旋钮、万能转换开关以及行程开关等
9	电阻器	主要包括板形元件电阻器、冲片元件电阻器、铁铬铝带形元件电阻器、管形元件电阻器、非线性电力电阻器等
10	变阻器	主要包括旋臂式变阻器、励磁变阻器、启动变阻器、石墨变阻器、液体变阻器以及滑线式变阻器等

（续表）

序号	名　称	具体内容
11	调整器	主要是电压调整器
12	电磁铁	主要包括牵引电磁铁、起重电磁铁、液压电磁铁以及制动电磁铁等
13	其他	主要包括触电保护器、插头插座、信号灯、接线盒以及电铃等

2. 型号

低压电器产品的型号由下列形式组成，其含义如下：

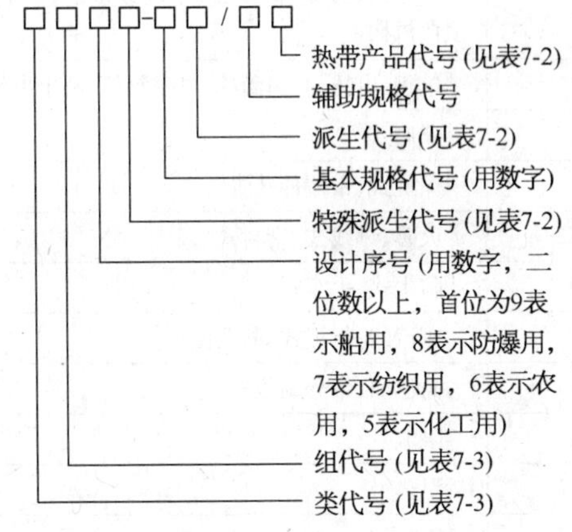

对于从外国引进的产品，仍采用原来型号，如从德国引进

的3UA系列热继电器，国内仍用此名。

表7-2 加注通用派生字母对照表

派生字母	代表意义
A、B、C、D…	结构设计稍有改进或变化
C	插入式
J	交流、防溅式
Z	直流、防振、正向、重任务、自动复位
W	失电压、无极性、出口用、无灭弧装置
N	可逆
S	三相、双线圈、防水式、手动复位、三个电源、有锁住机构
P	单相、电压的、防滴的、电磁复位、两个电源
K	开启式
H	保护式、带缓冲装置
M	灭磁、母线式、密封式
Q	防尘式、手车式
L	电流的、折板式、漏电保护
F	高返回、带分励脱扣
X	限流
TH	湿热带
TA	干热带

例 1

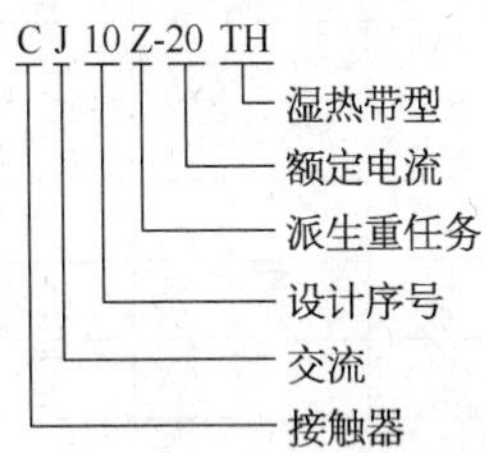

为湿热带用额定电流 20 A 的重任务 CJ10Z－20TH 型交流接触器。

例 2

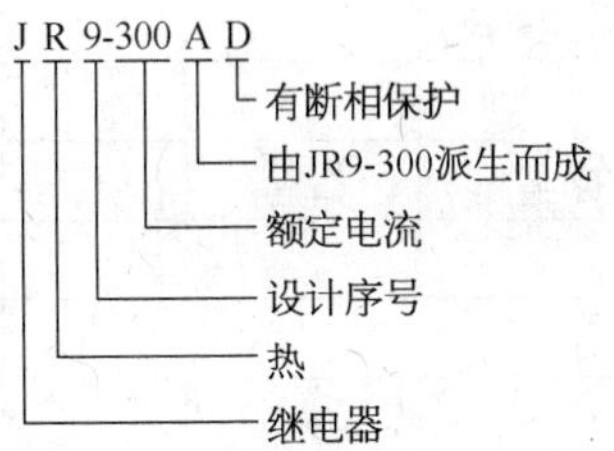

为额定电流为 300 A 的带断相保护的热继电器。

表 7-3 低压电器产品型号类组代号

类组	名称	A	B	C	D	G	H	J	K	L	M	P	Q	R	S	T	U	W	X	Y	Z
H	刀开关和刀形转换开关				刀开关		封闭式负荷开关		开启式负荷开关					熔断器式刀开关	刀形转换开关					其他	组合开关
R	熔断器			插入式			汇流排式			螺旋式	密闭管式				快速	有填料封闭管式				其他	自复
D	断路器										灭磁				快速			框架式		其他	塑料外壳式
K	控制器					鼓形						平面				凸轮				其他	
C	接触器					高压		交流	真空		灭磁	中频			时间	通用				其他	直流

（续表）

类/组	名称	A	B	C	D	G	H	J	K	L	M	P	Q	R	S	T	U	W	X	Y	Z
Q	启动器	按钮式		电磁式				减压							手动		油浸		星三角	其他	综合
J	控制继电器				漏电					电流				热	时间	通用		温度		其他	中间
L	主令电器	按钮						接近开关	主令控制器						主令开关	脚踏开关	旋钮	万能转换开关	行程开关	其他	
Z	电阻器		板形元件	冲片元件	铁铬铝带型元件	管形元件								非线性电力电阻	烧结元件	铸铁元件			电阻器	硅碳电阻元件	
B	变阻器			旋臂式						励磁		频敏	启动		石墨	启动调速	油浸启动	液体启动	滑线式	其他	

（续表）

组 \ 类	名称	A	B	C	D	G	H	J	K	L	M	P	Q	R	S	T	U	W	X	Y	Z
T	调整器				电压																
M	电磁铁												牵引					起重		液压	制动
A	其他		触电保护器	插销	信号灯		接线盒			电铃											

二、常用标准

1. 一般标准

JB2930－81 低压电器产品型号编制方法。

2. 基础标准

基础标准如下表 7－4 所示。

表 7－4 基础标准

标准型号	名　　称
GB/T 762—1996	电气设备额定电流
GB 998—67	低压电器基本试验方法
GB 1497—1979	低压电器基本标准
GB/T 1980—1996	电气设备额定频率
GB/T 4942.2—1993	低压电器外壳防护等级
GB/T 11021—1989	电机、电器和变压器绝缘材料耐热等级
JB 2853—80	电工产品、仪器、仪表基本环境条件

3. 产品标准

产品标准见表 7－5。

表 7－5 产品标准

产品类别	产 品 名 称	标 准 型 号
1. 刀开关和刀形转换开关	HR3 系列熔断器式刀开关	JB 799－66
	万能转换开关	JB 1999－77

（续表）

产品类别	产品名称	标准型号
1. 刀开关和刀形转换开关	HZ10系列组合开关	JB/T 2197－1996
	低压空气式隔离器、开关隔离开关及熔断器组合电器	JB 4012－85
	HD3、HD9、HD10刀开关及刀形转换开关	JB/DQ 4032－81
	HD11、HD12、HD13、HD14、HS11、HS12、HS13开启式刀开关和刀形转换开关	JB/DQ 4033－81
	LW2系列封闭式万能转换开关	JB/DQ 4053－81
2. 熔断器	低压熔断器	JB 4011.1～4－85
	RM10、RM10S无填料密闭管式熔断器	JB/DQ 4035－81
	RT0系列有填料封闭管式熔断器	JB/DQ 4036－81
	RC1A系列半封闭插入式熔断器	JB/DQ 4037－81
	RT12系列415 V有填料封闭管式螺栓连接式熔断器	JB/DQ 4274－87
	RT14系列有填料封闭管式圆筒帽形熔断器(380 V)	JB/DQ 4275－87
	RT15系列415 V有填料封闭管式螺栓连接式熔断器	JB/DQ 4276－87

（续表）

产品类别	产 品 名 称	标 准 型 号
3. 断路器	低压断路器	GB 14084.2—94
	DW15 系列万能式断路器	JB/T 8509.1-1997
	DWX15 电动斥力限流式断路器	JB/DQ 4272-87
	DZ15 系列塑壳式断路器	JB/DQ 4273-87
	DZ20 系列塑壳式断路器（电动机保护及配电用）	JB/DQ 4284-87
4. 控制器	KTZ2 鼓形及凸轮控制器	JB/DQ 4042-81
5. 接触器	低压接触器	JB 2455-85
	CJ0、CJ8、CJ10 系列空气电磁式交流接触器	JB/DQ 4044-81
	CZ0 系列空气电磁式直流接触器	JB/DQ 4045-81
	CZ3、CZ5 系列空气电磁式直流接触器	JB/DQ 4046-81
	CJ20 系列交流接触器	JB/T 8591.1-1997
	CKJ5 真空接触器	JB/DQ 4173-86

（续表）

产品类别	产品名称	标准型号
6. 启动器	空气式星三角起动器	JB 620－65
	低压电动机启动器（IEC 292－1.－2.－3.－4）	JB 2458.1－85、JB 2458.2～4－85
	QC0、QC8、QC10、QC12 电磁启动器	JB/DQ 4047－81
7. 控制继电器	电磁式控制继电器	JB 2454－78
	JT3、JT3A、JT4、JT9、JT10、JL7、JS3 通用电磁式控制继电器	JB/DQ 4048－81
	JR10、JR14、JR15、JR16、JR16B、JR16C、JR16D 系列双金属片式热继电器	JB/DQ 4050－81
	JL17－S 交流起动用电流继电器	JB/DQ 4149－86
8. 主令电器	主令控制器	JB 2000－77
	LA2、LA8 控制按钮	JB/DQ 4051－81
	LK4、LK5 系列主令控制器	JB/DQ 4052－81
	LJ5 系列接近开关	JB/DQ 4283－87
9. 电阻器	电阻器	JB 2180－77
	ZX1、ZX2 系列电阻器	JB/DQ 4054－81

（续表）

产品类别	产品名称	标准型号
10. 变阻器	频敏变阻器	JB 1766－77
	BL1、BL7、BL8、BL12 系列励磁变阻器	JB/DQ 4055－81
	BT2 系列三相起动调速变阻器	JB/DQ 4254－87
11. 调整器		
12. 电磁铁	牵引电磁铁	JB 622－78
	MZD1 系列单相交流制动电磁铁	JB/DQ 4056－81
	MZS1 系列三相交流制动电磁铁	JB/DQ 4057－81
	MZZ2 系列直流制动电磁铁	JB/DQ 4058－81
	MZZ3 系列直流制动电磁铁	JB/DQ 4059－81
	MQ3 系列交流牵引电磁铁	JB/DQ 5268－87
13. 其他	AD1 系列信号灯	JB/DQ 4206－86

三、使用类别

低压电器的常见使用类别及其代号见表 7－6。

表 7-6 低压电器常见使用类别一览表

电流种类	使用类别代号	典型用途举例	给出试验参数的标准名称
AC	AC-1	无感或微感负载、电阻炉	JB 2455-85《低压接触器》 JB 2458.1-85《低压电动机的起动器》
	AC-2	线绕转子异步电动机的启动、分断	
	AC-3	笼型转子异步电动机的启动、运转中分断	
	AC-4	笼型转子异步电动机的启动、反接制动与反向、点动	
	AC-5a	控制放电灯的通断	
	AC-5b	控制白炽灯的通断	
	AC-6a	变压器的通断	
	AC-6b	电容器组的通断	
	AC-7a	家用电器中的微感负载和类似用途	
	AC-7b	家用电动机负载	
	AC-8a	密封制冷压缩机中的电动机控制(过载继电器手动复位式)	
	AC-8b	密封制冷压缩机中的电动机控制(过载继电器自动复位式)	

（续表）

电流种类	使用类别代号	典型用途举例	给出试验参数的标准名称
AC	AC－11	控制交流电磁铁负载	JB 4013. 1－85《控制电路电器和开关元件》 GB 1497—85《低压电器基本标准》
	AC－12	控制电阻性负载和发光二极管隔离的固态负载	
	AC－13	控制变压器隔离的固态负载	
	AC－14	控制容量（闭合状态下）≤72 VA 电磁铁负载	
	AC－15	控制容量（闭合状态下）＞72 VA 的电磁铁负载	
	AC－20	无载条件下的“闭合”和“断开”电路	JB 4012－85《低压空气式隔离器、开关、隔离开关及熔断器组合电器》
	AC－21	通断电阻负载，包括通断适中的过载	
	AC－22	通断电阻电感混合负载，包括通断适中的过载	
	AC－23	通断电动机负载或其他的电感负载	

（续表）

电流种类	使用类别代号	典型用途举例	给出试验参数的标准名称
AC和DC	A	非选择性保护：在短路情况下断路器为非选择性保护，即无人为故意的短延时，也无额定短时耐受电流及相应的分断能力要求	GB 14048.2—94《低压断路器》
	B	选择性保护：在短路情况下断路器明确应有选择性保护，即有短延时≤0.05 s，并有额定短时耐受电流及相应分断能力的要求	
DC	DC－1 DC－3 DC－5 DC－6	无感或微感负载，电阻炉 并励电动机的启动、反接制动、点动 串励电动机的启动、反接制动、点动 白炽灯的通断	JB 2455－85《低压接触器》
	DC－11 DC－12 DC－13 DC－14	控制直流电磁铁负载 控制电阻负载和发光二极管隔离的固态负载 控制直流电磁铁负载 控制电路中有经济电阻的直流电磁铁负载	JB 4013.1－85《控制电路电器和开关元件》 GB 1497—85《低压电器基本标准》

（续表）

电流种类	使用类别代号	典型用途举例	给出试验参数的标准名称
DC	DC－20	无载条件下“闭合”和“断开”电路	JB 4012－85《低压空气式隔离器、开关、隔离开关及熔断器组合电器》
	DC－21	通断电阻性负载包括适度过载	
	DC－22	通断电阻电感混合负载包括适度的过载（例如并励电动机）	
	DC－23	通断高电感负载（例如串励电动机）	
	gG	全范围分断（g）的一般用途（G）熔断器	JB 4011.1－85
	gM	全范围分断（g）的电动机回路中用（M）的熔断器	JB 4011.2－85
			JB 4011.3－85
	aM	部分范围分断（a）的电动机回路中用（M）的熔断器	JB 4011.4－85 《低压熔断器》

四、污染等级

环境污染程度分为以下四个等级,见表7-7。

表7-7 污染等级

污染等级	具体内容
污染等级1	无污染或只有干燥的非导电性的污染
污染等级2	一般情况但有非导电性污染,但是必须考虑到偶然由于凝露造成短暂的导电性
污染等级3	有导电性污染或由于预期的凝露使干燥的非导电性污染变为导电性污染
污染等级4	造成持久性的导电性污染

五、安装类别

安装类别分为以下四个等级,见表7-8。

表7-8 安装类别

安装类别	水平等级	安装位置	举例说明
安装类别Ⅰ	信号水平级	系统线路末端的特殊设备或部件	低压电子逻辑系统
安装类别Ⅱ	负载水平级	安装在安装类别Ⅰ前面和安装类别Ⅱ后面的电器设备或部件	控制和通断电动机的电器

（续表）

安装类别	水平等级	安装位置	举例说明
安装类别Ⅲ	配电及控制水平级	安装在安装类别Ⅱ前面和安装类别Ⅳ后面的电器设备或部件	直接连接主配电干线装入配电箱中的电路
安装类别Ⅳ	电源水平级	安装在安装类别Ⅱ前面的电器	安装在电源进线处的电器

第二节 低压电器的主要性能

一、额定电压等级与额定电流等级

1. 额定电压等级

3 kV 以下的直流和交流 50 Hz 系统的电气设备和电子设备的额定电压等级见表 7－9。

表 7－9 额定电压等级（V）

直流		单相交流		三相交流	
受电设备	供电设备	受电设备	供电设备	受电设备	供电设备
1.5	1.5				
2	2				
3	3				

（续表）

直流		单相交流		三相交流	
受电设备	供电设备	受电设备	供电设备	受电设备	供电设备
6	6	6	6		
12	12	12	12		
24	24	24	24		
36	36	36	36	36	36
		42	42	42	42
48 60 72	48 60 72				
		100+	100*	100+	100*
110	115				
		127*	133*	127*	133*
220	230	220	230	220/380	230/400
400▽，440	400▽，460			380/660	400/690
800▽	800▽				
1 000▽	1 000▽				
				1 140**	1 200**

注：① 直流电压为平均值，交流电压为有效值。

② 在三相交流栏下，斜线"/"之上为相电压，斜线之下为线电压，无斜线者都是线电压。

③ 带"＋"号者为只用于电压互感器、继电器等控制系统的电压。带"▽"号者为使用于单台供电的电压。带"＊"号者只用于矿井下、热工仪表和机床控制系统的电压。带"＊＊"号者只限于煤矿井下及特殊场合使用的电压。

2. 额定电流等级

交直流电气设备和电子设备的额定电流等级规定见表 7－10。

表 7－10 额定电流等级(A)

1	1.25	1.6	2	2.5	3.15	4	5	6.3	8
10	12.5	16	20	25	31.5	40	50	63	80 (75)
100	125 (120)	160 (150)	200	250	315 (300)	400	500	630 (600)	800 (750)
1 000	1 250 (1 200)	1 600 (1 500)	2 000	2 500	3 150 (3 000)	4 000	5 000	6 300 (6 000)	8 000
10 000	12 500 (12 000)	16 000 (15 000)	20 000	25 000					

注：① 括号内的值仅限于老产品使用。

② 热继电器的热元件、熔断器的熔片、变压器和电磁铁的绕组线圈等的电流值不受上表值的限制。

二、额定工作制

低压电器额定工作制见表 7－11。

表 7－11 额定工作制

工作制名称	定　义
八小时工作制	八小时工作制是一个基本工作制，通常约定发热电流就是以这种基本工作制来决定的

（续表）

工作制名称	定　义
不间断工作制	电器通电的时间超过 8 h，在这种工作制下应考虑由于触头氧化和尘埃累积导致局部过热而引起恶性循环，为此对所用电器应采取特殊设计或者降容
断续周期工作制	可由三个参数：过电流值、每小时的操作循环数、负载因数来表明
短时工作制	有载时间较短的断续周期工作制
周期工作制	不管负载变动与否，总是有规律地反复进行操作的工作制

三、介电性能

电器在规定的正常电压下，应不失去其良好的绝缘性能。通常在下列部位施加工频耐压电压值、历时 1 min 应无击穿或闪络现象。

① 主电路各极间。

② 主电路各极对控制触头之间。

③ 主电路各极对地之间。

对于主电路以及规定接至主电路的控制电路和辅助电路，其工频耐压试验电压值见表 7-12。

表 7-12 工频耐压试验电压值

主电路额定绝缘电压U_1(V)	工频耐压试验电压值(有效值)(V)
≤60	1 000
>60～300	2 000
>300～660	2 500
>660～800	3 000
>800～1 000	3 500
>1 000～1 200	4 200
>1 200～1 500(仅限直流)	5 000

对于规定不接至主电路的控制电路和辅助电路,其工频耐压试验电压值见表 7-13。

表 7-13 不接至主电路的控制电路和辅助电路的工频耐压试验电压值

不接至主电路的控制电路、辅助电路的额定绝缘电压U_1(V)	工频耐压试验电压值(有效值)(V)
≤60	1 000
>60	$2U_1$+1 000(但不小于 1 500)

对于微开距触头元件(单断点触头开距小于 1 mm,双断点触头开距小于 2×1 mm),在其触头间施加 1 min 工频耐压

试验电压值见表7-14。

表7-14 微开距触头元件的工频耐压试验电压值

微开距触头元件额定绝缘电压U_1(V)	工频耐压试验电压值(有效值)(V)
≤380	$3U_1$(但不小于500)

以上均指在清洁和干燥的电器上进行工频耐压试验的施加电压值。

四、温升极限

所测得的电器温度与周围空气温度之差叫温升。电器的各部分在规定的试验条件下测得的温升值应不超过以下规定的极限值。

1. 接线端温升极限

接线端温升应不超过表7-15中所规定的值。

表7-15 接线端温升极限

序号	接线端子材料	温升极限(K)
1	裸铜	60
2	裸黄铜	65
3	铜(或黄铜)并镀锡	65
4	铜(或黄铜)并镀银或镀镍	70

（续表）

序号	接线端子材料	温升极限(K)
5	其他金属	≤65

注：表中序号 4 接线端子温升极限 70 K 主要受外接聚氯乙烯(P VC)导线或电缆所决定，实际使用中的外部连接导线或电缆不应显著地小于试验时连接的导线或电缆，否则会导致较高的温升，对电缆是不利的。

2. 易近部件温升极限

易近部件温升极限应不超过表 7－16 中所规定的值。

表 7－16　易近部件温升极限

易 近 部 件	温升(K)
手操作部件(操作手柄)：金属 非金属	15 25
可触及但不握持的部件：金属 非金属	30 40
正常操作时不触及的部件：金属 非金属	40 50

注：对于较小的易近部件，其温升极限允许比本表中规定值再提高 10 K。

3. 绝缘线圈温升极限

绝缘线圈的温升应不超过表 7－17 中所规定的值。

表 7-17　绝缘线圈温升极限

绝缘材料等级	用电阻法测得的温升极限(K)	
	线圈在空气中	线圈在油中
A	85	60
E	100	60
B	110	60
F	135	—
H	160	—

注：本表第二栏线圈在空气中的温升极限是按年平均温度为20 ℃使用条件下推荐的。对于年平均温度超过 20 ℃的使用条件下，其值应相应降低或由用户与制造厂协商解决。

4. 其他部件

例如：主触头、辅助触头、产品内部导线连接处等的温升极限，原则上应以不损害部件本身以及相连或相邻近部件的正常工作为限，应由产品标准或技术文件另行规定。

五、耐过载电流能力

电器应按产品标准中所规定的耐受过载电流能力以及持续时间来设计。

电器也应按产品标准或技术文件中所规定的接通、承载和分断短路电流的能力来设计，这些要求可以用下列一个或几个参数来表征：

① 额定短路接通能力。

② 额定短路分断能力。

③ 额定短时耐受电流。

④ 在与短路保护器(SCPD)协调配合时:

(a) 额定限制短路电流;

(b) 额定熔断短路电流。

⑤ 有关产品标准中所规定的其他类型的保护配合协调。

电器应具有能承受在上述短路电流作用下所引起的热效应、电动力效应及电场强度效应。特别是电器对外部产生的有害影响(如喷射电弧或游离气体等)必须限制在安全边界之内,这些限制应在产品标准中规定清楚。

在需要采用短路保护时,制造厂应按产品标准所规定的额定值和极限值来规定短路保护器(SCPD)的型式和特性(例如:额定电流、短路分断能力、截断电流等),并提供短路保护器和被保护电器之间的协调试验报告。

六、寿命

产品的寿命分为机械寿命和电寿命两种。

1. 机械寿命

它是指电器耐机械磨损的能力,如接触器是指在主触头电路在不通电流的条件下的无载操作循环次数。所谓一次操作循环应包括一个闭合操作和紧接着一个断开操作。对于某些多位置操作电器,计算机械寿命的一个循环操作在产品标准或技术文件中规定。

一般电器的机械寿命,除产品标准或技术文件中另有规定外,均按非维修型考虑,即指在做寿命试验期间,不允许维修或更换任何零件(触头除外),但按产品标准规定做正常性维护(如加润滑油或适当清理等)是允许的。

在做机械寿命试验时,电器产品应按产品标准或技术文件中规定的要求安装,特别是对所采用的操作线圈的电压(或电流)值、操作频率以及安装接线条件等应有明确的规定。有时为了缩短试验时间,允许适当提高机械寿命试验的操作频率,但必须保证触头等运动部件充分达到其极限位置。人力操作的机械寿命试验条件由产品标准另行具体规定。

机械寿命次数的优先系数如下(以百万次表示):0.000 1,0.000 3,0.001,0.003,0.01,0.03,(0.1),0.3,(0.6),1,3,(6),10,(15),30。

2. 电寿命

它是指主触头(或辅助触头)电路通以规定的负载电流,在规定的操作条件下的操作循环次数,即耐电磨损的能力,由产品标准规定电寿命次数。

除非产品标准另有规定,电寿命的每次操作循环应包括一个接通操作和紧接着一个分断操作。对于可逆控制电器一个完整的操作循环,应包括正转、反转控制全部过程。对于其他多位置控制操作的电器,如何算一个循环操作在产品标准中已有规定。

电寿命试验的全部试验参数和操作频率应在产品标准中规定。除非另有规定,通常电寿命试验过程中不允许更换触头(或其他零部件)和进行维修。

第三节 常用低压电器的型号和主要技术参数

一、接触器

常用接触器的型号和主要技术数据见表 7-18～表7-21。

表 7-18 CJ10、CJ12 系列交流接触器的主要技术数据

型号	额定电压(V)	额定电流(A)	触头数量(对)		在下列电压(V)下可控制电动机功率(kW)				机械寿命(万次)	电寿命(万次)①	操作频率(次/h)
			主触头	辅助触头	127	220	380	500			
CJ10-10	380	10	3	2/2		2.2	4	4	300	60	600
CJ10-20		20				5.5	10	10			
CJ10-40		40				11	20	26			
CJ10-60		60				17	30				
CJ10-100		100				29	50				
CJ10-150		150				43	75				

（续表）

型　号	额定电压（V）	额定电流（A）	触头数量（对）		在下列电压（V）下可控制电动机功率（kW）				机械寿命（万次）	电寿命（万次）①	操作频率（次/h）
			主触头	辅助触头	127	220	380	500			
CJ12－100 CJ12B－100	380	100	3	3/3 也可组成 5 常开 1 常闭或 4 常开 2 常闭					300	15	600
CJ12－150 CJ12B－150		150									
CJ12－250 CJ12B－250		250									
CJ12－400 CJ12B－400		400							200	10	300
CJ12－600 CJ12B－600		600									

（续表）

型　号	触　头　参　数											
	分开距离(mm)			超额行程(mm)			初压力(N)			终压力(N)		
	主触头	辅助触头		主触头	辅助触头		主触头	辅助触头		主触头	辅助触头	
		常开	常闭		常开	常闭		常开	常闭		常开	常闭
CJ10－10	3.3～4.1	3.9～4.6	3.4～3.7	1.8～2.2	1.3～1.7	1.8～2.6	1.568～1.96			1.96～2.352	1.147～1.401	
CJ10－20	3.9～4.6	4.4～5.1	3.7～4.4	2～2.4	1.5～1.9	2～2.8	3.528～4.312	0.98		4.41～5.39	1.058～1.372	
CJ10－40	4.4～5.1	4.9～5.6	4.3～5	2.3～2.7	1.72～2.3	2.2～3	7.056～8.624			8.379～10.24	1.058～1.294	
CJ10－60	4.5～5			2.8～3.3			12.74～15.68			15.68～19.6		
CJ10－100	5.5～6	3～3.6		2.7～3.3	1.8～2.6		19.6～23.52	1.137		23.52～29.4	1.411～1.225	
CJ10－150	5.5～6			3.2～3.8			26.46～32.34			29.4～37.24		

（续表）

型号	触头参数											
	分开距离(mm)			超额行程(mm)			初压力(N)			终压力(N)		
	主触头	辅助触头		主触头	辅助触头		主触头	辅助触头		主触头	辅助触头	
		常开	常闭		常开	常闭		常开	常闭		常开	常闭
CJ12-100 CJ12B-100	大于9	不小于4		5.5	2～3		大于13.23	大于1.47		不大于23.52	大于1.96	
CJ12-150 CJ12B-150	10～12			5.5～6.5			大于21.07			不大于34.3		
CJ12-250 CJ12B-250	大于12			5～6			大于35.28			49～58.8		
CJ12-400 CJ12B-400	13～15	4～5		7.5～8.5			大于52.92			不大于98		
CJ12-600 CJ12B-600	15～17			9.5～10.5			大于83.3			不大于147		

注：① CJ10是指在AC-3负载下的电寿命。CJ12、CJ12B是指在AC-2负载下的电寿命。

表 7－19　CJ20 系列交流接触器的主要技术数据(一)

型　号	额定频率(Hz)	额定绝缘电压(V)	额定工作电压(V)	约定发热电流(A)	断续周期工作制下的额定工作电流(A)				380 V、AC－3 类工作制下的可控制电动机功率(kW)	不间断工作制下的额定工作电流(A)	操作频率(次/h)	机械寿命(万次)	电寿命(万次)
					AC－1	AC－2	AC－3	AC－4					
CJ20－6.3	50	660	220			6.3	6.3	6.3	1.7				
			380			6.3	6.3	6.3	3				
			660			3.6	3.6	3.6	3				
CJ20－10			220	10	10	10	10	10	2.2	10		1 000	100
			380			10	10	10	4		1 200		
			660			10	10	10	7		600		
CJ20－16			220			16	16	16	4.5	16		1 000	100
			380			16	16	16	7.5		1 200		
			660			13.5	13.5	13.5	11		600		
CJ20－25			220	32	32	25	25	25	5.5	32		1 000	100
			380			25	25	25	11		1 200		
			660			14.5	14.5	14.5	13		600		

（续表）

型号	额定频率(Hz)	额定绝缘电压(V)	额定工作电压(V)	约定发热电流(A)	断续周期工作制下的额定工作电流(A)				380 V、AC-3类工作制下的可控制电动机功率(kW)	不间断工作制下的额定工作电流(A)	操作频率(次/h)	机械寿命(万次)	电寿命(万次)
					AC-1	AC-2	AC-3	AC-4					
			220			40	40	40	11				
CJ20-40	50	660	380	55	55	40	40	40	22	55	1 200	1 000	100
			660			25	25	25	22		600		
			220			63	63	63	18				
CJ20-63			380	80	80	63	63	63	30	80	1 200	1 000	120
	50	660	660			40	40	40	35		600		
			230			100	100	100	28				
CJ20-100			380	125	125	100	100	100	50	125	1 200	1 000	20
			660			63	63	63	50		600		
			220			160	160	160	48				
CJ20-160			380	200	200	160	160	160	85	200	1 200	1 000	20
			660			100	100	100	85		600		

（续表）

型　号	额定频率(Hz)	额定绝缘电压(V)	额定工作电压(V)	约定发热电流(A)	断续周期工作制下的额定工作电流(A)				380 V、AC-3类工作制下的可控制电动机功率(kW)	不间断工作制下的额定工作电流(A)	操作频率(次/h)	机械寿命(万次)	电寿命(万次)
					AC-1	AC-2	AC-3	AC-4					
CJ20-160/11		1 140	1 140			80	80	80	85		300		
CJ20-250			220			250	250	250	80				
			380	315	315	250	250	250	132	315	600	600	60
CJ20-250/06			660			200	200	200	190		300		
CJ20-400			220			400	400	400	115				
		660	380	400	400	400	400	400	200	400	600	600	60
CJ20-400/06			660			250	250	250	220		300		
CJ20-630			220			630	630	630	175				
			380			630	630	630	300		600		
			660	630	630	400	400	400	350	630	300	600	60
CJ20-630/11		1 140	1 140			400	400	400	400		120		

表 7-20　CJ20 系列交流接触器的主要技术数据(二)

型号	主触头		辅助触头					
	触头开距(mm)	触头超程(mm)	常开		常闭		数量(对)	
			触头开距(mm)	触头超程(mm)	触头开距(mm)	触头超程(mm)	常开	常闭
CJ20-10	3.1~3.9	1.5~1.9	2.6~3.4	1.8~2.5	2.6~3.5	1.7~2.6	1 2 3	3 2 1
CJ20-16	3.6±0.2	1.9±0.3	3.2±0.3	2.3±0.3	3.5±0.3	2±0.3		
CJ20-25	4±0.5	2±0.2	4±0.5	2±0.5	4±0.5	2±0.5		
CJ20-40	5±0.4	2.3±0.5	4.6±0.7	2.7±0.5	4.6±0.7	2.7±0.5		
CJ20-63	5.7±0.5	2.5±0.6	4.5±0.6	3±1	4.5±1	3±0.5	2	2
CJ20-100	6±0.5	2.5±0.5	4.5±0.6	3±1	4.5±1	3±0.5		
CJ20-160	6.7±0.7	3±0.6	4.5±0.6	3±1	4.5±1	3±0.5		
CJ20-160/11	9.2±0.6	3±0.6	4.5±0.6	3±1	4.5±1	3±0.5		

（续表）

型号	主触头		辅助触头					
	触头开距（mm）	触头超程（mm）	常开		常闭		数量(对)	
			触头开距（mm）	触头超程（mm）	触头开距（mm）	触头超程（mm）	常开	常闭
CJ20-250	9±1	4±0.5	8±1	4±1	8±1	4±1		
CJ20-250/06①	9±1	4±0.5	8±1	4±1	2.5±1	9±1	2	4
CJ20-400	9±1	4.5±0.5	8±1	4±1	8±1	4±1		
CJ20-400/06	9±1	4.5±0.5	8±1	4±1	8±1	4±1		
CJ20-630	9±1	4.5±0.5	8±1	4±1	8±1	4±1	3	3
CJ20-630/11	12.5±1	4.5±0.5	8±1	4±1	8±1	4±1		
CJ20-630/11①	12.5±1	4.5±0.5	8±1	4±1	2.5±1	9±1	4	2

注：① 为大超额行程产品。

表 7-21　CZ18 直流接触器的主要技术数据

型号	额定电压(V)	额定电流(A)	主触头形式及数量(对)		联锁触头额定电流(A)	联锁触头形式及数量(对)		操作频率(次/h)	主触头参数			
			常开	常闭		常开	常闭		触头开距(mm)	触头超程(mm)	初压力(N)	终压力(N)
CZ18-40/10	440	40	1	—	6	2	2	DC-2、DC-4时1 200 DC-3、DC-5时600	≥10	≥2	≥1.47	≥2.45
CZ18-40/20		40	2	—	6	2	2		≥10	≥2	≥1.47	≥2.45
CZ18-80/10	440	80	1	—	6	2	2		≥11	≥2.5	≥2.55	≥4.41
CZ18-80/20		80	2	—	6	2	2		≥11	≥2.5	≥2.55	≥4.41
CZ18-160/10	440	160	1	—	10	2	2	DC-2、DC-4时600 DC-3、DC-5时300	≥16	≥3	≥4.9	≥9.8
CZ18-160B/10		160	1	—	10	2	2		≥16	≥3	≥4.9	≥9.8
CZ18-315/10	440	315	1	—	10	2	2		≥17	≥4.5	≥12.25	≥20.58
CZ18-315B/10		315	1	—	10	2	2		≥17	≥4.5	≥12.25	≥20.58
CZ18-630/10	440	630	1	—	10	2	2		≥21	≥6	≥39.2	≥68.6
CZ18-630B/10		630	1	—	10	2	2		≥21	≥6	≥39.2	≥68.6

二、热继电器

常用热继电器产品的型号和主要技术数据见表 7－22。

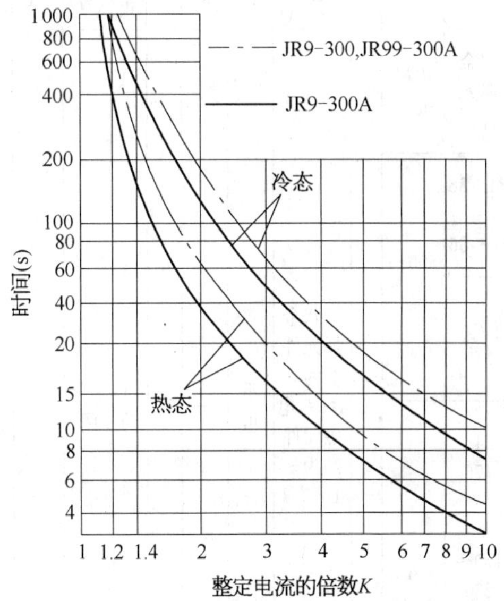

图 7－1　JR9－300 型限流热继电器、JR9－300A 型热继电器以及 JR99－300A 型船用热继电器的安秒特性曲线

表 7-22 常用热继电器的

型号	额定电流(A) 双金属元件	额定电流(A) 电磁元件	极数	整定电流调整范围	加热元件 更换	加热元件 数量	温度补偿	复位方式	触头 数量(对)	触头 电流(A)	触头 一对触头压力(N)
JR9-300 JR9-300D	24～38 37～57 56～86	300～1 000	3	双金属元件约为～1:1.6,电磁元件约为～1∶3.3	不可	—	有	自动	1常闭	5	约0.25
	85～125										
	124～176	900～2 700									
	170～230										
	226～310										

型号与主要技术数据

<table>
<tr><th>外形尺寸(mm)</th><th>质量(g)</th><th>主要性能数据</th><th>用　途</th><th>备　注</th></tr>
<tr><td>154×93×85</td><td>800</td><td rowspan="4">JR9－300具有过载保护和短路保护
双金属元件
① 三极同时通过整定电流，长期不动作
② 从热态开始，三极同时通过1.4倍整定电流，在12 min内动作
③ 从冷态开始，三极同时通过6倍整定电流，动作时间应大于15 s
断相保护
① 任意两极通过整定电流，第三极通过0.9倍整定电流，长期不动作
② 任意两极从热态开始通过1.35倍整定电流，第三极由0.9倍整定电流断电，在12 min内动作
电磁元件
① 每极单独或三极同时通过1.2倍电磁元件电流时，瞬时动作
② 每极单独或三极同时通过0.8倍电磁元件电流时，不动作</td><td rowspan="4">供三相异步电动机过载和短路保护之用。电压为660 V，可装在防爆的外壳中，用于煤矿或化学工厂中。对起动时间较长的场合更为适用</td><td rowspan="4">① 型号后带D字者有断相保护
② 热继电器的安秒特性曲线如图7－1和图7－2所示</td></tr>
<tr><td>154×112×85</td><td>900</td></tr>
<tr><td>154×112×87</td><td rowspan="2">1 000</td></tr>
<tr><td>154×125×87</td></tr>
</table>

型号	额定电流(A)	极数	整定电流调整范围	加热元件		温度补偿	复位方式	触头		
				更换	数量			数量(对)	电流(A)	一对触头压力(N)
JR9-300A JR9-300AD	24～38 37～57 56～86	3	1∶1.6	不可	—	有	自动	1常闭	5	约0.25
	85～125 124～176									
	170～230									
	226～310									
JR10-10A	0.25～0.35 0.3～0.4 0.4～0.55 0.5～0.65 0.55～0.75 0.7～0.95 0.9～1.25 1.2～1.6 1.4～1.9 1.8～2.35 2.25～3.0 2.8～3.75 3.4～4.5 4.2～5.6 4.75～6.3 6.0～8.0 7.5～10.0	2	1∶1.34	不可	—	有	手动或自动	1常闭	3	—

（续表）

<table>
<tr><th>外形尺寸(mm)</th><th>质量(g)</th><th>主要性能数据</th><th>用　途</th><th>备　注</th></tr>
<tr><td>154×93×84</td><td>750</td><td rowspan="3">① 三极同时通过整定电流，长期不动作
② 从热态开始，三极同时通过1.2倍整定电流，在20 min内动作
③ 从热态开始，三极同时通过1.5倍整定电流，在2 min内动作
④ 从冷态开始，三极同时通过6倍整定电流，动作时间大于5 s
断相保护
① 任意两极通过整定电流，第三极通过0.9倍整定电流，长期不动作
② 任意两极从热态开始通过1.15倍整定电流，第三极由0.9倍整定电流断电，在20 min内动作</td><td rowspan="3">供一般三相异步电动机过载保护之用，电压为660 V。在起动时间较长的场合更为适用</td><td rowspan="3">① 型号后带D字者有断相保护
② 热继电器的安秒特性曲线如图7-1和图7-2所示</td></tr>
<tr><td>154×112×84</td><td>850</td></tr>
<tr><td>154×112×86
154×125×86</td><td>950</td></tr>
<tr><td>67×42×71</td><td>140</td><td>① 两极同时通过1.05倍整定电流，长期不动作
② 从热态开始，两极同时通过1.2倍整定电流在20 min内动作
③ 从热态开始，两极同时通过1.5倍整定电流在3 min内动作
④ 从冷态开始，两极同时通过6倍整定电流，动作时间大于5 s</td><td>供三相异步电动机过载保护用，多用于机床电器设备中</td><td>热继电器的安秒特性曲线如图7-3所示</td></tr>
</table>

型号	额定电流(A)	极数	整定电流调整范围	加热元件		温度补偿	复位方式	触头		
				更换	数量			数量(对)	电流(A)	一对触头压力(N)
JR14-20	0.25～0.35 0.32～0.50 0.45～0.72 0.68～1.1 1.0～1.6 1.5～2.4 2.2～3.5 3.2～5.0 4.5～7.2 6.8～11 10～16 14～22	2或3	1∶1.6	不可	—	有	自动或手动	1常闭	3	
JR14-150	64～100									
	96～150									
JR15-10	0.25～0.35 0.32～0.50 0.45～0.72 0.68～1.1 1.0～1.6 1.5～2.4 2.2～3.5 3.2～5.0 4.5～7.2 6.8～11.0	2	1∶16	不可	—	有	自动手动	1常开1常闭	3	

（续表）

外形尺寸(mm)	质量(g)	主要性能数据	用　途	备　注
71×40×60.5	140	1. 两极(或三极)同时通过1.05倍整定电流长期不动作 2. 从热态开始，两极(或三极)同时通过 1.2 倍整定电流，在20 min内动作 3. 从冷态开始，两极(或三极)同时通过 6 倍整定电流，动作时间：20 A 的大于 5 s；150 A 的 8～24 s	供一般三相异步电动机过载保护用	热继电器的安秒特性曲线见图 7-3
142×120×138.5	2 430 2 440			JR14-150 由JR14-20加电流互感器制成
66.6×40×77	200	1. 两极同时通过 1.05 倍整定电流，长期不动作 2. 从热态开始，两极同时通过1.2 倍整定电流，在 20 min 内动作 3. 从热态开始，两极同时通过1.5 倍整定电流，在 3 min 内动作 4. 从冷态开始，两极同时通过 6倍整定电流，动作时间大于 5 s	供一般三相异步电动机过载保护用	热继电器的安秒特性曲线见图 7-3，此产品已逐渐淘汰，可用 JR9-300A、JR14和 JR16 等热继电器代替

型号	额定电流(A)	极数	整定电流调整范围	加热元件		温度补偿	复位方式	触头		
				更换	数量			数量(对)	电流(A)	一对触头压力(N)
JR15-40	6.8～11 10～16 15～24 22～35 32～45	2	1∶16	不可	—	有	自动手动	1常开 2常闭	3	
JR15-100	32～50 45～72 60～100									
JR15-150	68～110 100～160	3								
JR16-20/D	0.25～0.35 0.32～0.5 0.45～0.72 0.68～1.1 1.0～1.6 1.5～2.4 2.2～3.5 3.2～5.0 4.5～7.2 6.8～11 10～16 14～22	3	1∶1.6	不可	—	有	手动兼自动	1常闭 2常开	5	
JR16-60/D	14～22 20～32 28～45 40～62	3								
JR16-150/D	40～63 53～85 75～120 100～160	3								

（续表）

外形尺寸(mm)	质量(g)	主要性能数据	用　途	备　注
76×61×83	240	① 两极同时通过 1.05 倍整定电流，长期不动作 ② 从热态开始，两极同时通过 1.2 倍整定电流，在 20 min 内动作 ③ 从热态开始，两极同时通过 1.5 倍整定电流，在 3 min 内动作 ④ 从冷态开始，两极同时通过 6 倍整定电流，动作时间大于 5 s	供一般三相异步电动机过载保护用	热继电器的安秒特性曲线如图 7－3 所示，此产品已逐渐淘汰，可用 JR9－300A、JR14 和 JR16 等热继电器代替
88×71×92.5	420			
167×95×115				
70×43×76		① 三极同时通过 1.05 倍整定电流，长期不动作 ② 从热态开始，三极同时通过 1.2 倍整定电流，在 20 min 内动作 ③ 从热态开始，三极同时通过 1.5 倍整定电流，在 3 min 内动作 ④ 从冷态开始，三极同时通过 6 倍整定电流，动作时间大于 5 s 带断相保护的热继电器的动作性能除满足上列要求外，还须达到下列要求： ① 任意两极通过整定电流，第三极通过 0.9 倍整定电流，长期不动作 ② 任意两极从热态开始通过 1.15 倍整定电流，第三极由 0.9 倍整定电流断电，在 20 min 内动作	供一般三相异步电动机过载保护用，并能在三相电动机一相断线或三相电流严重不平衡时起保护作用	① 型号后有“D”字的带有断相保护 ② 热继电器的安秒特性曲线如图 7－3 所示
88×52×85				
120×74×96				

型号	额定电流(A)	极数	整定电流调整范围	加热元件		温度补偿	复位方式	触头		
				更换	数量			数量(对)	电流(A)	一对触头压力(N)
JR20-10	0.1～0.15 0.15～0.23 0.23～0.35 0.35～0.53 0.53～0.8 0.8～1.2 1.2～1.8 1.8～2.6 2.6～3.8 3.2～4.8 4～6 5～7 6～8.4 7～10 8.6～11.6	3	1∶1.5	不可		有	自动或手动	1常闭 1常开	6	
JR20-16	3.6～5.4 5.4～8 8～12 10～14 12～16 14～18	3	1∶15	不可		有				
JR20-25	7.8～11.6 11.6～17 17～25 21～29	3	1∶1.5	不可		有				

（续表）

外形尺寸(mm)	质量(g)	主要性能数据	用　途	备　注
44×61×98		① 从冷态开始，三极同时通过1.05倍整定电流，在2 h内不动作 ② 从热态本栏项1的状态接着通过1.2倍整定电流，在2 h内动作 ③ 从热态项1的状态接着通过1.5倍整定电流，在2 min内动作 ④ 从冷态开始，三极同时通过6倍整定电流，动作时间大于5 s 断相保护 ① 任意两极通过整定电流，第三极通过0.9倍整定电流，2 h不动作 ② 任意两极从热态开始通过1.15倍整定电流、第三极由0.9倍整定电流断电，在2 h内动作 无断相保护 ① 任意两极通过1.05倍整定电流，第三极断电，2 h不动作 ② 任意两极从热态项1的状态接着通过1.32倍整定电流、第三极断电，在2 h内动作	供一般三相异步电动机过载保护用，并能在三相电动机一相断线或三相电流严重不平衡时起保护作用	① 此热继电器有断相保护 ② 热继电器的安秒特性曲线如图7-3所示

型号	额定电流 (A)	极数	整定电流调整范围	加热元件		温度补偿	复位方式	触头		
				更换	数量			数量(对)	电流(A)	一对触头压力(N)
3UA50	0.1～0.16 0.16～0.25 0.25～0.4 0.40～0.63 0.63～1.0 0.8～1.25 1～1.6 1.25～2 1.6～2.5 2～3.2 2.5～4 3.2～5 4～6.3 5～8 6.3～10 8～12.5 10～14.5	3	1∶1.45～1.6	不可	—	有	自动兼手动	1常闭 1常开	发热6 380V 1.1	
3UA52	0.1～0.16 0.16～0.25 0.25～0.4 0.4～0.63 0.63～1.0 0.8～1.25 1～1.6 1.25～2 1.6～2.5 2～3.2 2.5～4 3.2～5 4～6.3 5～8 6.3～10 8～12.5 10～16 12.5～20 16～25	3	1∶1.56～1.6	不可	—	有	自动兼手动	1常开 1常闭	发热6 380V 1.1	

（续表）

外形尺寸(mm)	质量(g)	主要性能数据	用　途	备　注
45×87.5×110	0.14	① 三极同时通过整定电流，2 h不动作 ② 从热态开始，三极同时通过1.2倍整定电流，在2 h内动作 ③ 从热态开始，三极同时通过1.5倍整定电流，在2 min内动作 ④ 从冷态开始，三极同时通过6倍整定电流，动作时间TⅠ级应大于2 s，TⅡ级应大于5 s 断相保护 ① 任意两极通过整定电流、第三极通过0.9倍整定电流2 h不动作 ② 任意两极从热态开始通过1.15整定电流、第三极由0.9倍整定电流断电，在2 h内动作	供一般三相异步电动机过载保护及断相保护用。其主电路电压为660 V，其控制电路电压为500 V以下	① 有断相保护 ② 此热继电器系从德国西门子公司引进的产品
45×87.5×110	0.14			

型号	额定电流(A)	极数	整定电流调整范围	加热元件		温度补偿	复位方式	触头		
				更换	数量			数量(对)	电流(A)	一对触头压力(N)
JR20-63	16～24 24～36 32～47 40～55 47～62 55～71	3	1∶1.5	不可		有				
JR20-160	33～47 47～63 63～84 74～98 85～115 100～130 115～150 130～170 144～176	3	1∶1.3～1.4	不可		有				
JR20-250	130～195 167～250	3	1∶1.5	不可						
JR20-400	200～300 267～400	3	1∶1.5	不可						
JR20-630	320～480 420～630	3	1∶1.5	不可						

（续表）

外形尺寸(mm)	质量(g)	主要性能数据	用　途	备　注
70×79×11				

<table>
<tr><th rowspan="2">型号</th><th rowspan="2">额定电流(A)</th><th rowspan="2">极数</th><th rowspan="2">整定电流调整范围</th><th colspan="2">加热元件</th><th rowspan="2">温度补偿</th><th rowspan="2">复位方式</th><th colspan="3">触头</th></tr>
<tr><th>更换</th><th>数量</th><th>数量(对)</th><th>电流(A)</th><th>一对触头压力(N)</th></tr>
<tr><td rowspan="4">JR99-300A</td><td>24～38
37～57
56～86</td><td rowspan="4">3</td><td rowspan="4">1∶1.6</td><td rowspan="4">不可</td><td rowspan="4">—</td><td rowspan="4">有</td><td rowspan="4">自动兼有应急再扣装置</td><td rowspan="4">1常闭</td><td rowspan="4">5</td><td rowspan="4">约0.3</td></tr>
<tr><td>85～125
124～176</td></tr>
<tr><td>170～230</td></tr>
<tr><td>226～310</td></tr>
<tr><td>3UA54</td><td>4～6.3
6.3～10
10～16
12.5～20
16～25
20～32
25～36</td><td>3</td><td>1∶1.44～1.6</td><td>不可</td><td>—</td><td>有</td><td>自动兼手动</td><td>1常闭
1常开</td><td>发热6
380 V
1.1</td><td></td></tr>
<tr><td>3UA58</td><td>16～25
20～32
25～40
32～50
40～57
50～63
57～70
63～80</td><td>3</td><td>1∶1.22～1.6</td><td>不可</td><td>—</td><td>有</td><td>自动兼手动</td><td>1常闭
1常开</td><td>发热6
380 V
1.1</td><td></td></tr>
</table>

（续表）

外形尺寸(mm)	质量(g)	主要性能数据	用　途	备　注
154×93×85	900	① 三极同时通过整定电流，长期不动作 ② 从热态开始，三极同时通过1.1倍整定电流，1 h内不动作 ③ 从热态开始，三级同时通过1.35 倍整定电流，在 20 min内动作 ④ 从冷态开始，三极同时通过6倍整定电流，动作时间大于15 s	三相异步电动机过载保护用。可用于船舶中，能耐受Ⅰ级冲击与Ⅰ级振动，45°倾斜，耐高温、高潮湿、防霉	此船用热继电器系由JR9-300A型热继电器派生而成，其安秒特性曲线如图7-1所示
154×112×85	1 000			
154×112×87	1 100			
154×125×85				
45×87.5×110	0.2			
60×87.5×122	0.4			

型号	额定电流(A)	极数	整定电流调整范围	加热元件		温度补偿	复位方式	触头		
				更换	数量			数量(对)	电流(A)	一对触头压力(N)
3UA59	0.1~0.16 0.16~0.25 0.25~0.4 0.4~0.63 0.63~1 0.8~1.25 1~1.6 1.25~2 1.6~2.5 2~3.2 2.5~4 3.2~5 4~6.3 5~8 6.3~10	3	1∶1.26~1.6	不可	—	有	自动兼手动	1常闭 1常开	发热6 380 V 1.1	
3UA59	8~12.5 10~16 12.5~20 16~25 20~32 25~40 32~50 40~57 50~63	3	1∶1.26~1.6	不可	—	有	自动兼手动	1常闭 1常开	发热6 380 V 1.1	

（续表）

外形尺寸(mm)	质量(g)	主要性能数据	用　途	备　注
45×87.5×110	0.28			
45×87.5×110	0.28			

型号	额定电流(A)	极数	整定电流调整范围	加热元件		温度补偿	复位方式	触头		
				更换	数量			数量(对)	电流(A)	一对触头压力(N)
3UA62	55～80 63～90 80～110 90～120 110～135 120～150 135～160 150～180	3	1∶1.18～1.45							
3UA66	80～135 125～200 160～250 200～320 250～400	3	1∶1.56～1.6							
3UA68	320～500 400～600	3	1∶1.56～1.6							

（续表）

外形尺寸(mm)	质量(g)	主要性能数据	用　途	备　注
104×100×152	0.7			
150×145×220	2.5			
150×145×220	2.5			

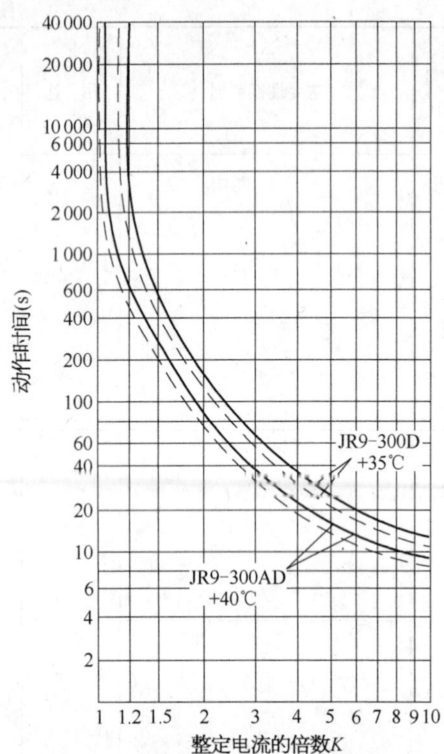

图 7-2　JR9-300D 型限流热继电器与 JR9-300AD 型热继电器的安秒特性曲线

——三相,冷态　----断相,冷态

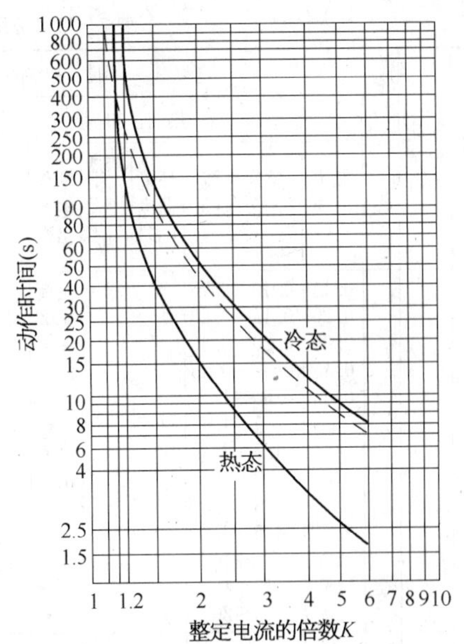

图 7-3　JR10、JR14、JR15、JR16、JR20 等系列热继电器的安秒特性曲线

——三相时的特性曲线　----断相时的特性曲线

三、断路器

常用断路器产品的型号和主要技术数据见表 7-23～表 7-26。

表 7-23　常用断路器的

型号	极数	额定电流(A)	脱扣器						
			形式	热脱扣器					
				额定电流(A)	整定电流调节范围(A)	环境温度(℃)	不动作电流倍数	动作电流倍数	动作时间
DZ5-20/330	3	20	复式	0.15	0.10～0.15		1	交流 1.2	20 min 内动作(热态)
				0.20	0.15～0.20				
DZ5-20/230	2			0.30	0.20～0.30				
				0.45	0.30～0.45			6	大于5 s动作(热态)
				0.65	0.65～1				
				1	1～1.5				
				2	1.5～2		1	直流 1.5	2 min 内动作(热态)
				3	2～3				
				4.5	3～4.5				
				6.5	4.5～6.5			2.5	大于5 s(冷态)
				10	6.5～10				
				15	10～15				
				20	15～20				
DZ5-20/320	3		电磁式		1		—	—	—
DZ5-20/220	2								
DZ5-20/310	3		热式		0.1～20 共13种，同前		同前	同前	同前
DZ5-20/210	2								
DZ5-20/300	3		无						
DZ5-20/200	2								

主要技术性能(一)

电磁脱扣器			分断能力(A)		寿命(万次)		外形尺寸长×宽×高(mm)	用　途	备注
整定电流调节范围(A)	不动作电流倍数	动作电流倍数	交流380 V(有效值)	直流220 V	电气	机械			
8～12倍整定电流			1 200	1 200	5	5	100×76×98	适用于交流50 Hz、380 V和直流220 V的电路中作为电动机和电气设备的过载与短路保护用；也可作为不频繁操作的小容量电动机的直接启动	
8～12倍整定电流									
—									

型号	极数	额定电流(A)	脱扣器						
			形式	热脱扣器					
				额定电流(A)	整定电流调节范围(A)	环境温度(℃)	不动作电流倍数	动作电流倍数	动作时间
DZ5-50	3	50	液压式	10 15 20 25 30 40 50			1.05	1.35 6	20 min 内动作(热态) 3～10 s 动作
DZ9-30	3	30	液压式	5 6 10 15 20 25 30		+40	1.05	1.3 2 6 10	20 min 内动作(热态) 2 min 内动作(热态) 2～3 s 动作(冷态) 0.01～0.2 s 内动作

(续表)

电磁脱扣器			分断能力(A)		寿命(万次)		外形尺寸长×宽×高(mm)	用　途	备注
整定电流调节范围(A)	不动作电流倍数	动作电流倍数	交流380 V(有效值)	直流220 V	电气	机械			
10 倍整定电流			2 500		1.2	2	145×79×102		
			1 500				121.5×90×87.5		

表 7－24　常用断路器

<table>
<tr><th rowspan="3">型号</th><th rowspan="3">极数</th><th rowspan="3">额定电流（A）</th><th colspan="9">脱　扣　器</th></tr>
<tr><th rowspan="2">形式</th><th colspan="6">复式脱扣器</th><th colspan="2">电磁脱扣器</th></tr>
<tr><th>额定电流（A）</th><th>环境温度（℃）</th><th>不动作电流倍数</th><th>动作电流倍数</th><th>动作时间</th><th>电磁脱扣器整定电流倍数</th><th>额定电流（A）</th><th>动作电流整定倍数</th></tr>
<tr><td rowspan="3">DZ10－100</td><td rowspan="3">3
2</td><td rowspan="3">100</td><td rowspan="9">复式、电磁式、热式和没有脱扣器</td><td>15
20</td><td rowspan="9">＋25</td><td rowspan="9">1.1</td><td rowspan="9">1.45</td><td rowspan="9">1 h内动作</td><td rowspan="3">10</td><td rowspan="2">15
20
25
30
40
50</td><td rowspan="2">10</td></tr>
<tr><td>25
30
40</td></tr>
<tr><td>50
60
80
100</td><td>100</td><td>6～10</td></tr>
<tr><td rowspan="3">DZ10－250</td><td rowspan="3">3
2</td><td rowspan="3">250</td><td rowspan="3">100
120
140
170
200
250</td><td rowspan="3">5～10
4～10
3～10
3～10
3～10
3～10</td><td rowspan="3">250</td><td>2～6</td></tr>
<tr><td>2.5～8</td></tr>
<tr><td>3～10</td></tr>
<tr><td rowspan="3">DZ10－600</td><td rowspan="3">3
2</td><td rowspan="3">600</td><td rowspan="3">200
250
300
350
400
500
600</td><td rowspan="3">3～10</td><td>400</td><td>2～7</td></tr>
<tr><td rowspan="2">600</td><td>2.5～8</td></tr>
<tr><td>3～10</td></tr>
</table>

的主要技术性能(二)

欠电压脱扣器	分励脱扣器	分断能力(A)		寿命(万次)		外形尺寸长×宽×高(mm)	用途	备注
		交流380 V(峰值)	直流220 V	电气	机械			
		6 000(500 V时6 000)	6 000					
		8 000(500 V时7 000)	8 000	0.5	1	153×105×105.5	适用于交流50~60 Hz、电压至500 V和直流电压至220 V的电路中，作为电气设备的过载和短路保护，也可作为不频繁地接通和分断电路用	
		12 000(500 V时10 000)	12 000					
交流110，220和380 V 直流110，110和220 V	交流110，220和380 V 直流48、110和220 V	30 000(500 V时25 000)	20 000	0.4	0.8	276×155×143.5		
		4 000(500 V时40 000)	25 000	0.25	0.7	395×210×154.5		
				0.2	0.7			

型号	极数	额定电流(A)	脱扣器								
			形式	复式脱扣器						电磁脱扣器	
				额定电流(A)	环境温度(℃)	不动作电流倍数	动作电流倍数	动作时间	电磁脱扣器整定电流倍数	额定电流(A)	动作电流整定倍数
DZ20-100	3	100	复式、电磁式、热式和没有脱扣器	16 20 32 40 50 63	20或40	1.05	1.35(配电用) 1.20(电动机用)	1h内动作	10(配电用) 12(电动机用)		10(配电用) 12(电动机用)
				80 100		1.05	1.25(配电用) 1.20(电动用)	2h内动作			
DZ20-200(225)		200		100 125 160 180 200 225					5和10(配电用) 8和12(电动机用)		5和10(配电用) 8和12(电动机用)
DZ20-400		400		200 250 315					10(配电用) 12(电动机用)		10(配电用) 12(电动机用)
				350 400					5和10(配电用)		5和10(配电用)
DZ20-630		630		400 500 630							

（续表）

欠电压脱扣器	分励脱扣器	分断能力(A) 交流380 V（峰值）	分断能力(A) 直流220 V	寿命（万次）电气	寿命（万次）机械	外形尺寸长×宽×高(mm)	用　途	备注
交流220，380 V 直流110，220 V	交流220，380 V 直流110，220 V	一般型18 000；较高型35 000	一般型10 000；较高型15 000	4 000	4 000	105×215×103	适用于交流50 Hz、电压至380 V及直流电压至220 V的电路中，作为过载、短路和欠电压保护，也可用于回路中不频繁操作用	
		高分断型100 000	高分断型20 000			105×218.5×156.5		
		一般型25 000；较高型42 000	一般型20 000；较高型25 000	2 000	6 000	108.5×402×142		
		高分断型100 000	高分断型25 000			116.5×402×227		
		一般型30 000	一般型25 000	1 000	4 000	155×391×149.5		
		较高型42 000	较高型25 000					
		高分断型100 000	高分断型30 000			210×394×247		
		一般型30 000；较高型42 000	一般型25 000；较高型25 000	1 000	4 000	210×367×247		

型号	极数	额定电流(A)	形式	脱扣器								
				复式脱扣器							电磁脱扣器	
				额定电流(A)	环境温度(℃)	不动作电流倍数	动作电流倍数	动作时间	电磁脱扣器整定电流倍数		额定电流(A)	动作电流整定倍数
DZ20-1250		1 250	复式、电磁式、热式和没有脱扣器		630 700 800 1 000 1 250					4和7(配电用)		4和7(配电用)
DZX10-100	3	100			15 20 25 30 40 50 63 80 100	+20或+40	1.05	1.25 2	2 h内动作 8 min内动作(冷态)	3~10	15 20 25 30 40 50 63 80 100	3~10
DZX10-200	3	200			100 120 140 170 200			1.25 2	2 h内动作 10 min内动作(冷态)		100 120 140 170 200	
DZX10-630	3	630			200 250 300 350 400 500 630			1.25 2	1 h内动作 14 min内动作(冷态)		200 250 300 350 400 500 630	

（续表）

欠电压脱扣器	分励脱扣器	分断能力(A)		寿命(万次)		外形尺寸长×宽×高(mm)	用途	备注
		交流380 V(峰值)	直流220 V	电气	机械			
		一般型 50 000		500	2 500	212×559×216		
交流380和660 V	交流380和660 V	30 000，(660 V时15 000)		4 000	4 000	113×175×124	本限流型断路器适用于交流50 Hz、电压至660 V的电路中，供低压网络集中配电、变压器并联运行或采用环形供电时，要求高分断能力的分支路场合中作为过载、短路保护。也可作为不频繁地接通和分断电路用	
		40 000，(660 V时20 000)		2 500	5 500	159×276×175.5		
		60 000，(660 V时25 000)		1 500	3 500	210×395×192		

表 7－25　常用断路器的

型　号	极数	额定电流(A)	脱扣器(A)		操作方式			
			额定电流	整定电流	手柄操作	杠杆操作	电磁铁操作	电动机操作
DW10－200/3	3	200	60	60～180	√	√	√	
DW10－200/2	2		100	100～300				
			150	150～450				
			200	200～600				
DW10－400/3	3	400	100	100～300	√	√	√	
DW10－400/2	2		150	150～450				
			200	200～600				
			250	250～750				
			300	300～900				
			350	350～1 050				
			400	400～1 200				
DW10－600/3	3	600	400	400～1 200	√	√	√	
DW10－600/2	2		500	500～1 500				
			600	600～1 800				
DW10－1000/3	3	1 000	400	400～1 200	√	√		√
DW10－1000/2	2		500	500～1 500				
			600	600～1 800				
			800	800～2 400				
			1 000	1 000～3 000				
DW10－1500/3	3	1 500	1 000	1 000～3 000	√	√		√
DW10－1500/2	2		1 500	1 500～4 500				
DW10－2500/3	3	2 500	1 000	1 000～3 000				
DW10－2500/2	2		1 500	1 500～4 500				
			2 000	2 000～6 000				√
			2 500	2 500～7 500				
DW10－4000/3	3	4 000	2 000	2 000～6 000				
DW10－4000/2	2		2 500	2 500～7 500				
			3 000	3 000～9 000				√
			4 000	4 000～12 000				

主要技术性能(三)

欠电压脱扣器	分励脱扣器	分断能力(A)		寿命(万次)		辅助触头		外形尺寸长×宽×高(mm)	用途
		交流380 V(有效值)	直流440 V	电气	机械	数量(对)	额定电流(A)		
交流127，220和380 V直流110，220和440 V	交流36，127，220和380 V直流24，48，110，220和440 V	10 000	10 000			3常闭、3常开，最多5常闭、5常开	5	355×344×205	适用于交流50 Hz、电压至380 V和直流电压至440 V的配电电路中，作为过载、短路及欠电压保护，以及在正常工作条件下作为频繁转换电路用
		15 000	15 000					396×346×230	
		15 000	15 000					396×346×230	
		20 000	20 000					585×676×351	
		20 000	20 000					585×676×353	
		30 000	30 000					591×856×353	
		40 000	40 000					609×1 036×353	

表 7-26 常用断路器的

型号	极数	额定电流(A)	脱扣器(A)						
			额定电流(A)	选择型			非选择型		
							复式		电磁式
				长延时	短延时	瞬时	长延时	瞬时	瞬时
DW15-1000		1 000	630	441~630	1 890~6 300	6 300~12 600	441~630	1 890~3 780	630~1 890
			800	560~800	2 400~8 000	8 000~16 000	560~800	2 400~4 800	800~2 400
			1 000	700~1 000	3 000~10 000	10 000~32 000	700~1 000	3 000~6 000	1 000~3 000
DW15-1600		1 600	1 600	1 120~1 600	4 800~9 600	16 000~20 000	1 120~1 600	4 800~9 600	1 600~4 800
DW15-2500		2 500	1 600	1 120~1 600	4 800~9 600	11 200~22 400	1 120~1 600	4 800~9 600	1 600~4 800
			2 000	1 400~2 000	6 000~12 000	14 000~28 000	1 400~2 000	6 000~12 000	2 000~6 000
			2 500	1 750~2 500	7 500~15 000	17 500~35 000	1 750~2 500	7 500~15 000	2 500~7 500
DW15-4000		4 000	2 500	1 750~2 500	7 500~15 000	17 500~35 000	1 750~2 500	7 500~15 000	2 500~7 500
			3 000	2 100~3 000	9 000~18 000	21 000~42 000	2 100~3 000	9 000~18 000	3 000~9 000
			4 000	2 800~4 000	12 000~24 000	28 000~56 000	2 800~4 000	12 000~24 000	4 000~12 000
DW16-630	3	630	315				200~315	950~1 890	
			400				264~400	1 200~2 400	
			630				400~630	1 890~3 790	

主要技术性能(四)

<table>
<tr><th colspan="3"></th><th rowspan="2">欠电压脱扣器(V)</th><th rowspan="2">分励脱扣器(V)</th><th rowspan="2">分断能力(kA)</th><th colspan="2">辅助触头</th><th rowspan="2">外形尺寸长×宽×高(mm)</th><th rowspan="2">用途</th></tr>
<tr><th>不动作电流倍数</th><th>动作电流倍数</th><th>动作时间</th><th>数量(对)</th><th>额定电流(A)</th></tr>
<tr><td rowspan="5">20 ℃
1.05，
2 h 内不动作</td><td rowspan="5">1.25
2.0
3.0</td><td rowspan="5">1 h 内动作，10 min 内动作，可返回时间小于8 min
短延时的延时时间为 0.4 与0.2 s 两种</td><td rowspan="5">交流 220，380</td><td rowspan="5">交流 220，380；直流 110，220</td><td>40</td><td rowspan="5">3 常闭，3 常开，4 常闭，2 常开，2 常闭 4 常开</td><td rowspan="5"></td><td>441×551×508</td><td rowspan="5">适用于交流 50 Hz，电压至 380 V 的电路中，作为过载、短路及欠电压保护，以及在正常工作条件下作为不频繁转换电路用</td></tr>
<tr><td>40</td><td>441×550×508</td></tr>
<tr><td>80</td><td>897×571×625</td></tr>
<tr><td>80</td><td>897×571×625</td></tr>
<tr><td>30</td><td>≈290×440×202</td></tr>
</table>

四、熔断器

一般熔断器的时间/电流范围见表 7-27。

表 7-27　一般熔断器的时间/电流范围

额定电流 I_n(A)	长延时　gⅠ		短延时　gⅡ		约定时间 (h)
	约定不熔断电流 I_{at}	约定熔断电流 I_t	约定不熔断电流 I_{at}	约定熔断电流 I_t	
≤4	$1.5I_n$	$2.1I_n$	$1.2I_n$	$1.6I_n$	1
>4～10	$1.5I_n$	$1.9I_n$			1
>10～25	$1.4I_n$	$1.75I_n$			1
>25～63	$1.3I_n$	$1.6I_n$			1
>63～100	$1.3I_n$	$1.6I_n$			2
>100～160	$1.2I_n$	$1.6I_n$			2
>160～400	$1.2I_n$	$1.6I_n$			3
>400～1 000	$1.2I_n$	$1.6I_n$			4

常用熔断器产品的型号和主要技术数据见表 7-28～表 7-31。

表 7-28 常用熔断器的型号与主要技术数据

<table>
<tr><th rowspan="2">型号</th><th rowspan="2">名称</th><th colspan="2">额定电流(A)</th><th colspan="2" rowspan="2">极限分断能力
(A)</th><th rowspan="2">用 途</th><th rowspan="2">备 注</th></tr>
<tr><th>熔管</th><th>熔 体</th></tr>
<tr><td rowspan="6">RM10</td><td rowspan="6">无填料密闭管式熔断器</td><td>15</td><td>6, 10, 15</td><td colspan="2">250 和 500 V 时:200</td><td rowspan="6">用于交流 50 Hz、电压至 500 V 或直流至 440 V 的工业电气设备中，作过载保护或短路保护之用</td><td rowspan="6"></td></tr>
<tr><td>60</td><td>15, 20, 25, 35, 45, 60</td><td colspan="2">3 500</td></tr>
<tr><td>100</td><td>60, 80, 100</td><td colspan="2">10 000</td></tr>
<tr><td>200</td><td>100, 125, 160, 200</td><td colspan="2">10 000</td></tr>
<tr><td>350</td><td>200, 225, 260, 300, 350</td><td colspan="2">10 000</td></tr>
<tr><td>600</td><td>350, 430, 500, 600</td><td colspan="2">10 000</td></tr>
<tr><td></td><td></td><td>1 000</td><td>600, 700, 850, 1 000</td><td colspan="2">12 000</td><td></td><td></td></tr>
<tr><td rowspan="5">RL1</td><td rowspan="5">螺旋式熔断器</td><td></td><td></td><td>交 380 V</td><td>500 V</td><td rowspan="5">用于交流 50 或 60 Hz、电压至 500 V 的电路中，作为过载及短路保护用</td><td rowspan="5"></td></tr>
<tr><td>15</td><td>2, 4, 6, 10, 15</td><td>2 000</td><td>2 000</td></tr>
<tr><td>60</td><td>20, 25, 30, 35, 40, 50, 60</td><td>5 000</td><td>3 500</td></tr>
<tr><td>100</td><td>60, 80, 100</td><td></td><td>20 000</td></tr>
<tr><td>200</td><td>100, 125, 150, 200</td><td></td><td>50 000</td></tr>
</table>

（续表）

型号	名称	额定电流(A)		极限分断能力(A)	用途	备注
		熔管	熔体			
RL6	螺旋式熔断器	25 63 100 200	2，4，6，10，16，20，25 35，50，63 80，100 125，160，200	500 V时50 000	用于交流50或60 Hz、电压至500 V的电路中，作为过载和短路保护用	
RL7	螺旋式熔断器	25 63 100	2，4，6，10，16，20，25 35，50，63 80，100	660 V时25 000	用于交流50或60 Hz、电压至660 V的电路中，作为过载和短路保护用	
RC1 RC1A	插入式熔断器	5 10 15 30 60 100 200	2，5 2，4，6，10 15 20，25，30 40，50，60 80，100 120，150，200	250 500 500 1 500 3 000 3 000 3 000	用于交流50 Hz、电压至380 V的电路末端或分支路，作为电缆和电气设备的过载和短路保护用	RC1A为全国统一设计产品，在RC1的基础上加以改进而成

（续表）

型号	名称	额定电流(A)		极限分断能力(A)	用途	备注
		熔管	熔体			
R1	插入式熔断器	10	0.5，1，2，3，4，5，6，8，10	200	用于直流或交流 50 Hz、电压至 250 V 的配电设备二次回路中，作过载及短路保护用	

表 7-29 螺旋式快速熔断器的主要技术数据

型号	名称	电压(V)	额定电流(A)		熔断时间(s)不大于				极限分断能力(A)	用途	备注
			熔管	熔体	$1.1I_N$	$4I_N$	$6I_N$	$7I_N$			
RLS2	螺旋式快速熔断器	500	(30) 63 100	16，20，(30) 35，(45)，50，63 (75)，80，(90)，100					50 000	用于交流 50 Hz、电压至 500 V，作为晶闸管及其成套装置的短路及过载保护	

表 7－30　有填料熔断器和插入式熔断器的主要技术数据

型号	名称	额定电流(A)		极限分断能力(A)			用　途	备　注
		熔管	熔　体	交流		直流		
				380 V cos $\varphi>$ 0.3	500 V cos $\varphi>$ 0.2	440 V $T>$ 0.015		
RT10	有填料密闭管式熔断器	50	5，10，15，20，30，40，50	50 000	25 000	25 000	用于交流 50 Hz、电压至 380 V 和直流至 440 V 的具有高短路电流的电力网络或配电装置中，作为电缆、导线和电气设备的过载和短路保护之用	
		100	30，40，50，50，60，80，100	50 000	25 000	25 000		
		200	80，100，120，150，200	50 000	25 000	25 000		
		400	150，200，250，300，350，400	50 000	25 000	25 000		
		600	350，400，450，500，550，600	50 000	25 000	25 000		
		1 000	700，800，900，1 000	50 000		25 000		

（续表）

型号	名称	额定电流(A)		极限分断能力(A)	用 途	备 注
		熔管	熔 体			
RT12	有填料封闭管式熔断器	20 32 63 100	2，4，6，10，16，20 20，25，32 32，40，50，63 63，80，100	415 V 时 80 000	用于交流 50 Hz、电压至 415 V 的低压配电系统中线路的过载和短路保护之用	
RT14	有填料封闭管式(圆筒形帽)熔断器	20 32 63	2，4，6，10，16，20 2，4，5，10，16，20，25，32 10，16，20，25，32，40，50，63	380 V 时 100 000	用于交流 50 Hz、电压至 380 V 的配电电路中作线路的过载和短路保护之用	带熔断撞击器的熔体与熔断器式隔离器配套使用时，还可作电动机断相保护之用
RT15	有填料封闭管式熔断器	100 200 315 400	40，50，63，80，100 125，160，200 250，315 350，400	415 V 时 100 000	用于交流 50 Hz、电压至 415 V 的低压配电系统中线路的过载和短路保护	

(续表)

型号	名称	额定电流(A)		极限分断能力(A)	用途	备注
		熔管	熔体			
RT17	有填料封闭管式(刀型触头)熔断器	1 000	800，1 000	380 V时100 000	用于交流50 Hz、电压至380 V的低压配电系统中线路的过载和短路保护	

表 7－31　快速熔断器的主要技术数据

型号	名称	电压(V)	额定电流(A)		熔断时间(s)，不大于				极限分断能力(A)	用途	备注
			熔管	熔体	1.1I_N	4I_N	6I_N	7I_N			
RS0	有填料封闭管式快速熔断器	250	50	30，50	4 h内不熔断	0.05～0.3	—	0.02	50 000	用于交流50 Hz、电压至750 V，作为半导体整流元件或由该	
			100	50，80			—	0.02	50 000		
			200	150			0.02	—	50 000		
			350	350			0.02	—	50 000		
			500	400，480			0.02	—	50 000		

（续表）

型号	名称	电压(V)	额定电流(A)		熔断时间(s)，不大于				极限分断能力(A)	用途	备注
			熔管	熔体	$1.1I_N$	$4I_N$	$6I_N$	$7I_N$			
RS0	有填料封闭管式快速熔断器	500	50	30，50	4 h内不熔断	0.05～0.3	—	0.02	40 000	元件组成的成套装置的短路保护及过载保护	
			100	50，80			—	0.02	40 000		
			200	150			0.02	—	40 000		
			350	320			0.02	—	40 000		
			500	400，480			0.02	—	40 000		
		750	350	320	4 h内不熔断	0.05～0.3	0.2		30 000		
RS3	有填料封闭管式快速熔断器	500	50	10，15，20，25，30，40，50	5 h内不熔断	0.06	—	0.02	25 000	用于交流50 Hz、电压至750 V，作为晶闸管整流元件及其成套装置的短路及过载保护	
			100	80，100			—	0.02	25 000		
			200	150，200			0.02	—	50 000		
			300	250，300			0.02	—	50 000		
		750	200	150	5 h内不熔断	0.06	0.02	—	50 000		
			300	250			0.02	—	50 000		

第四节　低压电器的故障及其检修方法

一、接触器的故障及检修方法

接触器的易损件为线圈、触头和触头压力弹簧等，这些零部件的制造多涉及特殊工艺，因此，在一般情况下可按电器制造厂的易损件目录进行订购，不必自行制造。

常见条件接触器的故障及检修方法见表 7-32。

二、热继电器的故障及检修方法

热继电器的一般故障及其检修方法见表 7-33。

三、断路器的故障及检修方法

断路器的一般故障及其检修方法见表 7-34。

表 7-32 接触器的故障及其检修方法

故障类别	故障现象	产生原因	检修方法
接触器投入运行前的空载试运行中可能产生的故障	按下启动按钮，接触器根本不闭合	① 线圈供电电路断路 ② 线圈的导线断路 ③ 按钮的触头失效，不能接通电路	按可能的原因，依次检查判断并消除故障
	按下启动按钮，接触器不能完全闭合	① 按钮的触头不清洁或过度氧化 ② 接触器可动部分被卡住 ③ 控制电路电源电压降过大（低于 85%额定电压值） ④ 控制电路电源电压小于线圈电压 ⑤ 接触器反力过大（即触头压力弹簧和反力弹簧的压力过大）或触头超额行程过大	
	按下启动按钮，接触器闭合过猛或线圈过热、冒烟	控制电路电源电压大于线圈电压	

（续表）

故障类别	故障现象	产生原因	检修方法
接触器投入运行前的空载试运行中可能产生的故障	启动按钮释放后接触器分开	与启动按钮联锁的接触器常开联锁触头的接线错误或接触不良	按可能的原因，依次检查判断并消除故障
接触器投入运行前的空载试运行中可能产生的故障	按下停止按钮，接触器不分开	① 可动部分被卡住 ② 反力弹簧的反力太小 ③ 由于剩磁作用，或者由于铁心极面的油泥，使动铁心黏附在静铁心上 ④ 接触器线圈、联锁触头与按钮间接线不正确而使线圈未断电	按可能的原因，依次检查判断并消除故障
铁心的故障	铁心发出过大的噪声，甚至嗡嗡振动	① 线圈电压不足 ② 动、静铁心的接触面相互接触不良 ③ 短路环断裂	① 调整电源电压 ② 锉平接触面，使相互接触良好 ③ 按原结构方式更换短路环，或焊接断裂的短路环

（续表）

故障类别	故障现象	产 生 原 因	检 修 方 法
铁心的故障	无压释放失灵	① 非磁性垫片装错或未装 ② 反力弹簧装错而使反力太小 ③ 主触头过度磨损造成反力过小 ④ Ⅱ形铁心因过度磨损而使中间极面防止剩磁的气隙过小 ⑤ 由于剩磁作用，或者由于铁心极面的油泥，使动铁心黏附在静铁心上 ⑥ 其他原因	① 按制造厂的资料进行更换或加装 ② 换以正确的反力弹簧 ③ 更换主触头 ④ 将中间极面锉去 0.05～0.2 mm ⑤ 清洗油泥或换以新铁心
线圈的故障	接触器根本不能闭合，或在正常工作情况下自行突然分开	① 线圈引出线部分断裂 ② 线圈内部的导线断线（多系线圈的焊接处断线）	① 焊接好并把绝缘修复 ② 拆开线圈，焊好断线处，并把绝缘修复、绕制好。一般可直接换以新线圈
	线圈局部过热，或因吸力降低而铁心发生噪声	线圈匝间短路	直接以测圈仪测量其圈数或测量其直流电阻，并与线圈标牌上的圈数或电阻值相比较。一般均换成新线圈而不修理

（续表）

故障类别	故障现象	产生原因	检修方法
线圈的故障	目力可见的外伤，如线圈外绝缘擦伤或线圈骨架发生裂缝等	机械性损伤	如果仅系外部损伤，则可进行局部修理；如果外部包扎、涂漆或黏结好骨架裂缝；如果机械性损伤而引起线圈内部的短路、断路等，则换成新线圈
触头及灭弧系统的故障	接触器闭合过程中触头焊住，使其在线圈断电后不能打开	① 启动过程中有很大的尖峰电流（如交流接触器控制的电容负载，钨丝灯泡及直流接触器控制的钨丝灯泡），而使接触器的闭合能力不足 ② 加于线圈的端电压过低，致使磁系统的吸力不足，而形成触头的停滞不前或反复振动 ③ 闭合过程中可动部分被卡住 ④ 闭合时触头及动铁心均发生跳动	① 接触器的吸力有较大裕度时，可加大触头的初压力。当闭合能力显著不足时，则更换成大一级的接触器 ② 设法提高线圈的端电压，使其不低于85%的额定值 ③ 检查可动部分的运动情况是否正常、灵活，并消除一切卡绊现象 ④ 轻微时可调整触头的初压力及超额行程；严重时只能更换以大一级的接触器 对于已焊牢的触头，只能将其拆除，换成新的。当触头轻微焊接时，可稍加外力使其分开，并锉平浅小的金属熔化痕迹，以便重新操作

（续表）

故障类别	故障现象	产生原因	检修方法
触头及灭弧系统的故障	相间短路	① 可逆接触器于其可逆转换过程中，由于其正向接触器尚未完全分断时反向接触器即已接通而形成相间短路 ② 装于金属外壳内的接触器，因外壳处于其分断时的喷弧距离内而形成相间短路	① 可逆接触器的原设计不当，应更换成动作时间较长（即磁系统行程较长）的可逆接触器，或在设计时加上联锁保护 ② 此系接触器选用不当。可于外壳内壁电弧喷射范围内粘以电气绝缘石棉纸，以消除短路现象 注：对已发生过相间短路的接触器，如果短路严重，则应更换成新的接触器；如果短路较轻，触头及其他导电零件没有发生熔焊及机械变形，则经全面的清理调整后仍可使用

表 7-33 热继电器的故障及其检修方法

故障类别	故障现象	产生故障的原因	检修方法
热继电器的动作太快或太慢或不动作	① 电气设备经常烧毁而热继电器不动作 ② 机器设备操作正常，但热继电器频繁动作，经常造成停工	① 热继电器的整定电流值与被保护设备的整定电流值不符 ② 热继电器可调整部件的固定支钉松动，不在原来整定的点上	① 应按照被保护设备的容量来更换热继电器(不可按开关的容量来选用热继电器) ② 将支钉紧固，重新进行调整试验
热继电器的动作太快或太慢或不动作	① 电气设备经常烧毁而热继电器不动作 ② 机器设备操作正常，但热继电器频繁动作，经常造成停工	① 热继电器通过了巨大的短路电流后，双金属元件已产生永久变形 ② 热继电器久未校验，灰尘堆积，或生锈蚀，或动作机构卡住、磨损，塑料零件变形等 ③ 可能在安装时将热继电器的可调整部件碰坏了，或是没有对准刻度 ④ 有盖子的热继电器未盖上盖子，或没有盖好	① 对热继电器重新进行调整试验 ② 清除热继电器上的灰尘和污垢，重新进行校验(在正常情况下每年应校验一次) ③ 修理损坏的部件，并对准刻度，重新进行调整试验 ④ 盖好热继电器的盖子

（续表）

故障类别	故障现象	产生故障的原因	检 修 方 法
热继电器的动作太快或太慢或不动作	① 电气设备经常烧毁而热继电器不动作 ② 机器设备操作正常，但热继电器频繁动作，经常造成停工	⑤ 热继电器与外界连接线的接线螺钉没有拧紧，或连接线的直径不符合规定 ⑥ 热继电器的安装方向不符合规定，或安装地方的环境温度与被保护电气设备的环境温度相差太大	⑤ 把接线螺钉拧紧或换上合适的连接线 ⑥ 将热继电器按照规定的方向安装。按照两地温度相差的情况配置适当的热继电器
热继电器的动作不稳定	热继电器的动作有时快，有时慢	① 热继电器内部机构有某些部件松动 ② 在检修中弯折了双金属片 ③ 热继电器通电校验时，电流波动太大，或接线螺钉未拧紧，或各次试验之间的冷却时间不同，或电流表不准确等	① 将这些部件加以固定 ② 用高倍电流预试几次，或将双金属片拆下来热处理（一般约 270 ℃），以去除内应力 ③ 在校验的电源上加电压稳定器；把接线螺钉拧紧；各次试验后冷却的时间足够；校对电流表是否准确

（续表）

故障类别	故障现象	产生故障的原因	检修方法
热继电器的主电路不通	接入热继电器后，主电路不通	① 热元件烧毁 ② 热继电器的接线螺钉未拧紧	① 更换热继电器 ② 拧紧接线螺钉
热继电器的控制电路不通	控制电路不通	① 触头烧毁，或动触片的弹性消失，动、静触头不能接触 ② 在可调整式的热继电器中，有时由于刻度盘或调整螺钉转到不合适的位置，将触头顶开了	① 修理触头和触片 ② 调整刻度盘或调整螺钉
热继电器无法调整	① 在做热继电器调整试验时，通过额定电流时不动作。如果在过载时将它调整到脱扣，则到第二次试验时，通过额定电流时就动作了。反复调整总是这样	① 热元件的发热量太小，或装错了热继电器（电流值比要求的大）	① 更换成电阻值较大的热元件，或电流值较小的热继电器

（续表）

故障类别	故障现象	产生故障的原因	检修方法
热继电器无法调整	② 在做热继电器调整试验时，通过额定电流时不动作。如果在过载时将它调整到脱扣，则不能再扣。反复调整总是这样	② 双金属片安装的方向反了，或双金属片用错，比挠度太小	② 更换双金属片
	③ 在做热继电器调整试验时，通过额定电流时就动作，同时导电板的温度很高	③ 热元件的发热量太大，或是装错热继电器（电流值比要求的小）	③ 更换成电阻较小的热元件或电流较大的热继电器

表 7－34　断路器的故障及其检修方法

故障类别	故障现象	产生原因	检修方法
断路器不能闭合	手动操作断路器不能闭合	① 失压脱扣器无电压或线圈损坏 ② 储能弹簧变形，导致闭合力减小 ③ 反作用弹簧力过大 ④ 机构不能复位再扣	① 施加电压检查线路或更换线圈 ② 更换储能弹簧 ③ 重新调整弹簧反力 ④ 调整再扣接触面至规定值
	电动操作断路器不能闭合	① 操作电源电压不符 ② 电源容量不够 ③ 电磁铁拉杆行程不够 ④ 电动机操作定位开关变位 ⑤ 控制器中整流管或电容器损坏	① 调换电源 ② 增大操作电源容量 ③ 重新调整或更换拉杆 ④ 重新调整 ⑤ 重新更换元件
	漏电保护断路器不能闭合	① 操作机构损坏 ② 线路某处漏电或接地	① 送制造厂修理 ② 消除漏电处或接地处的故障

（续表）

故障类别	故障现象	产生原因	检修方法
断路器不能闭合	有一相触头不能闭合	① 一般型断路器的一相连杆断裂 ② 限流断路器斥开机构的可拆连杆之间的角度变大	① 更换连杆 ② 调整至原来技术要求的数值
断路器不能分断	分励脱扣器不能使断路器分断	① 线圈短路 ② 电源电压太低 ③ 再扣接触面太大 ④ 螺钉松动	① 更换线圈 ② 调换电源电压 ③ 重新调整 ④ 拧紧螺钉
	欠电压脱扣器不能使断路器分断	① 反力弹簧变小 ② 如为储能释放，则储能弹簧力变小或断裂 ③ 机构卡死	① 调整弹簧 ② 调整或更换储能弹簧 ③ 消除卡住的原因，如生锈
断路器分断过于频繁	启动电动机时断路器立即分断	① 过电流脱扣器瞬动整定值太小 ② 脱扣器某些零件损坏，如半导体器件、橡皮膜等损坏 ③ 脱扣器反力弹簧断裂或落下	① 调整瞬动整定值 ② 更换脱扣器或更换损坏的零件 ③ 更换弹簧或重新装上

（续表）

故障类别	故障现象	产生原因	检修方法
断路器分断过于频繁	断路器闭合后经一定时间自行分断	① 过电流脱扣器长延时整定值不对 ② 热元件或半导体延时电路元件变化	① 重新调整 ② 更换
	带半导体脱扣器的断路器误动作	① 半导体脱扣器元件损坏 ② 外界电磁干扰	① 更换损坏元件 ② 消除外界干扰，例如邻近的大型电磁铁的操作、接触器的分断、电焊等，应予以隔离或更换线路
	漏电保护断路器经常自行分断	① 漏电动作电流变化 ② 线路漏电	① 送制造厂重新校正 ② 寻找原因，如系绝缘线损坏，则应更换
断路器的温升过高	断路器的温升过高	① 触头压力太小 ② 触头表面磨损严重或接触不良 ③ 两个导电零件的连接螺钉松动 ④ 触头表面氧化或有油污	① 调整触头压力或更换弹簧 ② 更换触头或清理接触面，不能更换者，只好更换新断路器 ③ 拧紧连接螺钉 ④ 清除氧化膜或油污

（续表）

故障类别	故障现象	产 生 原 因	检 修 方 法
欠电压脱扣器噪声大	欠电压脱扣器噪声大	① 反作用弹簧力太大 ② 铁心的工作面有油污 ③ 短路环断裂	① 重新调整 ② 清除油污 ③ 更换衔铁或铁心
辅助开关不通	辅助开关不通	① 辅助开关的动触桥卡死或脱落 ② 辅助开关的传动杆断裂或滚轮脱落 ③ 触头不能接触，或表面氧化，或有油污	① 拨正或重新装好触桥 ② 更换传动杆或更换辅助开关 ③ 调整触头或清除氧化膜与油污

第八章

高压电器

第一节　高压断路器的选用

一、高压断路器的选用原则

高压断路器应按装置种类、构造形式、额定电压、额定电流、断路电流或断流容量等来选择，然后作短路时动稳定和热稳定校验。

(1) 按额定电压及频率选择

断路器应按电网的电压及频率选择，且

$$U_N \geqslant U_g \tag{8-1}$$

式中　U_N——断路器的额定电压(kV)；

U_g——断路器的工作电压，即电网额定电压(kV)。

(2) 按额定电流选择

$$I_N \geqslant I_g \tag{8-2}$$

式中　I_N——断路器的额定电流(A)；

I_g——断路器的工作电流(A)，指最大工作电流(有效值)。

(3) 按额定断路电流或断流容量选择

要求系统在断路器处的最大短路电流应小于断路器允许断流值,并应留有裕度。

$$I_{dn} \geqslant I''(或 I_{0.2}),\ S_{dn} \geqslant S''(或 S_{0.2}) \qquad (8-3)$$

$$S'' = \sqrt{3}U_p I_z = \frac{S_j}{X_{※\Sigma}} \qquad (8-4)$$

式中　I_{dn}、S_{dn}——断路器在额定电压下的断路电流和断流容量(kA、MVA),可由产品目录查得;

I''(或 $I_{0.2}$)——安装地点发生三相短路时的次暂态短路电流(或 0.2 s 短路电流)(kA);

S''(或 $S_{0.2}$)——三相短路容量(MV·A);

U_p——电流 I_z 所在电压级的平均额定电压(kV);

I_z——三相短路电流周期分量有效值(kA);

S_j——基准容量(MV·A);

$X_{※\Sigma}$——电抗标示值。

当断路器安装在低于额定电压的电路中时,其断流容量按下式计算:

$$S_{dn(U)} = S_{dn} \frac{U}{U_N} \qquad (8-5)$$

(4) 按短路电流的动稳定校验

按短路电流的动稳定校验,即对断路器极限通过电流能力的校验。所谓极限通过电流能力,是指由电流的力学作用所限制的电流值,有峰值和有效值(单位:kA)两项规定。前者是后者的 1.7 倍。此项规定由制造厂给出,称为动稳定(极限)。

如按峰值校验 $i_{gf} \geqslant i_{ch}$ (8-6)

式中 i_{gf}——断路器极限通过电流峰值(kA)；

i_{ch}——短路冲击电流(kA)。

(5) 按短路电流的热稳定校验

按短路电流的热稳定校验，是对断路器热稳定电流的校验。所谓热稳定电流，是指对短时间故障电流通过开关导体发热所作的限制。其值由制造厂提供，一般给出 1.5 s 和 10 s 的电流值。许多开关的 I_s 热稳定电流值与动稳定值相同。校验公式如下：

$$I_s \geqslant I_\infty \sqrt{\frac{t_j}{t}} \text{ 或者说 } I_t^2 t \geqslant I_\infty^2 t_j \quad (8-7)$$

式中 I_s——断路器在 t_s 内的热稳定电流(kA)；

I_∞——断路器可能通过的最大稳态短路电流(kA)；

t_j——短路电流作用的假想时间(s)；

t——热稳定电流允许的作用时间(s)。

二、部分 10 kV 高压断路器技术数据

10 kV 高压真空断路器的技术数据见表 8-1。

10 kV 六氟化硫断路器的技术数据见表 8-2。

表 8-1 ZN4—10 系列真空断路器技术数据

型号	额定电压(kV)	最高工作电压(kV)	额定电流(A)	额定短路开断电流(kA)	动稳定电流(峰值)(kA)	4 s 热稳定电流(有效值)(kA)	额定短路关合电流(峰值)(kA)	固有分闸时间不大于(s)	合闸时间不大于(s)	机械寿命(次)
ZN4—10/1000—16	10	11.5	1 000	16	40	16	40	0.05	0.2	10 000
ZN4—10/1250—20			1 250	20	50	20	50			
ZN410C ZN4—10CG			600 1 000	17.3	44	17.3	44			

型号	额定短路电流开断次数(次)	额定电流开断次数(次)	额定操作顺序	操动机构直流额定值				重量(带操动机构)(kg)
				合闸电压(V)	合闸电流(A)	分闸电压(V)	分闸电流(A)	
ZN_4—10/1000—16 ZN_4—10/1600—20	30	10 000	分-0.5 s-合分-180 s-合分	110 220	98 50	110 220	5 2.5	120
			分-0.3 s-合分-180 s-合分					
ZN_4—10C ZN_4—10CG	16	8 000						

表 8-2　LN2—10 系列户内高压六氟化硫断路器技术数据

型　号	额定电压(kV)	最高工作电压(kV)	额定雷电冲击耐受电压(kV)	1 min 工频耐受电压(kV)	额定电流(A)	额定短路开断电流(kA)	额定短路关合电流(kA)	动稳定电流(峰值)(kA)	4 s 热稳定电流(有效值)(kA)	额定失步开断电流(有效值)(kA)	额定操动顺序
LN2—10	10	11.5	75	42	1 250	25	63	63	25	6.3	分-0.3 s-合分-180 s-合分
LN2—10 Ⅰ					1 250	25	63	63	25	6.5	
LN2—10 Ⅰ(Z)					1 250	31.5	80	80	31.5	8	
LN2—10 Ⅱ(Z)					1 600				(2 s)		

型　号	电寿命/次		合闸时间不大于(s)	分闸时间不大于(s)	开断电容器组电流(A)	机械寿命(次)	额定气压(20 ℃)(MPa)	闭锁气压(20 ℃)(MPa)	年漏气率不大于(%)	水分含量(10^{-6})	重量(kg)	
	开断额定电流	开断额定开断电流									断路器本身	SF_6 气体
LN2—10	2 000	10	0.15	0.06		1 000	0.55	0.5	1	150	110	1.0
LN2—10 Ⅰ	2 000	11				1 000						
LN2—10 Ⅰ(Z)	2 000	15				6 000					110	1.1
LN2—10 Ⅱ(Z)											130	1.5

第二节　高压隔离开关的选用

一、高压隔离开关的选用原则

高压隔离开关应根据安装地点(户内或户外)、电源的额定电压和负荷的大小等来选择,并进行动稳定和热稳定校验。也就是说,除不考虑额定断路电流和断流容量外,其余与高压断路器的选择相同。

(1) 按额定电压选择

$$U_N \geqslant U_g \tag{8-8}$$

式中　U_N——隔离开关的额定电压(kV);

U_g——隔离开关的工作电压,即电网额定电压(kV)。

(2) 按额定电流选择

$$I_N \geqslant I_g \tag{8-9}$$

式中　I_N——隔离开关的额定电流(A);

I_g——隔离开关的(最大)工作电流(A)。

(3) 按短路电流的动稳定校验

$$i_{gf} \geqslant i_{ch} \tag{8-10}$$

式中　i_{gf}——隔离开关极限通过电流峰值(kA);

I_{ch}——短路冲击电流(kA)。

(4) 按短路电流的热稳定校验

$$I_t^2 t \geqslant I_\infty^2 t_j \tag{8-11}$$

式中 I_t——隔离开关在 t s 内的热稳定电流(kA);

I_∞——隔离开关可能通过的最大稳态短路电流(kA);

t_j——短路电流作用的假想时间(s);

t——热稳定电流允许的作用时间(s)。

二、高压隔离开关的技术数据

GN2 系列户内高压隔离开关的技术数据见表 8-3。

表 8-3 GN2 系列户内高压隔离开关技术数据

型号	额定电压(kA)	额定电流(A)	动稳定电流(kA)		热稳定电流(kA)		配用操动机构型号	重量(不包括操动机构)(kg)
			峰值	有效值	4 s	5 s		
GN2—10/2000	10	2 000	85	50		51	CS6—2	85
GN2—10/3000		3 000	100	60		70	CS7	160
GN2—35/400	35	400	52	30		14	CS6—2	83
GN2—35/600		600	64			25		84

GN19 系列户内高压隔离开关的技术数据见表 8-4。

表 8-4 GN19 系列户内高压隔离开关技术数据

型号	额定电压(kV)	最高工作电压(kV)	额定电流(A)	动稳定电流(峰值)(kA)	2 s 热稳定电流(kA)	重量(kg)
GN19—10	10	11.5	400	31.5	12.5	31.9
			630	50	20	33.2
			1 000	80	31.5	49.5
			1 250	100	40	52.2

（续表）

型　号	额定电压(kV)	最高工作电压(kV)	额定电流(A)	动稳定电流(峰值)(kA)	2 s 热稳定电流(kA)	重量(kg)
GN19—10C_1 GN19—10C_2	10	11.5	400 630 1 000 1 250	31.5 50 80 100	12.5 20 31.5 40	39.8 41.8 57.4 73.7
GN19—10C_3	10	11.5	400 630 1 000 1 250	31.5 50 80 100	12.5 20 31.5 40	47.7 50.4 65.3 95.2
GN19—10XT GN19—10XQ	10	11.5	400 630 1 000 1 250	31.5 50 80 100	12.5 20 31.5 40	32.5 33.5 50.0 52.5
GN19—35	35	40.5	630 1 250	50 80	20 31.5	116 130
GN19—35XT GN19—35XQ	30	40.5	630 1 250	50 80	20 31.5	

注：热稳定电流持续时间，上海电瓷厂、天水长城开关厂、重庆高压开关厂为 4 s。

第三节 高压负荷开关的选用

负荷开关是用来切断和闭合正常负荷电流，并能承受异常(如短路)电流的开关设备，但它不能切断短路电流，所以大多数情况下要和高压熔断器配合使用，后者用于切断短路电流。负荷开关一般用于6～10 kV且不常操作的电路上。

一、高压负荷开关的选用原则

负荷开关应按装置种类、结构形式(如户内、户外，是否带熔断器)、额定电压和额定电流来选择，然后作短路动稳定和热稳定校验。如果与熔断器配合使用，可不校验热稳定性。但选用熔断器时，要求其最大开断容量不小于短路电流计算中的超瞬变短路电流容量 S''。配手动操作机构的负荷开关，仅限于10 kV及以下的系统，其关合电流峰值不人于8 kA。

负荷开关的种类较多，常用的有真空负荷开关、产气式负荷开关及压气式负荷开关等，其特点见表8－5。

表8－5 负荷开关的类型与特点

类型		适用电压范围(kV)	特点
空气中	产气式	6～35	结构简单，开断性能一般，有可见断口，参数偏低，电寿命短，成本低
	压气压	6～35	结构简单，开断特性好，有可见断口，参数偏低，电寿命中等，成本低

（续表）

<table>
<tr><th colspan="2">类　型</th><th>适用电压范围(kV)</th><th>特　点</th></tr>
<tr><td rowspan="2">空气中</td><td>六氟化硫</td><td>6～220</td><td>适用范围广，参数高，电寿命长，成本偏高</td></tr>
<tr><td>真空</td><td>6～35</td><td>参数高，电寿命长，成本偏高</td></tr>
<tr><td rowspan="2">SF_6 气体绝缘开关设备中</td><td>六氟化硫</td><td>6～220</td><td rowspan="2">外形尺寸小，电寿命长，成本较高，只能用于 SF_6 气体中</td></tr>
<tr><td>真空</td><td>6～35</td></tr>
</table>

二、高压负荷开关的技术数据

几种户内型和户外型负荷开关的技术数据见表 8－6 和表 8－7。

表 8－6　户内型负荷开关性能参数

<table>
<tr><th rowspan="2">型号</th><th rowspan="2">额定电压(kV)</th><th rowspan="2">额定电流(A)</th><th colspan="2">最大开断电流(A)</th><th colspan="2" rowspan="2">额定开断容量(MV·A)</th><th rowspan="2">极限通过电流(kA)</th><th rowspan="2">5 s 热稳定电流(kA)</th><th rowspan="2">闭合电流（峰值）(kA)</th><th rowspan="2">操作机构</th><th rowspan="2">重量(kg)</th></tr>
<tr><th>6 kV</th><th>10 kV</th></tr>
<tr><td>FN2—10
FN2—10R</td><td>10</td><td>400</td><td>2 500</td><td>1 200</td><td colspan="2">25</td><td>25</td><td>8.5</td><td>—</td><td>CS4、CS4—T</td><td>44</td></tr>
<tr><td rowspan="3">FN3—10
FN3—10R</td><td rowspan="2">10</td><td rowspan="2">400</td><td>$\cos\varphi$ =0.15</td><td>$\cos\varphi$ =0.7</td><td>$\cos\varphi$ =0.15</td><td>$\cos\varphi$ =0.7</td><td rowspan="2">25</td><td rowspan="2">8.5</td><td rowspan="2">15</td><td rowspan="2">CS3
CS3—T</td><td rowspan="3"></td></tr>
<tr><td>850</td><td>1 450</td><td>15</td><td>25</td></tr>
<tr><td>6</td><td>400</td><td>850</td><td>1 950</td><td>9</td><td>20</td><td>25</td><td>8.5</td><td></td><td>CS2</td></tr>
</table>

表 8-7 户外型负荷开关性能参数

型号	额定电压(kV)	额定电流(A)	最大开断电流(A)	断流容量(三相)(MV·A)	极限通过电流(峰值)(kA)	5 s热稳定电流(kA)	允许闭合电流(峰值)(kA)	操作机构	重量(kg)	
									净重	油量
FW2—10G	10	100 200 400	1 500	—	14	7.8 7.8 12.7	—	绝缘棒或绳索	124 124 128	40
FW4—10	10	200 400	800	—	15	5	—	同上	97 114	60
FW5—10	10	200	400	—	10	6(4 s)	—	同上	75	
FW3—35	35	200	100	—	7	5	7	CS10—1		

第四节 高压熔断器的选用

一、高压熔断器的选用原则

高压熔断器是用来切断过负荷和短路电流，并能承载正常及规定范围内的冲击负荷电流的保护设备，较广泛地用于高压输电线路、变压器和电流互感器等设备过载及短路保护。

高压熔断器应按装置种类、构造型式(如户内、户外、固定型或自动跌落式、有限流作用或无限流作用)、额定电压、额定电流、额定断路电流或断流容量等条件来选择，并满足熔断器的特性——动作选择性。

(1) 按额定电压选择

$$U_N \geqslant U_g \tag{8-12}$$

式中　U_N——熔断器的额定电压(kV)；

U_g——熔断器的工作电压，即线路额定电压(kV)。

充满石英砂且有限流作用的熔断器，应按 $U_N = U$ (U 为电网电压)来选择。如 10 kV 的这种熔断器不可以用在 6 kV 的电网，更不能用于高于其额定电压的电路内。

(2) 按额定电流选择

$$I_N \geqslant I_{Nr} \geqslant I_g \tag{8-13}$$

式中　I_N、I_{Nr}——熔断器和熔体的额定电流(A)。

在投入空载变压器、静止电容器时，还要避免正常的冲击电流引起熔断器的误动作。当电路中有电动机时，应考虑熔体应能承受启动电流，即

$$I_{Nr} \geqslant \frac{I_{max}}{a} \tag{8-14}$$

式中　I_{max}——电路中出现启动电流时的最大负荷电流(A)；

a——系数，对正常情况下启动的异步电动机的电路，a 可取 2.5；对频繁启动的异步电动机，可取 1.6～2.0。

(3) 按额定断路电流或断流容量选择

$$I_{dn} \geqslant I''(\text{或 } I_{0.2}), S_{dn} \geqslant S''(\text{或 } S_{0.2}) \tag{8-15}$$

式中 I_{dn}、S_{dn}——熔断器在额定电压下的断路电流和断流容量(kV、MV·A),可由产品目录查得;

I''(或 $I_{0.2}$)——安装地点发生三相短路时的次暂态短路电流(或0.2 s短路电流)(kA);

S''(或 $S_{0.2}$)——三相短路容量(MV·A)。

当熔断器铭牌上注有最初半周期内短路全电流的最大有效值时(进口的熔断器有这种可能)

$$I_{dn} \geqslant I_{ch} \text{ 或 } S_{dn} \geqslant S_{ch}$$

二、保护变压器的熔断器选择

选择保护变压器熔断器的熔体应满足以下两个要求:

① 当变压器低压侧短路时,必须先使低压侧的保护先动作。根据实践,一般要求高压熔断器熔体的熔断时间不能小于0.4 s才行,常用的RNI型高压熔断器对应于熔断时间为0.4 s时的过电流倍数约等于10(由熔断器特性曲线查得),因此熔体的额定电流为

$$I_{Nr} = \frac{1}{10} I'' \tag{8-16}$$

式中 I''——变压器低压侧三相短路时折算到高压侧的超瞬变短路电流(A)。

② 在变压器满负荷运行时,熔体不应长期处于严重的过载状态。为此,应满足下式要求:

$$I_{Nr} \geqslant (1.4 \sim 2) I_{Nb} \tag{8-17}$$

式中 I_{Nb}——变压器一次侧的额定电流(A)。

一般来说,根据第一个条件选出的熔体,都能满足第二个条件的要求。

最后,还要对所选熔断器作断路容量校验。

保护变压器的RNI型和RW4型高压熔断器的选择见表8-8。

三、保护电压互感器的熔断器选择

保护电压互感器的熔断器只需按工作电压和断流容量进行选择,并应满足当通过熔体电流为0.6～1.8 A范围时,其熔断时间不超过1 min。

四、常用高压熔断器的技术数据

常用的户内高压熔断器和户外跌落式高压熔断器的技术数据见表8-9。

第五节 高、低压避雷器的选用

一、避雷器的种类

避雷器的种类很多,常用的有管型避雷器、阀型避雷器、氧化锌避雷器、磁吹阀避雷器和压敏电阻等。

氧化锌避雷器为无间隙金属气化物避雷器(MOA),有多种类型。其中:

表 8－8　变压器配用的高压熔断器选择

<table>
<tr><td colspan="2">变压器容量
(kV·A)</td><td>100</td><td>125</td><td>160</td><td>200</td><td>250</td><td>315</td><td>400</td><td>500</td><td>630</td><td>800</td><td>1 000</td></tr>
<tr><td rowspan="2">高压侧额定
电流(A)</td><td>6 kV</td><td>9. 6</td><td>12</td><td>15. 4</td><td>19. 2</td><td>24</td><td>30. 2</td><td>38. 4</td><td>48</td><td>60. 5</td><td>76. 8</td><td>96</td></tr>
<tr><td>10 kV</td><td>5. 8</td><td>7. 2</td><td>9. 3</td><td>11. 6</td><td>14. 4</td><td>18. 2</td><td>23</td><td>29</td><td>36. 5</td><td>46. 2</td><td>58</td></tr>
<tr><td rowspan="2">RNI 型熔
断器(A)</td><td>6 kV</td><td colspan="2">20/20</td><td colspan="2">75/30</td><td>75/40</td><td>75/50</td><td colspan="2">75/75</td><td>100/100</td><td colspan="2">200/150</td></tr>
<tr><td>10 kV</td><td colspan="3">21/15</td><td>20/20</td><td colspan="2">50/30</td><td>50/40</td><td>50/50</td><td colspan="2">100/75</td><td>100/100</td></tr>
<tr><td rowspan="2">RW4 型熔
断器(A)</td><td>6 kV</td><td>50/20</td><td>50/20</td><td>50/30</td><td colspan="2">50/40</td><td>50/50</td><td>100/75</td><td colspan="2">100/100</td><td colspan="2">200/150</td></tr>
<tr><td>10 kV</td><td colspan="2">50/15</td><td colspan="2">50/20</td><td>50/30</td><td colspan="2">50/40</td><td>50/50</td><td colspan="2">100/75</td><td>100/100</td></tr>
</table>

注：表中数据分子为熔断器额定电流，分母为熔体额定电流。

表 8-9　常用高压熔断器的技术数据

名称	型　号	额定电压(kV)	额定电流(A)	最大断流容量,三相(MV·A)	配用的熔体额定电流(A)
户内高压熔断器	RN1—3	3	20 100 200 400	200	2、3、5、7、7.5、10、15、20 30、40、50、75、100 150、200 300、400
	RN1—6	6	20 75 200 300	200	2、3、5、7.5、10、15、20 30、40、50、75 100、150、200 300
	RN1—10	10	20 50 100 200	200	2、3、5、7、7.5、10、15、20 30、40、50 75、100 150、200
	RN2—10	3 6 10	0.5	500 1 000	0.5(TV 用)

（续表）

名称	型号	额定电压（kV）	额定电流（A）	最大断流容量，三相（MV·A）	配用的熔体额定电流（A）
户内高压熔断器	RN3—3	3	50 75 200	200	2、3、5、7.5、10、15、20、30、40、50 75 100、150、200
	RN3—6	6	50 75 200	200	2、3、5、7.5、10、15、20、30、40、50 75 100、150、200
	RN3—10	10	50 75 150	200	2、3、5、7.5、10、15、20、30、40、50 75 100、150
	RN3—35	35	75	200	2、3、5、7.5、10、15、20、30、40、50、 75
户外跌落式高压熔断器	RW3—10	10	100	75	7.5、10、15、20、30 40、50、75、100
	RW4—10	10	100	200	
	RW5—35	35	100	400	15、20、30、40、50 75、100

Y5W 型氧化锌避雷器用于输变电设备、变压器、电缆、开关、互感器等的防雷保护，以及限制真空断路器操作过电压用。

Y3W 型氧化锌避雷器用于保护相应额定电压的旋转电动机等弱绝缘的电气设备。

Y5C 型串联间隙的氧化锌避雷器用于中性点不接地系统，保护相应额定电压的电气设备。

Y0.5W 型和 Y0.1W 型氧化锌避雷器为三相组合式，同时保护相间和相对地。

二、氧化锌避雷器的选用

① 按额定电压和持续运行电压选择。

氧化锌避雷器的额定电压 U_N 应大于安装地点的暂态工频过电压幅值，而暂态工频过电压幅值与中性点接地情况等因素有关。

氧化锌避雷器的持续运行电压 U_c 应大于系统在不同运行方式下可能出现的最高电压。

具体可按表 8－10 或表 8－11 选择。

表 8－10　氧化锌避雷器 U_N、U_c 的选择（一）

中性点接地方式		额定电压 U_N(kV)	持续运行电压 U_c(kV)
不接地	3～15.75 kV	$1.4U_m$	$1.1U_m$
	35～66 kV	$1.3U_m$	U_m
经消弧线圈接地		$1.3U_m$	U_m

注：U_m——系统标称电压加 5%～10%。

表 8-11　氧化锌避雷器 U_N、U_c 的选择(二)

系统标称电压(kV)	额定电压 U_N(kV)	持续运行电压 U_c(kV)
10	16.5	12.7
35	52.7	40.5

② 氧化锌避雷器的残压应与被保护设备的绝缘水平相配合。

正常绝缘的输变电设备和避雷器电气距离符合过电压保护规程要求时,其安全系数 K_s 都相应满足下列数值:

$$K_{s1}=\frac{\text{基准雷电冲击波下被保护设备的绝缘耐受水平}}{\text{标准雷电冲击电流下避雷器的残压}}$$

当避雷器紧靠被保护设备时,$K_{s1}\geqslant 1.25$;

当避雷器不紧靠被保护设备时,$K_{s1}\geqslant 1.4$。

$$K_{s2}=\frac{\text{操作冲击波下被保护设备的绝缘耐受水平}}{\text{操作冲击电流下避雷器的残压}}\geqslant 1.15 \qquad (8-18)$$

③ 按标称放电电流选择:原水电部制定的氧化锌避雷器使用导则中规定:3~220 kV 电压等级的系统,标称放电电流用 5 kA;330 kV 系统选用 10 kA;500 kV 系统变电所有两组及以上避雷器时,每组选用10 kA,如只有一组则选用20 kA。

第九章 防雷保护

第一节　雷电的种类

雷电是大自然中的放电现象，雷击是一种自然灾害。雷电会产生数百千伏至数亿伏高的电压和数十至数百千安大的电流，它会造成电气设备的损坏、大范围的停电、火灾或爆炸，还可能造成人畜伤亡。

根据雷电产生方式和形态的不同，雷电大致可分为直击雷、感应雷、雷电侵入波和球雷 4 种。

过去人们所说的防雷电、防雷击主要是指“直击雷害”。而随着各种弱电设备、计算机网络和现代通讯接收设备的普及使用，以及各种中、高档家用电器进入千家万户，“感应雷”的危害已成为家庭中主要的一种雷击形式。

感应雷一般通过 3 种途径入侵。即雷电的对地电位反击电压通过接地体入侵，由交流供电电源线路入侵以及由通信信号线路入侵。通常人们在社会生活中只注意防止“直击雷”的入侵，而没有对“感应雷”的入侵所造成的危害有所警觉。

1. 直击雷

带电的积云与地面的凸出物之间的放电称作直击雷。

人、畜一旦受直击雷入侵便会立刻死亡；房屋受直击雷入侵,有可能引起火灾;电视天线若没有采取适当措施,一旦被直击雷入侵,也会将雷电引入室内损坏电视机及造成人员伤亡。

2. 感应雷

感应雷分为静电感应雷和电磁感应雷。

(1) 静电感应雷

带电的积云接近地面,在架空线路或其他导电凸出物顶部感应出大量异性电荷,在带电积云与其他带电积云或其他导体放电后,架空线路或导电凸出物顶部的感应异性电荷失去束缚,以大电流、高电压冲击波的形式,沿架空线路或导电凸出物极快地传播,此冲击波由静电感应产生,且具有雷电特性,故称为静电感应雷。

(2) 电磁感应雷

电磁感应雷是在发生雷击后,强大的雷电流在周围空间产生迅速变化的强磁场引起的。这种迅速变化的磁场能在邻近的金属导体和金属结构上产生很高的感应电压,具有雷电特征,故称为电磁感应雷。

这两种高电压波因为都是被雷电感应出来的,所以称为感应雷。

感应雷最终通过电阻性或电感性两种方式而耦合到电子设备的电源线、控制信号线或通信线上,把家用电器和电气设备打坏。

3. 雷电侵入波

雷电侵入波是指由于架空线路或架空金属管道上遭受直击雷或感应雷而产生的高压冲击雷电波,可能沿线路或管道侵入室内。

雷电侵入波传入室内，会在插座、灯头等处产生反折，能使 1 m 长的空气间隙放电，雷过压值可达数亿伏。它不但会造成人身伤亡，还会毁坏电度表及室内的电气设备和家用电器，因此危害极大。家庭遭受这种雷击的比率最大，约占所有雷害事故的 70%左右。

4. 球雷

球雷是雷电放电时形成的发出红光、橙光、白光或其他颜色光的火球，其直径约为 20 cm，但也有达到 10 m 的；其运动速度约为 2 m/s 或更快一些；其存在时间为数秒钟到数分钟。球雷是一团处在特殊状态下的带电气体。有人认为，球雷是包有异物的水滴在极高的电场作用下形成的。在雷雨季节，球雷可能从门、窗、烟囱等通道侵入。球雷出现的概率约为雷电放电次数的 2%。

第二节　雷电的危害

由于雷电有很强的冲击性、极大的放电能量。因此具有很大的破坏力，破坏作用明显，见表 9－1。

表 9－1　雷电的危害

危害种类	具体危害
1. 爆炸和火灾	直击雷放电的高温电弧、二次放电（指雷电冲击波在第一次雷击放电点以外的其他点再次引起的放电）、球雷侵入、雷电流在极短的时间内转换出大量的热能、冲击电压击穿电气设备的绝缘而短路均可能引起爆炸和火灾

（续表）

危害种类	具体危害
2. 毁坏设备	数百万伏及更高的冲击电压可能击穿电气设备的绝缘保护层或毁坏电气设备。雷击可能使被击物遭到破坏，甚至爆裂成碎片。同性电荷之间的静电斥力、分路电流之间或电流转弯处的电磁作用力也有很强的破坏作用。雷击时的气浪也有一定的破坏作用
3. 电击	带电积云直接对人体放电会使人遭到致命的电击；二次放电可能造成电击；球雷打击也能使人致命；数十至数百千安的雷电流流入地下，会在雷击点及其连接的金属部分产生极高的对地电压，可能直接导致接触电压电击和跨步电压电击；电气设备绝缘击穿后，可能导致高压电串入低压电路，在大范围内带来触电的危险

第三节　防雷措施

根据不同的保护对象，对于直击雷、雷电感应、雷电入侵波均应采取相应的防雷措施。

一、直击雷的防护

下表9-2所示场合均应采取直击雷防护措施。

表 9-2　防直击雷场合

序号	防直击雷场合
1	第一类工业、第二类工业和第一类民用建筑物和构筑物
2	第三类工业、第二类民用及其他建筑物和构筑物中的易受雷击的建筑物和构筑物，及其易受雷击部位
3	有爆炸和火灾危险的露天设备(如贮气罐、贮油罐等)
4	发电厂和变配电站
5	高压架空电力线路

直击雷的防护，有以下几项，见表 9-3。

表 9-3　直击雷的防护措施

(1) 沿建筑物屋角、屋脊、屋檐和檐角等易受雷击部位装设避雷针、避雷网或避雷带等接闪器；避雷网或避雷带网格尺寸不应大于 20 m×20 m 或 24 m×16 m
(2) 屋面上的金属管和排风管等应与屋面上的防雷装置相连；其接地装置可以与电气设备的接地装置共用；每一引下线的冲击接地电阻一般不得超过 10 Ω
(3) 当建筑物高度超过 60 m 时，应将 60 m 及以上的建筑物钢构件、混凝土钢筋、金属门窗或栏杆等构件与防雷装置连接

对于各种建筑物和构筑物防直击雷的基本要求见表 9-4。

表 9-4 各种建筑物和构筑物防直击雷要求

<table>
<tr><th>类别</th><th>基本要求</th></tr>
<tr><td>第一类工业建筑物和构筑物</td><td>① 装设独立避雷针或架设避雷线，使被保护建筑物和构筑物及突出屋面的物体（如风帽、放散管等）均处于保护范围内
对排放有爆炸危险气体、蒸气或粉尘的管道，保护范围应高出管顶 2 m 以上
② 难以装设独立避雷针或架空避雷线时，可在建筑物或构筑物上装设避雷针或沿整个屋面装设网格不大于 6 m×6 m 的避雷网
装设均压环，环间垂直距离不应大于 12 m，并应与建筑物和构筑物内的金属结构和金属设备相连，可利用电力设备的接零干线或接地干线作均压环
对排放有爆炸危险气体、蒸气或粉尘的放散管、呼吸阀、排风管等，管顶或其附近避雷针针尖应高出管顶 3 m 以上，保护范围应高出管顶 2 m 以上</td></tr>
<tr><td rowspan="2">第二类工业建筑物和构筑物</td><td>在建筑物和构筑物上装设避雷网或避雷针，避雷网应沿屋角、屋脊、屋檐和檐角等易受雷击部位在整个屋面敷设，网格不应大于 10 m</td></tr>
<tr><td>对排放有爆炸危险气体，蒸气或粉尘的放散管、呼吸阀、排风管等，管顶或其附近避雷针针尖宜高出管顶 3 m 以上，保护范围宜高出管顶 1 m 以上
其他屋面保护范围之外的金属物体可不装设接闪器而直接同屋面防雷装置相连，其他屋面保护范围之外的非金属物体应装设接闪器，并同屋面防雷装置相连</td></tr>
</table>

（续表）

类别	基本要求
第三类工业建筑物和构筑物	易受雷击部位装设避雷带或避雷针 采用避雷带时，避雷带与屋面上任何一点的距离不应大于 10 m 采用避雷针时，单支避雷针的保护范围可按 60°保护角确定，两支避雷针之间的距离不宜大于 30 m，且不超过避雷针有效高度的 15 倍 其他屋面保护范围之外的物体的保护同第二类工业建筑物和构筑物要求砖砌烟囱，钢筋混凝土烟囱宜在烟囱上装设避雷针或避雷环
第一类民用建筑物和构筑物	在建筑物上装设避雷网或避雷带，并应沿屋角、屋脊，檐角和屋檐等易受雷击部位敷设 避雷网网格不应大于 10 m。避雷带与屋面上任何一点的距离不应超过 5 m，其他突出屋面物体的保护同第二类工业建筑物和构筑物要求
第二类民用建筑物和构筑物	同第三类工业建筑物和构筑物要求

二、感应雷的防护

雷电感应（特别是静电感应）也能产生很高的冲击电压，在电力系统中应与其他过电压同样考虑；在建筑物和构筑物中，主要考虑由反击引起的爆炸和火灾事故。第一类、第二类工业建筑物和构筑物，其防雷电感应要求见表 9－5。

表 9-5　第一二类工业建筑物和构筑物防雷电感应的基本要求

类别	基本要求
第一类工业建筑物和构筑物	① 为防止静电感应产生火花，建筑物内的金属物(如设备、管道、构架、电缆护套、钢屋架、钢窗等较大金属构件)和突出屋面的金属物(如放散管、顶管等)均应接地，金属屋面和钢筋混凝土屋面(其中钢筋宜绑扎或焊接成电气闭合回路)沿周边每隔 18～24 m 应用引下线接地一次 ② 为防止电磁感应产生火花，平行敷设的长金属物如管道、构梁和电缆护套等，其相互净距小于 100 mm，应每隔 20～30 m 用金属线跨接，净距小于 100 mm 的交叉处及管道连接处(如弯头、阀门、法兰盘等)，应用金属线跨接，用丝扣相紧密连接的 ϕ25 mm 及以上的管道接头及法兰盘，在非腐蚀环境中可不跨接 ③ 防雷电感应的接地装置，其接地电阻应不小于 10 Ω，并应和电气设备接地装置共用(有特殊要求的电力、电力设备除外)，屋内接地干线与接地装置的连接不应少于两处
第二类工业建筑物和构筑物	① 建筑物内的主要金属物，如设备、管道、构架等，应与接地装置连接 ② 平行敷设的长金属物，要求同第一类工业建筑物，用丝扣和法兰盘连接的金属管道，连接处可不跨接 ③ 屋内接地干线与接地装置的连接不应少于两处

三、雷电侵入波的防护

防雷电侵入波主要采用避雷器进行保护。建筑物和构筑物防雷电侵入波其基本要求见表 9-6。

表 9-6　建筑物和构筑物防雷电侵入波要求

类别	供电线路	金属管道
第一类工业建筑物和构筑物	① 全长采用直接埋地电缆，入户处电缆金属护套与防雷电感应接地装置相连 ② 采用长度不小于 50 m 的金属套装直接埋地电缆，入户处电缆金属护套与防雷电感应接地装置相连，电缆与架空线连接处装设阀型避雷器，并与电缆金属护套和绝缘子铁脚一起接地，冲击接地电阻不应大于 10 Ω	入户处与防雷电感应接地装置相连 邻近 100 m 内，每 25 m 左右接地一次，各冲击接地电阻均不应大于 20 Ω
第二类工业建筑物和构筑物	① 采用长度不小于 50 m 的金属套装直接埋地电缆，与第一类工业建筑物和构筑物第 2 项相同 ② 采用架空线，入户处装设阀型避雷器或 2 mm～3 mm 保护间隙，并与绝缘子铁脚一起接到防雷接地装置上。冲击接地电阻不应大于 5 Ω 邻近的三基电杆绝缘子铁脚应接地，由近至远。第一处冲击接地电阻不应大于 10 Ω，其他二处均不应大于 20 Ω	入户处与防雷接地装置相连 邻近 25 m 左右接地一次，冲击接地电阻不应大于 10 Ω

（续表）

类别	供电线路	金属管道
第三类工业建筑物和构筑物	入户处绝缘子铁脚与防雷及电气设备接地装置相连	入户处与防雷及电气设备接地装置相连
第一类民用建筑物	① 全长采用直接埋地电缆，入户处电缆金属护套与接地装置相连 ② 采用架空线转直接埋地电缆，与第二类工业建筑物和构筑物第 2 项相同 ③ 采用架空线，入户处装设避雷器，并同绝缘子铁脚一起接到接地装置上，邻近两基电杆绝缘子铁脚应接地，冲击接地电阻均不应大于 30 Ω	入户处与接地装置相连
第二类民用建筑物和构筑物	入户处绝缘子铁脚接地，冲击接地电阻不应大于 30 Ω	入户处接地，冲击接地电阻不应大于 30 Ω

四、特殊建筑物和构筑物的防雷

1. 露天可燃气体储气柜的防雷

储气柜壁厚大于 4 mm 时，一般不装设接闪器，但应接地，柜壁上接地点应不少于两处，其间距不宜大于 30 m，冲击接地电阻应不大于 30 Ω。对放散管和呼吸阀，宜在管口或其附近装设避雷针，高出管顶应不小于 3 m，管口上方 1 m 应在保护范围内。活动的金属柜顶，用可挠的跨接线（25 mm^2 软铜线或钢绞线）与金属柜体相连，接地装置离开闸门室宜大于5 m。

2. 露天油罐的防雷

易燃液体，闪点低于或等于环境温度的可燃液体的开式储罐和建筑物，应设独立避雷针，保护范围按开敞面向外水平距离 20 m，高 3 m 进行计算。对露天的注送站，保护范围按送口以外 20 m 以内的空间进行计算，独立避雷针距开敞面不小于 23 m，冲击接地电阻不大于 10 Ω。带有呼吸阀的易燃液体储罐，罐顶钢板厚度不小于 4 mm，可在罐顶直接安装避雷针，但与呼吸阀的水平距离不得小于 3 m，保护范围高出呼吸阀不得小于 2 m，冲击接地电阻不大于 10 Ω，罐上接地点应不少于两处，两接地点间不宜大于 24 m。可燃液体储罐，壁厚不小于 4 mm，可不装设避雷针，只要接地即可。但冲击接地电阻不宜大于 30 Ω。浮顶油罐，球形液体气储罐壁厚大于 4 mm 时，只作接地，但浮顶与罐体应用 25 mm^2 软铜线或钢绞线作可靠接地。埋地式油罐，覆土在 0.5 m 以上者可不考虑防雷设施，但如有呼吸阀引出地面者，则在呼吸阀处需作局部防雷处理。

3. 水塔的防雷

利用水塔顶上周围铁栅栏作为接闪器，或装设环形避雷带保护水塔边缘，并在塔顶中心装一支 1.5 m 高的避雷针，冲击接地电阻不大于 30 Ω，引下线一般不少于两根，间距不大于 30 m。若水塔周长和高度均不超过 40 m，只可设一根引下线。为此，可利用铁爬梯作引下线。

4. 烟囱的防雷

砖砌烟囱和钢筋混凝土烟囱，用装设在烟囱上的避雷针或环形避雷带保护，多根避雷针应用避雷带连接成闭合环，冲击接地电阻不大于 20～30 Ω。

当烟囱直径为 1.2 m 以下，高度≤35 m 时采用一根 2.2 m 高的避雷针；当烟囱直径≤1.7 m，高度≤50 m 时，用两根 2.2 m 高的避雷针；当烟囱直径>1.7 m，高度≥60 m 时，用环形避雷带保护。烟囱顶口装设的环形避雷带和烟囱各抱箍，应与引下线连接；高 100 m 以上的烟囱，在高地面 30 m 处及以上每隔 12 m 加装一个均压环，并与引下线连接。

烟囱高度不超过 40 m 时，只设一根引下线，40 m 以上应设两根引下线，可利用铁扶梯作引下线，钢筋混凝土烟囱应用两根以上主筋作引下线，在烟囱顶部和底部与铁扶梯相连。

5. 微波站、电视台的防雷

(1) 天线塔防雷

防直击雷的避雷针可固定在天线塔上，塔的金属结构也可作接闪器的引下线，塔的接地电阻一般不小于 5 Ω，可利用塔基基坑的四角埋设垂直接地体，水平接地体应围绕塔基做成闭合环形并与垂直接地体相连。塔上的所有金属件(如航空障碍信号灯具、天线的支杆或框架、反射器的安装框架等)都必须和铁塔的金属结构用螺栓连接或焊接。波导管或同轴传输线的金属护套和供敷设电缆用的金属管道，应在塔的上下两端及每隔 12 m 处与塔身金属结构相连，在机房内应与接地网相连。塔上的照明电源线应采用金属护套电缆，或将导线穿入金属管。电缆金属护套或金属管道至少应在上下两端与塔身相连，并应水平埋入地中，埋地长度应在 10 m 以上才允许引入机房(或引至配电装置和配电变压器)。

(2) 机房防雷

机房一般应位于天线塔避雷针的保护范围内，如不在其保护范围内，则沿房顶四周应敷设闭合形避雷带，钢筋混凝土屋面板和柱子的钢筋可作引下线。在机房地下应围绕机房敷设闭合环形水平接地体。在机房内沿墙壁敷设环形接地母线(用铜带 120 mm×0.45 mm)。机房内各种电缆的金属护套、设备外壳和不带电的金属部分、各种金属管道等，均应以最短的距离与环形接地母线相连；室内的环形接地母线与室外的闭合接地带和房顶的环形避雷带之间，至少应用四个对称布置的连接线互相连接，相邻连接线间的距离不宜超过 18 m。在多雷区、在室内距地高 1.7 m 处沿墙一周应敷设均压环，并与引下线相连。机房的接地网与塔体的接地网之间，至少应有两根水平接地体连接，连接地电阻不大于 1 Ω。引向机房内的电力线、通信线、应有金属护套或金属屏蔽层，或敷设在金属管内，并要求埋地敷设。由机房引出的金属管、线也应埋地，在机房外埋地长度均不应小于 10 m。

6. 卫星地面站的防雷

卫星地面站天线的防雷，可用独立避雷针或在天线反射体抛物面骨架顶端，及副面调整器顶端预留的安装避雷针处，分别安装避雷针，引下线可利用钢筋混凝土构件的钢筋。防雷接地、电子设备接地、保护接地可共用接地装置。接地体围绕建筑物四周敷成闭合环形，接地电阻不大于 1 Ω。机房防雷与微波站防雷相同。

7. 广播发射台的防雷

中波无线电广播的天线对地是绝缘的，一般在塔基多装设球形或针板形间隙，接地装置采用放射形低电阻水平接地体，接地电阻不大于 0.5 Ω。发射机房采用避雷针或避雷网防止直击雷。接地装置采用水平接地体围绕建筑物敷设成闭合环形，接地电阻≤10 Ω。发射机房内高频、低频工作接地母线用 120 mm×0.35 mm 的紫铜带，机架用 40 mm×4 mm 的扁钢接到环形接地体上。短波广播发射台在天线塔上装设避雷针，并将塔体接地，接地电阻不大于 10 Ω，机房防雷同中波机房相同。

第四节　人身防雷

一、危害方式

雷电对人身的危害方式大体可分为三种，见表 9-7。

表 9-7　雷电对人身的危害方式

序号	危害方式	结果
1	雷云对人体直击放电，即人体受直击雷的雷击	致命伤亡
2	雷电流入地导致跨步电压或接触电压	触电事故
3	雷电感应和雷电侵入波导致对人体的二次反击	电击事故

二、预防措施

预防措施见表 9－8。

表 9－8　预防措施

<table>
<tr><th>序号</th><th colspan="2">预 防 措 施</th></tr>
<tr><td>1</td><td colspan="2">雷雨时，非工作必要，应尽量少在户外或野外逗留</td></tr>
<tr><td rowspan="3">2</td><td rowspan="3">在户外时</td><td>最好穿塑料等不浸水的雨衣</td></tr>
<tr><td>应尽量离开小山、河滨、河边、旗杆、烟囱、宝塔、树、没有防雷保护的建筑和铁丝网等</td></tr>
<tr><td>靠建筑物屏蔽的街道或高大树木屏蔽的街道躲避时，应离开墙壁或树干 8 m 以上</td></tr>
<tr><td rowspan="3">3</td><td rowspan="3">在户内时</td><td>应离开照明线、电话线、电视机电源线以及与其相连的各种设备，以防止这些线路或设备对人体的二次放电</td></tr>
<tr><td>在雷暴时，人体最好离开可能传来雷电侵入波的线路和设备 1.5 m 以上</td></tr>
<tr><td>应关闭门窗，防止球形雷进入室内造成危害</td></tr>
</table>

第十章

常用电气设备的控制电路系统

第一节　车床控制电路

一、电路要求

根据车床加工工艺要求，电气传动及控制系统应满足的条件是：

① 车削加工时，刀具及工件都可能产生高温，因此，必须有使冷却液循环的冷却泵。

② 主拖动电机常用笼型异步电动机，应有过载及短路保护。

③ 除了一般照明外，尚需有由安全电压供电的局部照明设施。

二、C620型普通车床的控制电路

C620－1型普通车床控制电路，见图10－1所示。

C620－1型普通车床控制电路由主线路、控制线路和照明线路三部分组成。

主线路共有两台电动机，其中M1是主轴电动机，它拖动主轴旋转，其正反转是通过摩擦离合器实现的。因此主轴电

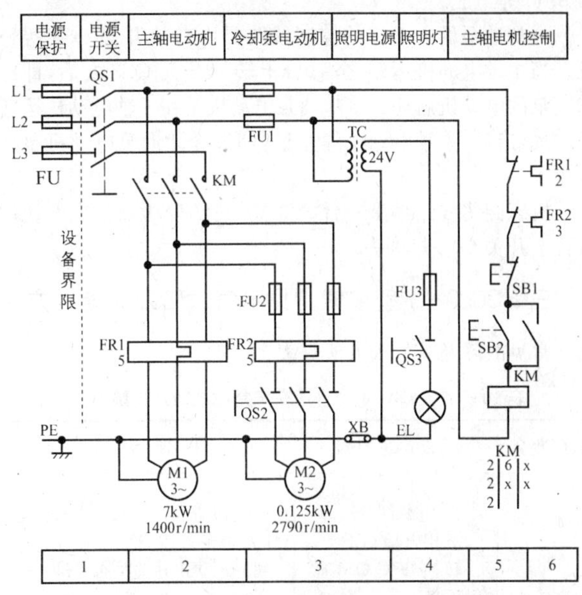

图 10－1　C620 型普通车床的控制电路图

动机的控制比较简单，不需有正反转。主轴电动机启停是用按钮和接触器来实现。M2 是冷却泵电动机，由转换开关控制。电路中分别采用熔断器作短路保护；用热继电器（FR1、FR2）作过载保护。

控制线路由热继电器 FR1、FR2 的常闭触头、接触器 KM 线圈及其自锁触头、起动按钮 SB2、停止按钮 SB1 和熔断器 3FU 等组成。

冷却油泵的电动机的控制线路是由转换开关 QS2 等组成。当主轴电动机运转之后，合上转换开关 QS2 之后，即冷却油泵的电动机启动。冷却油泵电动机是在主轴电动机运转后，方能启动，主轴电动机停止运行时，冷却油泵电动机也即停止。

机床照明线路是由一台 380 V/36 V 变压器供电。使用时合上开关 QS3 灯即亮。

三、C620－1 型车床常见电气故障及其处理方法

常见故障及其处理方法见表 10－1。

表 10－1　C620－1 型普通车床常见故障及排除方法

故障现象	可能产生原因	排除方法
主轴电动机不启动	① 电源部分故障： 三相电源不正常； 转换开关 QS1 接触不良 ② 控制回路故障： FU2 熔断； SB1 和 SB2 按钮接触不好 ③ 热继电器 FR1 动作	① 检查 L_1、L_2、L_3 三相电压是否正常； 检查 QS1 开关是否松动 ② 更换 FU2 熔体； 清擦 SB1、SB2 按钮接点 ③ 排除电动机过热原因，如传动部分是否机械卡住；机床是否频繁启动或工作超负荷等

（续表）

故障现象	可能产生原因	排除方法
主轴电动机工作时突然停下	① 接触器 KM 自锁触头接触不良 ② 保险 FU2 管芯松动或熔断 ③ 控制回路某处接线头松动	① 清理自锁触头油污，调整触头压力 ② 拧紧 FU2 管芯，若已熔断，更换新熔体 ③ 沿控制回路逐点检查，拧紧各接线螺钉
按下“停止”按钮后，电动机不能立即停车	① 接触器 KM 机械卡住或主触头焊住 ② 接触器 KM 有剩磁或铁心有油污粘合使 KM 不释放	① 清理衔铁滑道，修整触头 ② 拆开接触器，清理铁心，并作去磁处理

第二节　钻床控制电路

钻床主轴电动机和液压电动机的联锁控制电路，如图 10－2 所示。

图 10－2 所示线路特点是两台电动机必须同时开或同时闭，不管是接触器未吸合，还是过载、电路存在短路情况。当按下按钮 SBT，接触器线圈 1KMA、2KMA 通电，两台电动机同时启动。常开辅助触点 1KMA、2KMA 串联后，作为两个接触器的自锁触点。当任一接触器有故障而不能吸合时，两台电动机均不能工作。当任一主电路中发生短路或过载时，

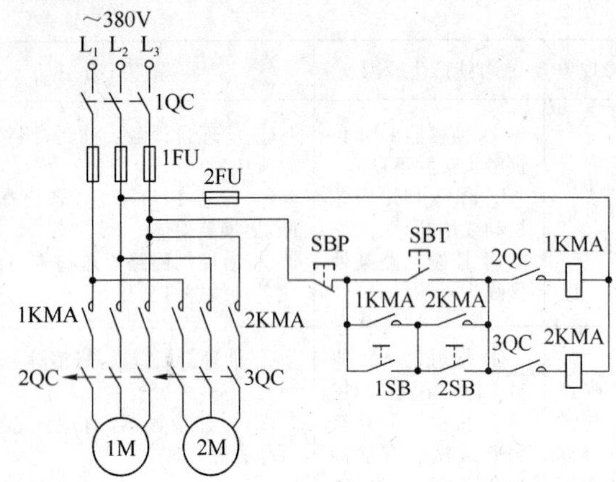

图 10-2 钻床主轴电动机和液压电动机的联锁控制电路

2QC 或 3QC 自动开关脱扣，主触点和辅助触点 2QC、3QC 分断，此时，接触器线圈 1KMA、2KMA 断电，无论 1KMA 释放或 2KMA 释放，自锁点必然断开，使另一接触器也断电释放。因此，控制电路全部断电，这时两台电动机均同时停转。

线路中钮子开关 1SB 和 2SB，用来分别对主轴或液压电动机进行单独控制，调整。

第三节 铣床控制电路

X62W 万能铣床可用来加工平面、斜面和沟槽等，装上分度头还可以加工直齿轮和螺旋面，装上圆工作台还可以加工凸轮和弧形槽，它是一种通用机床。

如图 10-3 所示，X62W 万能铣床电路分主电路。控制电路和照明电路三部分。

一、主电路

主轴电动机 M1 由接触器 KM3 控制，其正反转是采用换相开关 SA5 手动控制，停车时的制动是通过制动接触器 KM2 的主触头并串入不对称电阻 R 进行反接制动的，另外还通过机械机构和接触器 KM2 进行变速冲动控制。进给电动机 M2 的正、反转由接触器 KM4 和 KM5 控制快速进给由电磁铁 YA 及机械装置完成。冷却泵电动机由接触器 KM1 控制。

二、控制电路

1. 主轴电动机 M1 的控制

由接触器 KM2、KM3，按钮 SB1、SB2、SB3、SB4，速度继电器 KV 和变速冲动开关 SQ7 等组成，为操作方便，采用两地控制。

2. 主轴电动机的启动

先将换相开关 SA5 扳到所需要的正反转位置，按下 SB1，KM3 通电，电动机 M1 旋转。

3. 主轴电动机的制动

按下 SB3、KM3 断电，KM2 通电，使 M1 串入电阻实现反接制动。

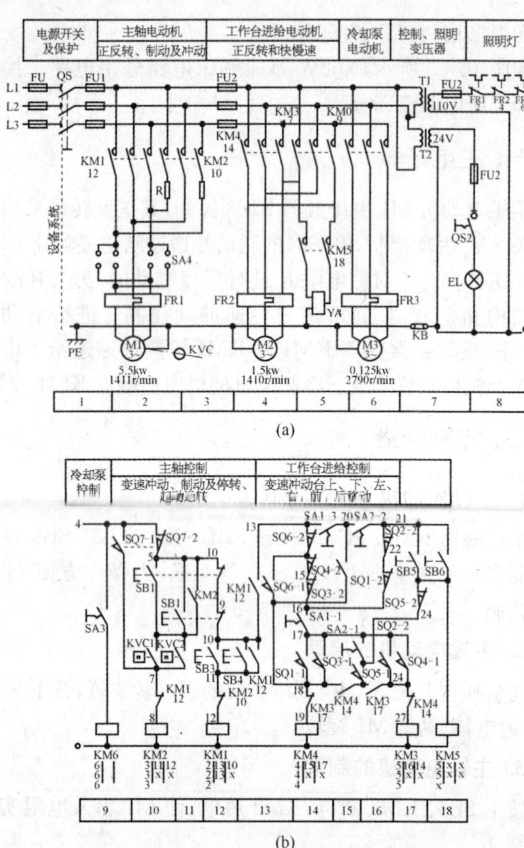

图 10-3　X62W 万能铣床电路图

4. 主轴电动机变速冲动控制

利用变速手柄与冲动开关 SQ7 通过机械联动机构完成。

5. 进给电动机 M2 的控制

铣床进给运动的往返采用电动机的正、反转实现，由于进给速度较低，因而不要求制动停车。

工作台在三个进给方向快速移动由进给电动机通过牵引电磁铁转换完成，工作台的进给运动，只能在主轴开动后才能进行。工作台横向和升降进给运动是通过十字复式操作手柄完成的。手柄有五个位置，即上、下、前、后和中间。在扳动操作手柄的同时，通过联动机构将离合器合上，同时压下相应的行程开关 SQ3；将十字手柄扳向上边，KM5 通电，M2 反转，工作台向上运动；欲停止上升，只要把十字手柄扳回中间位置即可；把十字手柄向下扳，KM4 通电，M2 正转；要使工作台向后运动，只需把十字手柄向后扳；欲使工作台向前运动，则要把十字手柄向前扳。

工作台上、下、前、后运动的终端限位，利用固定在床身上的挡铁，当升降台运动到极限位置时，挡铁撞击十字手柄，使其回到中间位置，工作台停止运动，从而实现终端保护。

6. 工作台的纵向进给运动的控制

工作台的纵向运动同样是利用进给电动机 M2 传动，并由工作台纵向操作手柄控制的。手柄有左、中、右三个位置，通过机械机构压下 SQ，控制各线路而实现其功能。工作台向左运动的控制是把手柄扳向左边，KM5 通电，M2 反转，使工作台向左移动。工作台向右运动的控制是将手柄扳向右侧，KM4 通电，M2 正转，使工作台向右移动。

欲停止任何方向的运动，可将手柄扳回中间位置，使行程开关 SQ 不受压，离合器离开，电动机停转，工作台不动。

利用工作台上安装的左右终端撞铁块，撞击操作手柄，使其回到中间停车位置，从而实现终端保护。

7. 工作台的快速移动

工作台六个方向的快速移动，也是由进给电动机 M2 拖动的，当工作台进行工作进给时，再按下快速移动按钮 SB5 或 SB6，即能实现快速移动，松开快速移动按钮，快速移动停止，工作台按原方向继续进给。

8. 工作台各运动方向的联锁

工作台各个方向的运动是在同一时刻只允许有一个方向，各运动方向的联锁是利用机械和电气的方法来实现的。例如，工作台向左、向右的控制，是利用同一个手柄操作的，所以木柄本身就起到了左、右运动的联锁作用。

9. 进给变速时的冲动控制

它是由变速手柄与冲动开关 SQ6 通过机械上的联动机械控制的。其操作顺序是将蘑菇形变速手柄向外拉出一些，再转动变速手柄，选择好进给速度，再把手柄用力向外拉，并立即推回到原位。就在控制到极限位置的瞬间，其连杆机构推动 SQ6，使 KM4 瞬间通电使变速齿轮易于啮合，完成变速冲动。

10. 圆工作台回转运动的控制

它是由进给电动机 M2 控制的，在机床开动前，先把工作台转换开关 SA1 扳到“接通位置”，将操作手柄扳到中间位置，行程开关不受压，按下 SB1，KM4 通电，M2 旋转，拖动圆工作台转动，只要扳动工作台的任一进给手柄，将会使工作台停止工作。

冷却泵电动机 M3 由转换开关 SA3 和接触器 KM1 控制，由热继电器 FR3 作过载保护。

第四节　磨床控制电路

磨床是用砂轮周边或端面进行加工的精密机床。磨床的种类很多，有平面磨床、外圆磨床、内圆磨床、无心磨床以及一些专用的磨床等。平面磨床是用砂轮磨削加工各种零件的平面。

一、电力拖动

M7130 型平面磨床中的砂轮不要求调速，通常采用笼型异步电动机拖动。工作台的纵向往返运动是靠液压泵电动机经液压传动装置进行的，运动较平稳，能实现无级调速。换向时只要通过工作台上的碰块碰撞床身上的液压换向开关，工作台便自动换向。

二、控制要求

M7130 型平面磨床的控制要求见表 10-2。

表 10-2 控制要求

序号	具体控制要求
1	砂轮电动机、液压泵电动机和冷却泵电动机只要求单方向旋转
2	砂轮升降电动机要求能正反转
3	冷却泵电动机要求在砂轮电动机运转后才能运转
4	具有完善的保护环节:有电路的短路保护、电动机的过载保护、零电压保护、电磁吸盘的欠电压保护等
5	电磁吸盘需有失磁控制环节
6	必要的指示信号和照明灯

三、M7130 型平面磨床控制电路

M7130 型平面磨床控制电路,如图 10-4 所示。由四部分组成:主电路、电磁吸盘供电电路、控制电路和照明电路。

M7130 型平面磨床工作程序是:先合上电源开关 1QC,再将电磁吸盘供电控制开关 2QC 放在吸合位置,电磁吸盘得电产生磁力,吸住工作件。KUA 是欠电流继电器的吸引线圈,当电磁吸盘正常工作时,通过 KUA 线圈的电流,促使欠电流继电器的触点闭合,从而接通控制电路,各电动机可分别启动工作。

当按下启动按钮 1SBT 和 2SBT,线圈 1KM 和 2KM 通电,常开触点、1KM 和 2KM 接通,接触器线圈自锁,砂轮电动机、冷却泵电动机、液压泵电动机启动,磨床就可以工作。

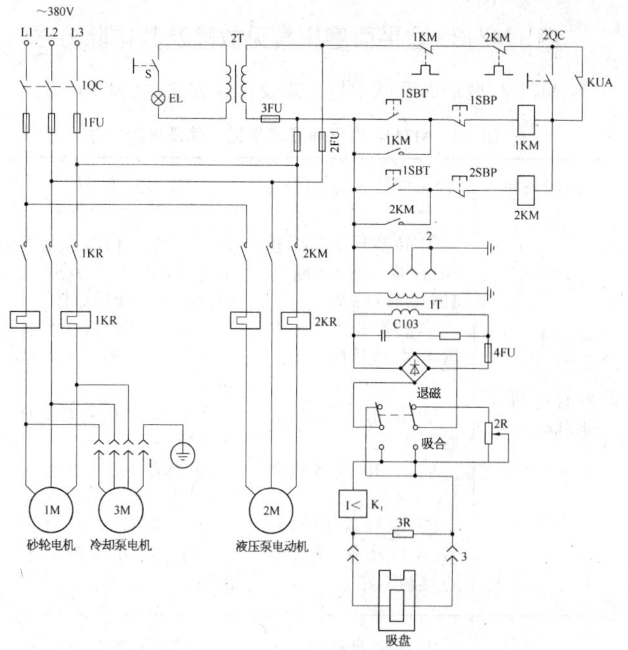

图 10－4　M7130 型平面磨床电路图

当加工完时，先按下停止按钮 1SBP 和 2SBP，使各电动机停止工作，然后将组合开关放到退磁位置。此时，电磁吸盘励磁线圈经退磁限流电阻 $2R$ 反向通电，对工作件进行退磁。退磁后，即可取下工作件。

四、M7130型平面磨床常见故障及其排除方法

M7130型平面磨床常见故障及排除方法，见表10－3。

表10－3　M7130型平面磨床常见故障及排除方法

故障现象	可能产生的原因	排除方法
所有电机不能启动	① 转换开关1QC接触不良，或熔断器1FU、2FU熔断 ② 转换开关2QC位置不对，或接触不良 ③ 插销3松动，接触不良 ④ 欠电流继电器KUA不吸合 ⑤ 接触器1KM或2KM虽动作，但主触点接触不好	① 检查三相电源是否正常，检修开关1QC或更换1FU、2FU熔体 ② 检查2QC开关是否放在“吸”位置上；清理触头 ③ 检修3插销，必要时更换新的 ④ 检查KUA是否卡住，或重新整定吸合电流 ⑤ 检修1KM或2KM的主触点，并清理铁心滑道
磨床在正常工作时突然全部停车	① 电磁盘插销3松动接触不好 ② 欠电流继电器KUA动作 ③ 热继电器1KR、2KR动作	① 检查更换3插销，拧紧引出线的接线头 ② 查明欠电流原因，如系误动作，应更换KUA或重新整定释放电流值 ③ 查明过热原因，采取措施

（续表）

故障现象	可能产生的原因	排 除 方 法
当开关 2QC 置“放松”位置时，启动电机正常，而置“吸”位置时，电机不能启动	① 电磁盘断线 ② 插销 3 断线 ③ 欠电流继电器 KUA 不吸合	① 检修电磁盘的接线 ② 检修 3 插销，处理断线部分 ③ 查明 KUA 不吸合原因，如系 K_1 机械卡住，应清理铁心滑道，其他情况相应处理
当开关 2QC 置“吸”位置时，一切正常，但置“放松”位置时，电机不能启动	转换开关 2QC 常开触点接触不好	修理或更换 2QC 的常开触点

第五节　手电钻及其使用

一、手电钻的结构

手电钻是电工使用较广的一种电动工具。它除了用来钻孔外，还可以利用其旋转特性，作为许多需要转动工作的传动机构。手电钻的结构，如图 10 - 5 所示。手电钻有三相和单相供电，常用手电钻都是单相供电。它主要由交直流两用串励式电动机、减速箱、快速切断自动复位手揿式开关和钻夹头等组成。

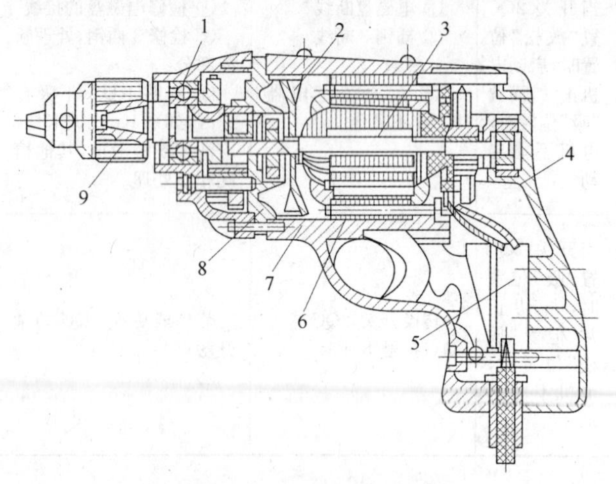

图 10-5　手电钻的结构

1—减速箱；2—风叶；3—电枢；4—手柄盖；5—开关；6—定子；7—机壳；8—中间盖；9—钻夹头

二、手电钻使用注意事项

手电钻的使用注意事项见表 10-4。

表 10－4　手电钻使用注意事项

序号	注意事项
1	使用前,应检查电钻所使用的电压是否正确。如果接错,将会烧坏电机或者转速变慢,导致不能工作
2	接通电源后,使其空转一下,检查运转是否灵活,声音是否正常。如无误后方可进行工作
3	使用时,突然发生卡住钻头,应立即切断电源,然后用手慢慢逆时针转动钻夹头,使钻头退出

三、手电钻常见故障及处理方法

手电钻常见故障及处理方法见表 10－5。

表 10－5　手电钻常见故障及处理方法

故障现象	可能原因	处理方法
电钻不能启动	① 电源线断路 ② 开关损坏 ③ 电刷和整流子不接触 ④ 定子绕组断路 ⑤ 转子绕组严重断路 ⑥ 减速齿轮卡住或损坏	① 用万用表或校验灯检查,如断线,调换电源线 ② 用万用表、校验灯检查,修理或调换开关 ③ 调整电刷压力及改善接触面 ④ 如断在出线处,可重焊后使用,否则要重绕 ⑤ 重绕绕组 ⑥ 修理或调换齿轮

（续表）

故障现象	可能原因	处理方法
整流子与电刷间火花较大	① 定、转子绕组短路或断路 ② 电刷和整流子接触不良 ③ 电刷规格不符	① 参考本表第五项中1、2点处理方法 ② 增加电刷压力；若电刷太短，应更换电刷或改善接触面 ③ 调换电刷
转子在某一位置上能启动，在另一位置上不能启动	整流子与转子绕组连接处有两处以上断头	重焊
整流子发热	① 电刷压力过大 ② 电刷规格不符	① 调整到适当压力 ② 更换电刷
电钻转速慢	① 转子绕组短路或断路 ② 定子绕组通地或短路 ③ 轴承磨损或减速齿轮损坏	① 电钻转速慢、力矩也小，整流子与电刷间产生很大火花，火花呈红色。停车后： a. 用短路侦察器检查，如绕组短路，重绕绕组 b. 用万用表检查整流子与绕组连接处，如发现少量断路或脱焊，应连接重焊 ② 用兆欧表、校验灯检查定子绕组对地绝缘或用电压降法检查各个绕组。如发现短路绕组，须加以修复或重绕 ③ 调换轴承或齿轮

第六节　电焊机的类型及维护

一、电焊机的型号

电焊机的种类很多，如交流弧焊机、旋转直流弧焊机、整流弧焊机、点焊机、凸焊机、缝焊机、对焊机等。

电焊机型号组成如下：

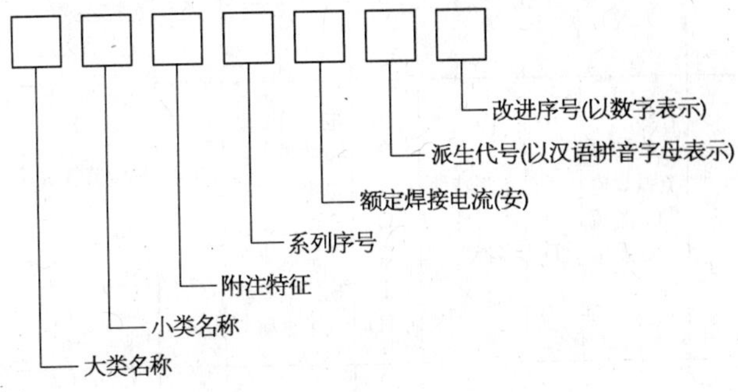

电焊机的型号意义，见表10－6。

表 10－6　电焊机的型号意义

大类名称		小类名称		附注特征		系列序号	
字母	意义	字母	意义	字母	意义	数字	意义
B	交流弧焊电源（弧焊变压器）	X P	下降特性 平特性			（省略） 1 2 3 5 6	磁放大器或饱和电抗器式 动铁心式 串联电抗器式 动线圈式 可控硅式 变换抽头式
A	旋转直流弧焊电源（直流弧焊发电机）	X P D	下降特性 平特性 多特性	（省略） D Q C T H	电动机驱动 单纯弧焊发电机 汽油机驱动 柴油机驱动 拖拉机驱动 汽车驱动	（省略） 1	他激差复激式 交流发电机整流式
Z	整流弧焊电源（弧焊整流器）	X P D	下降特性 平特性 多特性	（省略） M L E	一般电源 脉冲电源 高空载电压 交直流电压	（省略） 1 3 4 5 6	磁放大器或饱和电抗器式 动铁心式 动线圈式 晶体管式 可控硅式 变换抽头式

二、各类电焊机的性能比较

各类电焊机的性能比较，见表 10－7。

表 10－7　各种电焊机的比较

项目	弧焊变压器	直流弧焊发电机	弧焊整流器
焊接电流种类	交流	直流	直流
电弧稳定性	较差	好	较好
磁偏吹	很小	较大	较大
极性可换性	无	有	有
空载电压	较高	较低	较低
空载损耗	较小	较大	较小
供电方式	一般为单相供电	三相供电	一般为三相供电
功率因数	较低	高	较高
效率	高	低	较高
噪声	较小	大	很小
结构与维修	简单	复杂	较简单
触电危险	较大	较小	较小
成本	低	高	较高
重量	轻	重	较轻
适用范围	① 一般焊接结构的手弧焊 ② 铝合金的钨极氩弧焊 ③ 埋弧焊	① 较重要焊接结构的手弧焊 ② 各种埋弧、气体保护焊及等离子弧切割、焊接	

三、常用电焊机的技术数据

常用电焊机的技术数据，见表10－8。

表10－8　常用电焊机的技术数据

型号和规格		输入			输出				
		电压(V)	电流(A)	容量(kV·A)	空载电压(V)	工作电压(V)	额定负载持续率(%)	额定焊接电流(A)	调节范围(A)
交流弧焊机	EX1－160	380		13.5	80	22～28	60	160	40～192
	EX1－250	380	54	20.5	78	22.5～32	60	250	62.5～300
	EX1－400	380		31.4	77	24～36	60	250	100～480
	BX3－160	380	31	11.8	78/70	26.4	60	160	(25～80)/(79～250)
	BX3－250	380	48.5	18.4	78/70	36	60	250	(36～121)/(120～360)
	BX3－400	380	78	29.1	78/70	36	60	400	(50～163)/(160～500)
	BX3－300－2	380	54	20.5	70～80	32	60	300	40～400

（续表）

型号和规格		输入			输出				
		电压（V）	电流（A）	容量（kV·A）	空载电压（V）	工作电压（V）	额定负载持续率(%)	额定焊接电流(A)	调节范围（A）
旋转直流弧焊机	AX-160	380		6	58～84	21～28.4	60	160	35～260
	AX-250	380		10	60～85	26～32.8	60	250	50～320
	AX-400	380		20	60～90	20～40	60	400	50～500
	AXD-320	自配电动机			50～80	30	50	320	45～320
	AXC-320	自配柴油机			50～80	30	50	320	45～320
整流弧焊机	ZX5-250	380	21	14	55	21～30	60	250	25～250
	ZX5-400	380	38	24	63	21～36	60	400	40～400
	ZX5-630	380	70	46	71	44	60	630	130～630
	ZX7-250	380			70～80		60	250	50～250
	ZX7-400	380			70～80		60	400	40～400
	ZX3-400	380	42	27.8	71.5	20～29	60	400	100～480

（续表）

型号和规格		输入			输出				
		电压(V)	电流(A)	容量(kV·A)	空载电压(V)	工作电压(V)	额定负载持续率(%)	额定焊接电流(A)	调节范围(A)
弧焊整流器	ZXG-30	380		1.36		12	60	30	2～30
	ZXG-50	380		5.14		22～40	60	50	5～50
	ZXG-100	380		6		20	60	100	5～100
	ZXG-120	380		7.8		25	60	120	5～120
	ZXG-300	380		21.6		22～32	60	300	20～360
	ZXG-230-1脉冲式	380		17.5			60	250	20～300

四、交流弧焊机、旋转直流弧焊机和弧焊整流器常见故障及其处理方法

① 交流弧焊机常见故障及其处理方法,见表10-9。

表10-9 交流弧焊机常见故障及其处理方法

常见故障	可能原因	处理方法
焊机不起弧	① 电源没有电压 ② 电源电压过低 ③ 焊机接线错误 ④ 焊机线圈短路或断路	① 检查电源开关和熔断器的接通情况及电源电压 ② 调整电源电压 ③ 检查初级和次级的接线是否正确 ④ 检修线圈
焊接电流过小	① 焊机功率过小 ② 电源引线和焊接电缆过长,压降过大 ③ 电源引线和焊接电缆盘成盘形,电感过大 ④ 焊接电缆接头松动	① 更换大功率的焊机或两台并联使用 ② 减小导线长度或加大线径 ③ 将导线放开 ④ 将接头重新接好
焊接电流过大	电抗线圈或次级线圈中起电抗作用的线圈绝缘损坏	检修线圈

（续表）

常见故障	可能原因	处理方法
焊接电流忽大忽小	① 传动部件磨损，框架螺栓松动，滑道间隙过大，使动铁心位置不稳定 ② 导线接触不好 ③ 一台单人焊机两人同时使用 ④ 电源容量过小，其他用电设备的运行导致焊接电流变化	① 更换损坏的零件：如系螺杆磨损，可将手柄调好位置后固定住使用 ② 将导线重新接好 ③ 停止一处 ④ 提高电源容量或减少其他用电设备
焊机过热	① 电源电压过高 ② 焊机过载 ③ 焊机线圈短路 ④ 铁心硅钢片短路 ⑤ 铁心夹紧螺杆及夹件的绝缘损坏	① 用电压表检查电源电压值并与焊机铭牌上的规定数值相对照 ② 按规定的负载持续率下的焊接电流值使用 ③ 检修线圈 ④ 清洗硅钢片，重刷绝缘漆 ⑤ 更换绝缘
导线接头处发热、发红或烧毁	① 接线处接触电阻过大或接线松动 ② 接线螺栓是铁制的 ③ 焊接时间过长	① 将接线拆开，用细砂纸将接触处的污垢及氧化层擦去，然后拧紧螺母 ② 更换为铜制的 ③ 按规定负载持续率进行焊接

（续表）

常见故障	可 能 原 因	处 理 方 法
熔断器经常熔断	① 电源线短路或接地 ② 初级或次级线圈匝间短路	① 检查电源线的情况 ② 检修线圈
焊机外壳带电	① 线圈绝缘损坏，与铁心、外壳接触 ② 电源引线或焊接电缆碰外壳 ③ 无接地线或接地不良	① 用兆欧表检查线圈的对地绝缘电阻 ② 检查电源引线和焊接电缆与接线板的连接情况 ③ 接好地线
焊机振动及响声过大	① 动铁心上的螺杆和拉紧弹簧松动或脱落 ② 动铁心或动线圈的传动机构有故障 ③ 移动滑道磨损严重，间隙过大 ④ 线圈短路	① 加固动铁心及拉紧弹簧 ② 检修传动件 ③ 更换磨损的零件 ④ 检修线圈
调节手柄摇不动或动铁心、动线圈不能移动	① 传动机构上油垢太多或已锈住 ② 传动机构磨损 ③ 移动滑道上有障碍 ④ BX3 系列焊机线圈的引出线挂住或挤在线圈中	① 清洗或除锈 ② 检修或更换磨损的零件 ③ 清除障碍物 ④ 清理线圈引出线

（续表）

常见故障	可能原因	处理方法
焊机线圈绝缘电阻太低	① 线圈受潮 ② 线圈长期过热、绝缘老化	① 在100～110 ℃的烘干炉中烘干 ② 检修线圈

② 旋转直流弧焊机常见故障及其处理方法，见表10－10。

表10－10 旋转直流弧焊机常见故障及其处理方法

常见故障	可能原因	处理方法
电动机反转	三相电动机与电源的接线错误	将三相接线中的任意两线调换一下
电动机不能启动，并发出嗡嗡声	① 电动机的三相电源有一相断相 ② 电动机定子绕组断路	① 检查电动机的三相电源是否断相，如果是熔断器熔断，应检查引起短路的原因，并更换熔丝 ② 检修定子绕组
发电机不发电	① 发电机励磁绕组断路 ② 磁极剩磁消失或磁极的极性不正确 ③ 发电机旋转方向不对 ④ 换向器上污垢太多，电刷与换向器接触不良	① 检查励磁电路和变阻器接点的接触是否良好 ② 用蓄电池等直流电源充磁 ③ 调换三相电动机的任意两根电源接线，改变旋转方向 ④ 用布浸少许汽油擦净换向器，并检查电刷的接触情况，如是电刷磨损过多或损坏，应及时更换

（续表）

常见故障	可 能 原 因	处 理 方 法
焊接电流忽大忽小	① 焊接电缆与焊件接触不良 ② 电流调节器可动部分松动 ③ 电刷磨损过多，电刷弹簧压力过小，换向器表面烧蚀 ④ 单人焊机两人同时操作	① 将电缆与焊件重新接好 ② 固定好电流调节器的松动部分或更换磨损的零件 ③ 更换磨损过多的电刷，调整弹簧压力，修磨换向器表面 ④ 停止一处
焊机过热	① 焊机过载 ② 发电机电枢绕组短路 ③ 换向片间短路	① 减小焊接电流 ② 检修电枢绕组 ③ 检修换向器，更换片间绝缘
电刷下冒火花，换向器发热	① 电刷与换向器接触不良 ② 电刷弹簧压力太松或太紧 ③ 电刷的牌号不适合 ④ 换向器表面有油污 ⑤ 换向片间的云母突出 ⑥ 同一电刷臂上的各刷握不在一直线上 ⑦ 发电机过载	① 用 00 号砂纸垫在换向器上研磨电刷，使其与换向器表面接触良好 ② 调整各电刷弹簧压力，力求一致 ③ 更换电刷时，应选用相同的牌号 ④ 擦净油污 ⑤ 除去突出的云母，使其低于换向片 1 毫米 ⑥ 调整各刷握的位置 ⑦ 减小焊接电流

（续表）

常见故障	可能原因	处理方法
电刷下冒火花，换向器发热	⑧ 发电机电枢绕组有短路或接地故障	⑧ 在电枢绕组中通以直流电，测量各相邻换向片之间的直流压降，检查是否有短路；用兆欧表检查电枢绕组是否接地，并按故障情况修理
大部分换向片发黑	换向器的摆动超过允许值	用千分表检查换向器，其摆动不应超过 0.1 毫米。如摆动过大，应在车床上车圆
在换向器圆周上每隔一定角度的换向片烧焦发黑	① 这些发黑烧焦的换向片与电枢线圈之间的焊接不良 ② 连接到这些换向片上的电枢线圈有断路故障	① 重新焊接 ② 修理或更换断路的线圈

③ 弧焊整流器常见故障及其处理方法，见表 10－11。

表 10－11　弧焊整流器常见故障及其处理方法

常见故障	可能原因	处理方法
输出电压过低	① 电源电压过低 ② 变压器初级线圈匝间短路 ③ 磁放大器线圈匝间短路 ④ 整流元件击穿	① 调整电源电压 ② 检修初级线圈 ③ 检修磁放大器线圈 ④ 更换已击穿的元件

（续表）

常见故障	可能原因	处理方法
焊接电流调节失灵	① 控制线圈短路 ② 控制回路接触不良 ③ 控制回路整流元件击穿	① 检修控制线圈 ② 检查控制回路的各接触点 ③ 更换整流元件
焊接电流忽大忽小	① 电源侧交流接触器触头接触不良 ② 控制回路接触不良 ③ 电源电压波动	① 检修或更换接触器 ② 检查控制回路的各接触点 ③ 调整电源电压
工作时焊接电压突然降低	① 整流元件击穿 ② 控制回路断路 ③ 主回路发生短路故障	① 更换整流元件 ② 检查修复控制回路 ③ 修复主回路

第七节 机床电气设备的一般维修

机床电气设备一般由电动机、操作机构、电气仪表、电器柜（包括接触器、继电器、自动调整装置和保护装置）及连接导线等组成。机床电气设备的一般维修可分为保养与大修两种。

一、机床电气设备的保养项目

机床电气设备的保养项目，见表10-12。

表 10-12　机床电气设备的保养项目

保养项目	具体内容
电器柜	经常清扫电器柜内部，并保持柜内无油污、无粉屑和无灰尘
	检查所有电气元件和接线端子，处理已松动、损坏的螺栓和器件
	检查柜内的器件和导线是否有油浸或绝缘破损现象，并进行必要的处理
熔断器及各种保护装置	检查熔断器是否已熔断，各种保护装置有无故障，并进行适当处理
	检查管状熔断器夹片接触情况
接触器、继电器、切换开关和按钮	清扫器件上的灰尘，擦净油泥，紧固所有螺栓
	修整各种触头，使其压力、间隙合适，接触良好
	检查所有附件是否完好，调整有关部件使之正常工作
启动及调节电阻器	清扫电阻器内的粉尘，擦净需要接触的部分
	检查电阻元件，有无瓷管断裂和电阻丝短路、开路现象，并进行处理
	检查滑动触头的接触情况，调整压紧弹簧，使其接触良好
电磁铁	检查衔铁的接触面是否打坏，短路环是否完好
	测量线圈对地绝缘电阻（一般不应小于 1 MΩ）。处理绝缘已损坏的线圈和出口引线

二、机床电气设备的大修项目

机床电气设备的大修项目见表10－13。

表10－13 机床电气设备的大修项目

大修项目	具体内容
电器柜	更换所有已损坏的元器件和连接导线，配齐原有器件，紧固抗震和防松装置
	整理柜内线路，修整箱体和防尘设施。箱门应能严密关闭
	测量导电部分对地绝缘电阻，一般不应小于1 MΩ
熔断器及保护继电器	作各种继电保护的动作试验，整定动作值
	整修各种熔断器夹片、卡口接触部位，使其保持良好的接触
接触器和继电器	修理动、静触点烧损部分，调整触点的压力和间隙保证其接触良好
	清扫铁心接触面，检查短路环是否完好，并检查衔在滑道上有无卡住现象
	更换已破损的灭弧装置和励磁线圈
各种切换开关和按钮	全部拆开，彻底清扫，修理或更换已烧损的触点
	调整切换开关触点的压力和间隙，调整行程开关碰头角度和碰铁位置
	测量导电部分对地绝缘电阻

（续表）

大修项目	具体内容
启动及调节电阻器	更换已损坏的电阻和失效的绝缘垫片、瓷管及连接片
	清扫内部，紧固所有螺栓和接线端子
	用电桥测量各段电阻值，测量对地绝缘电阻是否符合要求